KB131790

서울에서 제주까지
모든 길이 여행이 되는
국내 드라이브 코스 45

대한
민국

드라이브
가이드

이주영·허준성·여미현 지음

저자의 말

결혼식 4일 전에 쓰고 있는 '저자의 말'이라니요. 평생을 살며 앞으로 몇 권의 책을 더 만들게 되는지 모르지만 이 책은 제 평생 기억에 남을 것 같아요. 취재와 결혼 준비를 하며 예비 신랑과 함께 한 추억이 빼곡히 담겼으니까요. 준비하면서부터 매 순간이 설렘으로 가득한 것이 여행인데 언제쯤 바이러스로부터 안전한 여행지를 찾는 일에서 벗어날 수 있을까요. 제약이 많으니 간절함에 더 목말라가는 요즘, 불완전한 자유 속에서 이 책이 조금이나마 안전하게 여행을 즐기기에 도움이 되기를, 그 여행이 코로나로 지친 일상을 위로해줄 수 있기를 바라봅니다. 목적지만 찍고 가는 최단 거리 여행보다 속도를 늦춰 가더라도 한순간쯤은 조금 느리게 달려 보시길요. 불가능할 것 같던 일정을 소화하며 달려 주신 우리의 문주미 에디터님과 함께 손발 척척 맞춰 집필해주신 허준성, 여미현 작가님께 감사드립니다.

여행작가 이주영

노래 경연 프로그램이 봇물 터지듯 쏟아지고 있는 요즘입니다. 다양한 장르의 노래를 가수만의 색깔로 바꿔서 부르곤 합니다. 어떤 곡은 원곡보다 가슴을 저릿하게 울리기도 하고, 어떤 곡은 차라리 편곡하지 말았으면 하는 아쉬움이 남을 때도 있습니다. 여행 또한 마찬가지입니다. 유명 관광지, 맛집, 숙소들은 시간이 흐르면서 일부 훼손되거나 없어지기도 하지만, 대부분 그 자리에 그대로 남아 자리를 빛내고 있습니다. 이 책에서는 우리나라의 멋진 관광지들을 '도로'라는 선으로 이어 만든 '최적의 드라이브 코스'를 소개합니다. '원곡'을 살린 코스도 있고, 살짝 변주하여 '편곡'한 코스도 있으며, 아예 '새로운 노래'를 만든 코스도 있습니다. 책에서 소개하는 모든 코스는 작가들이 직접 여행해보고 추천하는 코스들입니다. 하지만 책에서 소개하는 드라이브 코스의 장소를 모두 방문하려고 무리할 필요는 없습니다. 이 책을 읽는 독자분들이 멋지고 아름답게 '자신만의 색'을 넣어 편곡해 주신다면 이 책은 더욱 빛을 발할 것입니다. 마지막으로 빠듯한 일정에도 불구하고 작가의 원고를 성심성의껏 다듬어준 편집자에게 감사의 말을 전합니다.

여행작가 여미현

요즘 대세로 자리 잡은 온라인 스트리밍 서비스인 '넷플릭스'는 셀 수 없을 정도로 방대한 콘텐츠를 가지고 있습니다. 넷플릭스를 구독하는 사람들이 하나같이 이야기하는 부분이 있는데요, 너무 많은 프로그램이 있어서 어떤 것을 볼지 고르다가 정작 시청할 시간을 허비한다는 것입니다. 잠들기 전 잠시 보기 위해 고르다가 잠이 들기도 하고, 화장실에서 잠시 볼거리를 찾다가 볼일이 끝나 버리기도 하죠. 시청 목록에는 보다가 만 프로그램들이 여럿 생기기도 합니다. 정보는 이제 마음만 먹으면 얼마든지 구할 수 있는 시대가 되었습니다. 포털사이트에 내가 있는, 또는 가고 싶은 지역명만 넣어도 정보가 넘쳐나죠. 하지만 그 수많은 정보 중에서 옥석을 고르기는 쉽지 않습니다. 한참 읽다 보면 '이 정보는 무상으로 제공 받아…' 라는 문구가 마지막에 등장하면서 이 글이 광고임을 알게 되는 경우가 허다하고, 일부는 홍보성 정보인지 알 수 없도록 언급조차 하지 않는 '뒷광고' 영상과 글도 많습니다. 이 책을 위해 전국 곳곳을 쉼 없이 달렸습니다. 눈을 통해 가슴에 담고 입으로 맛보며 옥석을 가리기 위해 노력했습니다. 광고나 홍보성 정보는 1도 없는, 순수하게 우리 여행작가들이 직접 경험해보고 알아낸 알짜배기 여행 정보만 엮어 놓았으니 굳이 포털사이트에서 제공하는 정보의 홍수 속에서 헤매지 않으셔도 됩니다. 이 책에 소개된 코스 정보를 보고 시원스레 달리시기만 하면 됩니다. 행복은 미루는 것이 아니라 생각합니다. 당장 지금 행복하기 위해 짐을 챙기고 자동차 핸들에 손을 올려놓고 떠나보세요. 그 길에 든든한 비서가 되어드리겠습니다.

여행작가 허준성

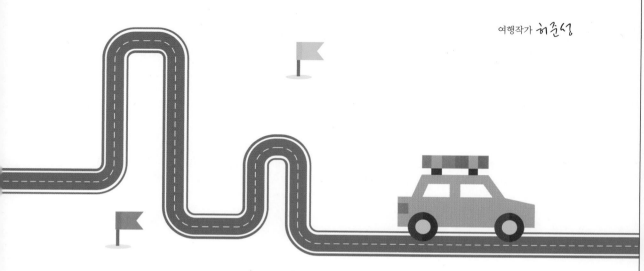

이 책 보는 법

이 책은 서울에서 제주까지 우리나라의 아름다운 풍광을 몸소 느낄 수 있는 45개의 드라이브 코스를 소개합니다. 책에 수록된 관광지, 맛집, 숙소 정보는 2021년 12월까지 수집한 정보를 바탕으로 하고 있습니다. 작가가 발 빠르게 움직이며 바뀐 정보를 수집해 반영하였습니다만 예고 없이 요금이 변경되거나, 일부 정보가 바뀔 수도 있습니다. 이 점을 고려하여 여행 계획을 세우시기 바라며, 혹여 여행에 불편이 있더라도 양해 부탁드립니다. 새로운 소식이나 바뀐 정보가 있다면 아래 작가의 이메일로 연락 주시기 바랍니다. 더 나은 정보를 위해 귀 기울이겠습니다.

이주영 cles7948@naver.com · 허준성 clickjun@gmail.com · 여미현 mhyeo1@empas.com

지역별 드라이브 코스 45곳

우리나라 방방곡곡 아름다운 관광 명소를 둘러볼 수 있는 최적의 드라이브 코스를 소개합니다. 45개 코스는 서울·경기·인천, 충청도, 강원도, 경상도, 전라도, 제주도 6개의 지역으로 나누어 소개하고 있으니, 가고 싶은 지역에 맞춰 골라보세요. 작가들이 픽(Pick)한 계절별·테마별 추천 드라이브 코스를 참고하면 더욱 좋습니다. 지도 속 빨강색 또는 주황색 점으로 표기한 명소는 책에서 소개하는 관광지, 맛집·카페입니다.

안전하고 편리한 여행을 위한 코스 정보

'어떤 순서로 이동해야 하는지' '어떤 길로 가야 좋은 풍경을 볼 수 있는지' 등 드라이브 여행을 떠나기 전 궁금할 만한 코스 정보를 알려줍니다. 코스를 한눈에 볼 수 있는 지도를 참고해 보세요. 코스 명소의 위치는 물론, 인근에 어떤 볼거리와 즐길거리가 있는지 쉽게 알 수 있습니다. 핑크색으로 표시한 코스 선을 따라 이동하면, 우리나라의 아름다운 자연을 몸소 느끼며 체험할 수 있는 드라이브를 즐길 수 있습니다.

알고 가요!

- 코스별 소요 시간과 총 거리는 근사치입니다. 코스마다 머무는 시간이나 교통상황에 따라 달라질 수 있으니 참고해주세요.
- 내비게이션이나 지도 애플리케이션에 책에서 소개하는 관광지 이름을 입력하시면, 더욱 편리한 드라이브를 즐길 수 있습니다.
  사용 기기 또는 애플리케이션에 따라 등록된 관광지 이름이 다를 수도 있으니 그럴 땐 '주소'를 입력해 보세요.
- 책에서 소개하는 '요금'은 입장료입니다.
- 대부분 주차가 가능한 명소를 소개했습니다. 주차료 유무 여부는 때에 따라 달라지므로 방문 전 확인이 필요합니다.
  일부 공영주차장이나 특정 주차장을 이용해야 하는 경우, 따로 기재해 두었습니다.

A ▸ 알고 가면 더욱 유익한 알짜배기 팁

추천 코스에는 포함되지 않지만, 놓치면 아쉬운 인근 관광지(한 걸음 더!)도 소개합니다. 시간 여유가 있거나 예상했던 코스 여행지를 가지 못하게 되었다면, 대체 여행지로 강력 추천하는 관광지들입니다. 특별히 운전을 조심해야 하는 구간이나 주차 팁, 관광지에 얽힌 역사 이야기나 여행 팁 등 작가가 직접 여행해 보고 터득한 '실속 정보들(알고 가요!)도 꼼꼼하게 체크해 담았습니다.

B ▸ 코스 속 추천 맛집&숙소&즐길거리

금강산도 식후경! 드라이브를 즐기면서 가기 좋은 주변 맛집이나 카페, 숙소 등을 알려줍니다. 그 지역에 가면 꼭 한 번 맛봐야 할 지역 명물 음식, 유명 맛집은 물론, 휴양림이나 캠핑장, 특색 있는 호텔 등의 숙소, 재미있는 즐길거리까지 소개하고 있으니 여행에 참고해 보세요.

CONTENTS

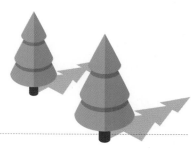

계절별 추천 드라이브 코스 ①

봄

제천~단양 청풍호반길 ▶

충주, 제천, 단양군에 걸쳐 있는
충주호 청풍호반길은 봄이면
벚꽃 터널을 이룬다. 푸른 호수를
배경으로 연분홍빛의 벚꽃이
가득한 가로수길은 그야말로
장관이다. **P.94**

◀ 대구 팔공산 순환도로

방짜유기박물관, 동화사, 파계사로
이어지는 순환도로에는 봄철에
벚꽃이 흐드러져 긴 터널을
이루고, 가을에는 단풍나무가 그
길을 대신한다. 흩날리는 벚꽃과
떨어지는 낙엽 속으로 질주 본능을
깨워보자. **P.130**

구례 섬진강대로 ▶

손톱보다도 작고 노란 산수유꽃이
수천, 수만 개가 모여 구례
전체를 노랗게 물들인다. 남도는
그렇게 노란색으로 봄이 왔음을
알린다. 산수유 시즌이 지나면
섬진강대로를 따라 벚꽃이 다시
한번 상춘객의 마음을 흔들어
놓는다. **P.208**

계절별 추천 드라이브 코스 ②

여름

◀ 광주~양평 6번 국도

여행지에도 제철이 있다. 여름이라면 양평의 세미원, 두물머리가 제철이다. 남한산성 자락에서 맑은 기운을 마시며 먹는 백숙도 제철이고 세미원에서 두물머리로 이어지는 내내 연꽃 향에 취해보는 것도 여름이어야지만 가능하다. **P.40**

담양 죽향대로 ▶

여름 여행지로 바다와 계곡만 있는 것은 아니다. 대나무 숲이 만들어 주는 시원한 녹색 터널을 걷는 것만으로도 더위가 한풀 물러가는 느낌이 든다. 영산강변 나무 그늘에 앉아 강바람을 맞으며 국수 한 그릇 하는 것도 잊지 말자. **P.192**

경주 감포해안길 ▼

백사장이 아름답고 수심이 깊지 않아서 해수욕하기에 좋은 해변이 많다. 솔숲 아래에서 더위를 식히다가 전촌 용굴에서 기념사진을 남겨보자. 마지막으로 시원한 물회 한 그릇으로 무더위를 날려보는 것은 어떨까. **P.148**

변산반도 해안도로 ▼

우리나라에서 가장 오래된 해수욕장이 변산반도에 있다는 것을 아는 사람은 드물다. 변산해수욕장을 시작으로 고사포, 격포, 모항 등 10개가 넘는 크고 작은 해변들이 작은 변산반도를 따라 오밀조밀 이어져 있다. **P.182**

계절별 추천 드라이브 코스 ④

가을

◀ 포천 호반길

'물을 안은 마을'이라는 지명처럼 크고 작은 호수와 맑은 계곡, 빼어난 명산이 있는 지역이다. 울긋불긋한 산허리를 바라보며 걷는 호반길도 좋고 억새가 흐드러지게 핀 산에 올랐다가 맛보는 이동갈비는 꿀맛이다. **P.28**

◀ 강원 한계령길

눈 내린 계절에 고개를 넘나드는 운전이 두렵다면 가을철에 찾아보는 건 어떨까. 어쩌면 이때가 제철일지도 모른다. 설악산을 휘감는 단풍과 낙산사에서 바라보는 푸른 바다는 오직 가을에만 제 모습을 드러낸다. **P.116**

▼ 순천~광양 순광로

세계 5대 습지로 손꼽히는 순천만 갯벌에 가을이면 온통 갈대가 만개한다. 청명한 푸른 하늘 아래 갈대밭 사이로 산책만 해도 절로 힐링이 되는 듯하다. **P.212**

◀ 강진 청자로

고려청자의 최대 생산지여서인지 갯벌이 기대고 있는 바다임에도 불구하고 강진만은 영롱한 비색을 닮았다. 옥처럼 영롱한 바다를 사이에 두고 시원하게 달리는 기분. 강진이 아니면 경험하기 힘든 풍경이다. **P.204**

◀ 보령~서천 서해바다길

11월~2월이면 '바다의 우유'라는 굴만한 보양식이 없을 것이다. 서해바다를 내달리며 잔잔한 바다와 울창한 송림의 콜라보를 즐기고 싱싱한 굴 요리로 영양까지 가득 채우는 여행을 즐겨보자. **P.76**

포항 호미곶 해안도로 ▶

꾸덕꾸덕하게 말린 과메기가 제철이고, 호미곶에서 일출을 보기 위해 서둘러야 하는 곳 포항. '상생의 손'에 걸린 올해의 마지막 해와 내년의 시작을 알리는 해를 맞이해 보자. **P.144**

◀ 제주 비자림로

추위를 피해 따뜻한 남쪽으로 왔다면 비자림로를 추천한다. 겨울이 맞나 싶을 정도로 사계절 내내 삼나무의 푸르름이 길을 따라 이어진다. 숲길 근처 아무 오름을 하나 골라 정상에 올라서면 비로소 제주가 가슴속에 들어온다. **P.242**

아이와 부모가 함께 즐길 수 있는
드라이브 코스

여주~충주 남한강길 ▶

역사 속으로 풍덩 빠져들어 즐기고, 자연 그대로의 풍경을
간직한 공간에서 아이들은 신나게 뛰놀고 어른들은
여유로움에 한껏 취해볼 수 있는 여행지다. 동굴 연못에서
즐기는 보트체험과 다채로운 빛으로 물든 탄금호
무지개길에서 만드는 알록달록한 추억은 보너스다. **P.98**

◀ 춘천 호반길

선로를 따라 내달리는 레일바이크의 굉음은 아이들의
웃음소리에 묻힌다. 젊은 시절 연인과 달렸던 호반길에는
낭만에 이어 가족의 온기까지 더해진다. 애니메이션박물관과
춘천인형극장은 덤이다. **P.106**

▼ 목포 해안도로

목포해양유물전시관, 목포근대역사관, 자연사박물관 등 아이들에게
역사를 보여주러 왔다가 어른들이 더 빠져드는 여행지가 목포다.
여기에 마무리로 해상케이블카까지 더해주면 '엄마, 아빠 최고'라며
엄지 척 해주는 모습을 보게 될 것이다. **P.196**

여수 신월로 ▼

루지 테마파크에서 무동력 카트와 놀이기구를 타고, 웅천친수공원에서
모래 놀이까지. 아이들의 행복한 웃음소리가 끊이질 않으니, 아이들을
바라보는 부모들도 덕분에 행복하다. **P.216**

테마별 추천 드라이브 코스 ②

사랑하는 그대와 함께라면 어디든 좋아!
연인과 함께 가기 좋은 드라이브 코스

남양주~가평 북한강 드라이브 ▶

발길이 닿는 곳마다 이국적인 풍경이 펼쳐진다.
복잡한 도시를 떠나 잠깐 달렸을 뿐인데 프랑스,
이탈리아, 스위스 마을에 닿는다. 여권 없이 자동차를
타고 떠나는 이색 데이트를 즐겨보자. **P.34**

◀ 주문진~정동진 해안도로

볼거리, 먹을거리, 즐길거리에 연인의 온기까지 더하니
금상첨화다. 경포해변과 안목해변에서는 해수욕을 즐기고,
드라이브에 지친 심신의 피로는 마지막 정동진역에서 풀면
제격이다. 아! 고소하고 향기로운 커피 한잔도 잊지 말자. **P.122**

부산 해운대~기장 해안도로 ▶

해동 용궁사의 투박한 길을 걸을 때는 연인의 손을 더
꼭 잡아보자. 달맞이동산은 연인끼리 낭만을 즐길 곳이
넘쳐나고, 해운대해수욕장에서는 해수욕을 빼면 섭섭하다.
광안대교 야경으로 하루를 마무리한다면 최고다. **P.156**

◀ 군산 새만금로

군산에서 고군산군도로 향하는
새만금로만큼 연인들에게 인기인
드라이브 코스도 없다. 끝도 없이 뻗어
나가는 도로를 따라 시원스레 달리는
기분은 언제나 달콤하다. 군산 여행의
마지막 퍼즐, 대장도 정상에서 커플 사진을
남겨보자. **P.176**

부모님 취향저격!
부모님 모시고 가기 좋은 드라이브 코스

연천 임진강길 ▶

뛰어난 자연 풍광은 물론 지질학적 가치, 역사적·생태적 가치를 모두 지닌 명소들이 줄지어 있다. 드라이브는 물론 경사도가 있는 큰 스폿이 없어 부모님과 함께 가벼운 산책을 즐기기에 최적의 코스다. P.50

◀ 대구 팔공산 순환도로

봄에는 벚꽃이 흐드러지고 가을에는 단풍나무가 흩날린다. 그 길 곳곳에 천년 고찰이 자리한다. 부모님들이 젊은 시절 한 번쯤 가 봤을 만한 추억이 서린 동화사, 파계사, 온천호텔 등 추억의 명소들이 그대로 자리하고 있다. P.130

제주 평화로 ▶

고속도로가 없는 제주에서 그나마 시원스레 달려볼 만한 드라이브 코스다. 길이 편안한 금오름에 올라도 좋고, 365일 꽃이 반겨주는 카멜리아 힐에서 가족사진 남겨보며 잊지 못할 추억을 선사해 보아도 좋다. P.224

테마별 추천 드라이브 코스 ④

해가 떠오른다~ 가자♬
일출&일몰을 볼 수 있는 드라이브 코스

태안 해안도로 ▶

드넓은 서해바다를 품은 태안의
해수욕장은 무려 28곳. 어느 곳 하나
일몰 맛집으로 둘째가라면 서럽다.
서해이지만 일출을 마주할 수 있는
보물 같은 여행지도 있다. P.82

포항 호미곶 해안도로 ▶

곶은 육지가 바다 쪽으로
툭 튀어나온 지형이다.
바다를 향해 나가고 싶은 마음이
얼마나 크면 튀어나왔을까.
그만큼 일출과 일몰을 가까이에서
볼 수 있다. 일출과 일몰 때 바다에
우뚝 버티고 있는 '상생의 손'에
걸린 해를 잡아보자. P.144

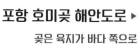

◀ 제주 노을해안로

성게물공원에서 운진항까지
이어지는 노을해안로는
제주에서 가장 일몰이 아름다운
드라이브 코스다. 수월봉
정상에서 차귀도 너머로 지는
해를 바라보는 것도 좋고,
해안도로를 따라 구불구불
달리며 맞이하는 해넘이도
매력적이다. P.228

15

이야기가 있는
문화유산 드라이브 코스

청주~공주~부여 금강길 ▶

천년의 미소, 백제의 흔적이 가득한
도시 여행이 가능한 코스. 여행지마다
해설을 들으며 여행할 수 있어
역사의 깊은 맛에 빠져볼 수 있다.
역사유적 탐방과 함께 강을 달리고
하늘을 나는 액티비티를 즐길 수 있는
반전 매력에 빠져보자. P.88

◀ 울진 관동팔경길

동해안 여덟 곳의 명승지 중 망양정과
월송정을 품은 길이며 오랜 고택인
해월헌의 운치를 즐길 수 있는
길이다. 동해안을 거의 일직선으로
드라이브할 수 있어 운전이 고되지
않은 편이다. 살짝 옆길로 빠져서
케이블카를 타거나 공원 산책을
즐겨도 괜찮다. P.134

익산~전주 시간여행길 ▶

익산과 전주만큼 문화유산 이야기가 많이 담겨 있는
곳이 또 있을까 싶다. 왕궁리 유적과 미륵사지에서
시작된 역사여행은 전주한옥마을에서 꽃을 피운다.
전주 한옥마을만 해도 볼거리가 많아 1박 2일도
부족하게 느껴진다. P.186

일상을 위로하는
힐링 드라이브 코스

◀ 강원 오대산 진고개길

피톤치드 뿜어내는 전나무숲길은 오랜 세월
동안 많은 이들의 심신을 위로했다. 월정사에서
상원사까지의 옛길을 걷거나 차로 이동하면 오대산의
속살을 오롯이 느꼈다고 봐야 한다. 산사에 고요히
퍼지는 종소리는 마치 마음의 소리 같다. **P.110**

▲ 제주 동부 중산간 핵심 도로

제주에서 딱 하나의 드라이브 코스만 고르라면 여기를
선택하고 싶다. 강렬하지만 짧은 감동을 주는 바다보다
제주 중산간이 주는 힐링은 길고 은은하게 스며든다.
걸으면 걸을수록 힘이 나는 제주 숲길로 떠나보자. **P.232**

◀ 제주 최남단해안로

짧지만 강력한 힘을 가진 드라이브 코스. 세계적으로 유명한 해안선인
호주 그레이트 오션로드 12사도에 비해도 절대 뒤지지 않는 해안
절경을 가지고 있다. 송악산 둘레길과 용머리 해안을 걷고 나면 마음속
걱정거리는 온데간데 없어지고 만다. **P.246**

시원한 바다를 따라 달리는
해안 드라이브 코스

▲ 시흥~안산 시화방조제길

수도권의 대표적인 드라이브 코스다.
오이도와 대부도를 잇는 시화방조제를 달리는
길에 만나는 휴게소마저도 그냥 지나가기에
아까운 여행 명소다. 계절에 상관없이
서해바다를 가르며 달려볼 수 있다. **P.66**

◀ 영덕 블루로드 해안도로

동해의 아름다운 해수욕장에서 해수욕과 캠핑을
즐기기에 좋고, 강구항과 축산항을 연결하는
강축해안도로는 아름다운 드라이브 길이기도
하다. 이곳에서 맛보는 대게와 물회 맛은 좀 더
쫄깃하고 새콤하게 느껴진다. **P.140**

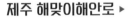

제주 해맞이해안로 ▶

제주에서 가장 긴 해안도로를 자랑한다.
김녕해변, 세화해변, 평대해변 등 유명한
해변을 마치 보석 목걸이 엮듯 이어
놓았다. 검은 현무암과 하얀 포말이
만들어내는 치명적인 매력에 빠져
허우적거릴지 모른다. **P.236**

테마별 추천 드라이브 코스 ⑧

배 대신 차로 떠나는
섬 드라이브 코스

거제도 일주도로 ▲

제주도 다음으로 큰 섬인 거제도. 부산과는 거가대교로,
통영과는 신거제대교로 연결되어 있어 다른 도시에서
거제도로 이동하기에 편하고, 고립된 섬이라는 생각이 들지
않는 곳이다. 주변 섬 여행까지 두루두루 즐기려면 2박
3일도 부족하다. **P.162**

▲ 강화 일주도로

초지대교와 강화대교를 통과해 막힘없이 섬으로
들어가려면 부지런을 좀 떨어야 할 수도 있다.
그러나 일단 섬으로 들어오면 바닷가 해안선을
따라 막힘이 없는 도로를 달릴 수 있다. 해안도로
어느 방향으로 돌아도 각기 다른 매력이 있어
선택 장애가 생겨도 책임 못 진다. **P.60**

통영 미륵도 일주도로 ▶

통영시청 주변의 시끌벅적한 항구와 시장을 벗어나
미륵도로 접어들면 같은 도시인지 의심할 정도로
한적하고 조용해진다. 걸리적거리는 곳이 없으니
해안도로를 일주하기에도 제격. 달아공원에서
한려수도의 장관을 한눈에 담아보자. **P.166**

◀ 신안 일주도로

천 개가 넘는 섬을 멀미 나는 배를 타지 않고
자동차로 대부분 돌아볼 수 있다. 섬과 섬을
이어주는 수많은 다리와 섬을 넘나들며 달리는
기분은 실로 엄청나다. 세계 최우수 관광마을로
선정된 '퍼플섬'도 돌아볼 수 있다. **P.200**

서울 ·경기·인천

교동도

석모도

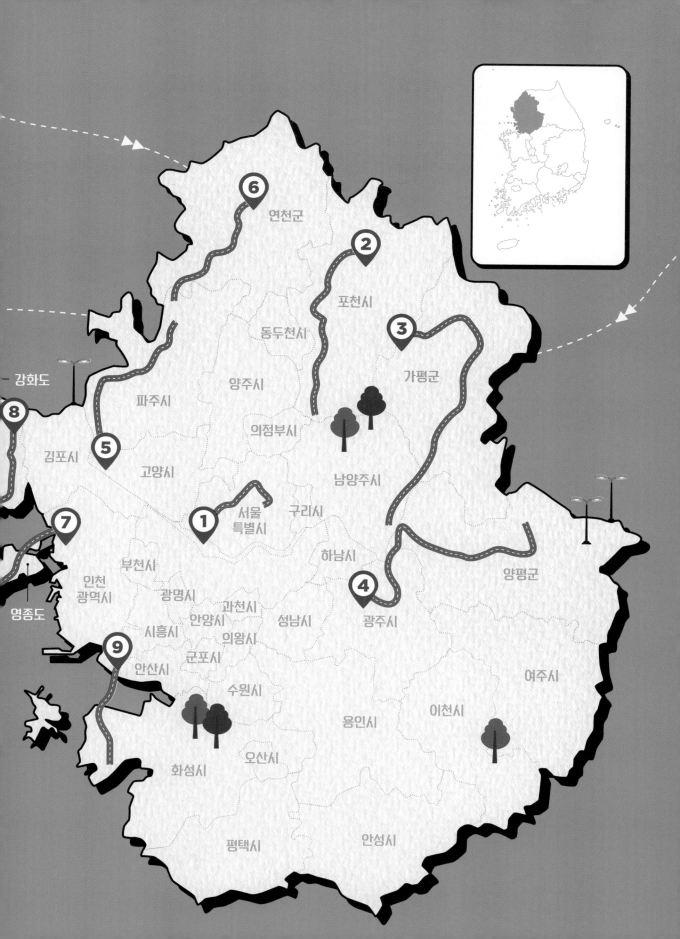

연천군

포천시

동두천시

가평군

양주시

파주시

강화도

의정부시

남양주시

김포시

고양시

서울
특별시

구리시

하남시

양평군

부천시

인천
광역시

광명시

과천시

성남시

광주시

영종도

안양시

시흥시

의왕시

군포시

안산시

수원시

용인시

여주시

이천시

오산시

화성시

안성시

평택시

서울 북악스카이웨이

'북악산길' 또는 '북악하늘길'이라고도 불리는
북악스카이웨이는 북악산 능선을 따라 종로구 청운동
창의문에서 돈암동 아리랑고개에 이르는 총 길이 약 8km의
왕복 2차로 도로다. 1968년 개통되어 30분이면 완주가
가능하지만 스카이웨이에 들어서면 그 호젓함에 저절로
속도가 느려진다. 한두 시간 남짓의 드라이브 코스로 짜투리
시간을 활용하여 단출하게 기분 전환하기에 제격이다.

 DRIVE TIP

삼청각을 지나 팔각정으로 향하는 길은 고급 주택가 사
이로 매끈하게 이어진 대사관로에서 시작한다. 이름 그
대로 대사관이 많이 모여 있는 길로 짧은 골목이지만 드
라마에서나 봄직한 대저택들 사이를 지난다. 으리으리
한 주택에 세계 국기가 하나 크게 걸려있으면 일단 대사
관이라 생각하면 된다. 영화 '기생충'에서 이선균 집 앞
골목으로 등장한 곳도 바로 여기다. 드라이브의 맛을 제
대로 즐기고 싶다면 길 초입에서 커피를 테이크아웃하
고, 창문을 열고 달려보길 추천한다. 말 그대로 도심 속
힐링을 제대로 느낄 수 있다.

구기터널

평창동

내부순환로

평창동 주민센터

서울세검정
초등학교

백사실계곡

탕춘대성

부암동

아델라베일리

북악산

자하손만두

⑤ 창의문

부암동 주민센터

④ 윤동주 시인의 언덕

윤동주 문학관

청운공원

자하미술관

경기상업고등학교

경복
고등학교

홍제역

홍제동

초소책방
더 숲 cafe

코스 순서	삼청각 ➡ 길상사 ➡ 북악 팔각정 ➡ 윤동주 시인의 언덕 ➡ 창의문
소요 시간	35분
총 거리	약 11km
이것만은 꼭!	• 창의문 시작점 출발 기준 약 3km 지점에 있는 팔각정에서는 탁 트인 서울 도심을 한눈에 조망할 수 있다.
코스 팁	• 팔각정에 위치한 주차장은 10분당 400원의 주차 요금이 발생한다.
	• 팔각정 주차장 대기줄이 길 수 있지만 순환이 빠르므로 빠른 포기는 금물이다.
	• 팔각정 정자에 셀프 라면 기기가 구비되어 있어 야경을 보며 출출한 배를 달랠 수 있다.
	• 시간 여유가 있다면 잠깐 드라이브를 멈추고 부암동 골목을 기웃거려보자. 골목을 따라 걷다 보면 갤러리, 카페, 방앗간 등 곳곳에 숨겨진 명소가 많다.

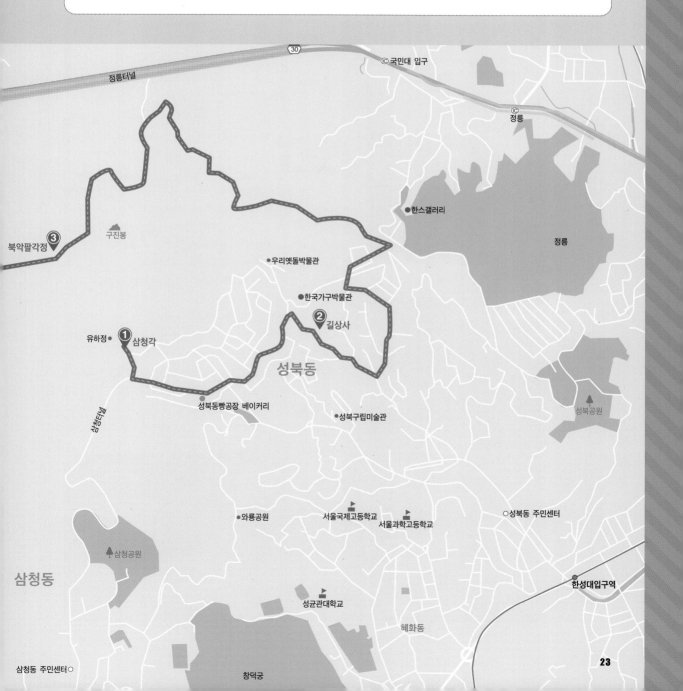

삼청각 1

평양의 <옥류관>을 모델로 1972년에 준공된 삼청각은 7·4 남북공동성명 남북적십자회담의 만찬장소이기도 했다. 현재는 전통문화복합 공간으로 사용되며 한국 전통의 멋과 맛을 경험할 수 있는 공간이다. 약 5,000평의 대지에 6채의 한옥 건물과 100년이 넘은 적송 350여 그루가 심어진 정원으로 이루어져 있다. 2014년 서울미래유산으로 지정되며 훼손을 막기 위해 내부를 볼 수 없는 공간이 많지만 고즈넉 한 정취를 느끼며 가볍게 산책하기 좋다.

▶**주소** 서울 성북구 대사관로 3 ▶**전화** 02-765-3700 ▶**홈페이지** www.samcheonggak.or.kr

 2 길상사

일주문을 통과한 후 마주하는 절 마당을 보고 있 노라면, 마치 깊은 숲속에 들어온 듯 청량하다. 이 런 공간이 서울에 있다는 것에 감탄이 절로 나온 다. 길상사에는 시인 백석과 시주(施主) 길상화의 슬픈 러브스토리 가 담겨 있다. 청운각, 삼청각과 함께 서울의 3대 요정의 하나였던 대 원각을 1955년부터 경영했던 김영한 할머니(1916~1999)가 법정 스 님의 저서 <무소유>를 읽고 감동해 대원각 대지 7,000평과 건물 40 여 동을 절 짓는 데 시주할 뜻을 밝혔다. 1995년 법정 스님이 대원각 을 대한불교 조계종 송광사 말사 대법사로 등록했으나 1997년 길상 사로 이름을 변경했다.

계곡 상류 비탈에는 오두막 같은 건물이 늘어서 있다. 스님들이 수행 하는 곳으로, 대원각 시절에는 모두 손님 한 팀씩 놀던 방들이다. 길상 사 창건일에 김영한은 법정 스님으로부터 염주 한 벌과 '길상화'라는 불명을 받았고 2년 뒤 김영한은 자신의 유언대로 눈 내리는 날 길상사 경내에 유골이 뿌려졌다. 계곡 반대쪽에는 길상화 공덕비와 생전 그녀 의 처소였던 듯 보이는 사당(祠堂)이 있다.

▶**주소** 서울 성북구 선잠로5길 68 ▶**전화** 02-3672-5945 ▶**홈페이지** www.kilsangsa.or.kr

서울을 조망할 수 있는 서울의 명소로 이곳을 빼놓을 수 없다. 팔각정 정자 앞에 서면 서울 도심이 시원하게 내려다보인다. 탁 트인 하늘과 수목화처럼 펼쳐진 능선들, 장난감처럼 보이는 건물들이 한데 뒤섞여 시원한 풍광을 그려낸다. 걷기를 좋아한다면 길상사에서부터 걸어서 가거나 자전거를 타고 가보는 것을 추천한다. 주위에 사람이 뜸하다면 '북악하늘길'을 잠시 걷는 것도 좋다. 북악 팔각정에는 하늘 레스토랑, 한정식 전문점, 스카이카페, 커피하우스 등이 있다.

▶**주소** 서울 종로구 북악산로 267

윤동주 시인의 언덕 4

5 창의문

서울 도심에서 부암동으로 넘어가는 자하문 고개 정상 언덕에 오르면 경복궁과 시청, 종로 일대와 N서울타워까지 훤히 보이는 윤동주 시인의 언덕이 있다. 잔디가 깔린 마당에 소나무가 있고, 짤막한 산책로가 이어지는 언덕으로 한양도성길이 지나가는데, 성곽 앞에는 소나무 한 그루가 부암동과 평창동을 내려다본다. '윤동주 소나무'라고 불리는 나무 앞에 있는 '서시' 시비 앞에서 서울을 내려다보며 언덕으로 불어오는 바람에 잠시 지긋이 눈을 감아보자. 주차는 청운문학도서관, 부암 행정복지센터, 부암 민영주차장을 이용한다.

서울 성곽을 쌓을 때 세운 사소문의 하나로 북문 또는 자하문으로도 불린다. 서울 사소문 중에서 유일하게 완전히 남아 있는 문으로 2015년 12월 2일에 보물 제1881호로 지정되었다. 정릉 입구에서 시작된 북악 스카이웨이의 종점이긴 하지만 한양도성 성곽길을 걷는 코스로 방문하는 사람이 많은 편이다. 주차는 청운문학도서관, 부암 행정복지센터, 부암 민영주차장을 이용한다.

▶ 주소 서울 종로구 창의문로 118

한 걸음 더! 한국가구박물관

한국의 전통 목가구를 중심으로 옹기·유기 등의 전통 살림살이를 전시하고 있는 박물관. 약 2,000여 점의 소장품을 종류별(안방·사랑방·부엌), 재료별, 지역별로 분류하여 전시하고 있다. 한옥 자체도 아름답지만 담장 너머로 성북동 일대와 남산타워를 가운데 둔 서울이 한눈에 들어온다. 사전 예약 투어로만 진행하기 때문에 예약은 필수다.

▶ 주소 서울 성북구 대사관로 121 한국가구박물관 ▶ 전화 02-745-0181
▶ 홈페이지 www.kofum.com ▶ 운영 11:00~19:00, 가이드투어 일 4회
(11:00, 14:00, 15:00, 16:00) ▶ 요금 2만 원

한 걸음 더! 윤동주 문학관

윤동주 시인의 언덕은 윤동주 문학관과 이어진다. 종로구는 용도 폐기된 청운수도가압장을 리모델링해 2012년 7월에 윤동주 문학관으로 문을 열었다. 시인의 유품과 자필 서신, 생애 사진 등이 전시된 문학관은 건축물로도 상당한 가치가 있다. 2013년 대한민국공공건축상 국무총리상, 2014년 서울시건축상 대상을 받았다.

▶ 주소 서울 종로구 청운동 3-55

🍴 코스 속 추천 맛집&카페

성북동빵공장 베이커리
성북동에서 가장 핫한 베이커리 카페. 산이 보이는 테라스 자리에 앉아 빵을 즐길 수 있다. 수십 종의 빵들이 있는데, 그중에서도 '생크림팡도르'가 이 집의 시그너처 메뉴다.

▶ 주소 서울 성북구 대사관로 40 ▶ 전화 02-762-3450

한스갤러리
성북동 높은 지대에 자리한 레스토랑 겸 카페. 높은 곳에 있다 보니 어느 자리에 앉아도 시원한 전망을 즐길 수 있다. 특히 테라스 자리의 인기가 높다. 직화볼샐러드와 파스타가 인기 메뉴. 카페와 레스토랑 공간이 분리돼 있어 차만 즐기고 갈 수도 있다.

▶ 주소 서울 성북구 정릉로10길 127 ▶ 전화 02-941-1142

초소책방 더 숲 café

인왕산 중턱에 자리해 아름다운 전망을 만끽할 수 있는 카페이다. 본래 카페 건물은 청와대 방호 목적으로 지어진 경찰초소였는데, 2018년 인왕산이 전면 개방됨에 따라 리모델링하여 카페로 이용되고 있다. 건물이 협소하다 보니, 늘 많은 사람으로 붐비는 편.

▶ 주소 서울 종로구 인왕산로 172
▶ 전화 02-735-0206

자하손만두
언뜻 보면 일반 가정집처럼 생겼지만, 1993년부터 부암동을 지키고 있는 터줏대감 맛집이다. 각종 미식 프로그램을 비롯해 '2018 미쉐린 가이드 서울'에도 선정되었다. 직접 담근 조선간장으로 맛을 낸 만둣국이 매력적이다.

▶ 주소 서울 종로구 백석동길 12 ▶ 전화 02-379-2648

아델라베일리
북악산 전망을 한눈에 담을 수 있는 베이커리 카페 겸 레스토랑. 루프톱 자리에 앉으면 더욱 시원한 전망을 만끽할 수 있다. 규모가 매우 커서 스몰웨딩을 비롯한 각종 행사 장소로도 인기가 높다.

▶ 주소 서울 종로구 북악산로 48 ▶ 전화 02-3217-0707

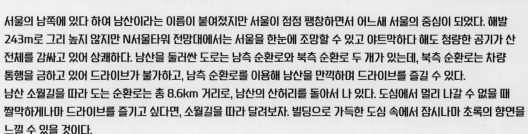

ZOOM IN

도심 속 초록을 달리다
남산 소월길

서울의 남쪽에 있다 하여 남산이라는 이름이 붙여졌지만 서울이 점점 팽창하면서 어느새 서울의 중심이 되었다. 해발 243m로 그리 높지 않지만 N서울타워 전망대에서는 서울을 한눈에 조망할 수 있고 야트막하다 해도 청량한 공기가 산 전체를 감싸고 있어 상쾌하다. 남산을 둘러싼 도로는 남측 순환로와 북측 순환로 두 개가 있는데, 북측 순환로는 차량 통행을 금하고 있어 드라이브가 불가하고, 남측 순환로를 이용해 남산을 만끽하며 드라이브를 즐길 수 있다.

남산 소월길을 따라 도는 순환로는 총 8.6km 거리로, 남산의 산허리를 돌아서 나 있다. 도심에서 멀리 나갈 수 없을 때 짤막하게나마 드라이브를 즐기고 싶다면, 소월길을 따라 달려보자. 빌딩으로 가득한 도심 속에서 잠시나마 초록의 향연을 느낄 수 있을 것이다.

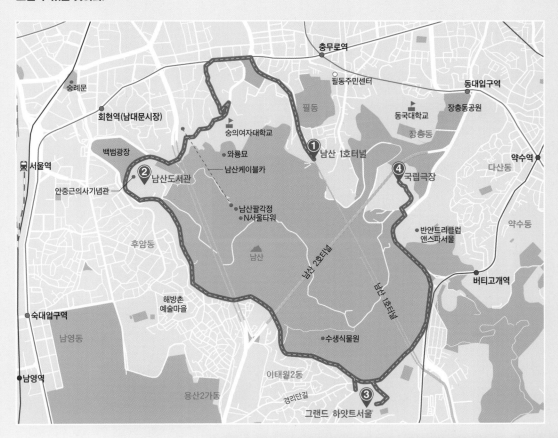

숲 따라 물 따라 떠나는

포천 호반길

이동갈비와 막걸리가 유명한 포천(抱川)의
지명은 '물을 안은 마을'이라는 뜻으로,
지명처럼 포천에는 유독 크고 작은 호수와
맑은 계곡이 많다. 운악산과 소요산, 명성산,
백운산 등 우리나라 100대 명산에 드는
곳이 네 곳이나 있을 정도로 빼어난 산줄기를
자랑한다.

코스 순서

국립수목원 ➡ 아트밸리 ➡ 평강랜드 ➡
산정호수

소요 시간

1시간 30분

총 거리

약 61km

이것만은 꼭!

• 일동막걸리, 이동갈비 그리고 잣 요리까지
  포천의 의 3대 먹거리를 맛보자.

코스 팁

• 산이 품은 아름다운 계곡들이 많아 그만큼
  굽이진 길도 많다. 운전에 유의하자.
• 국립수목원 여행을 계획한다면 사전 예약은
  필수다. 일요일, 월요일은 휴원이니 참고한다.

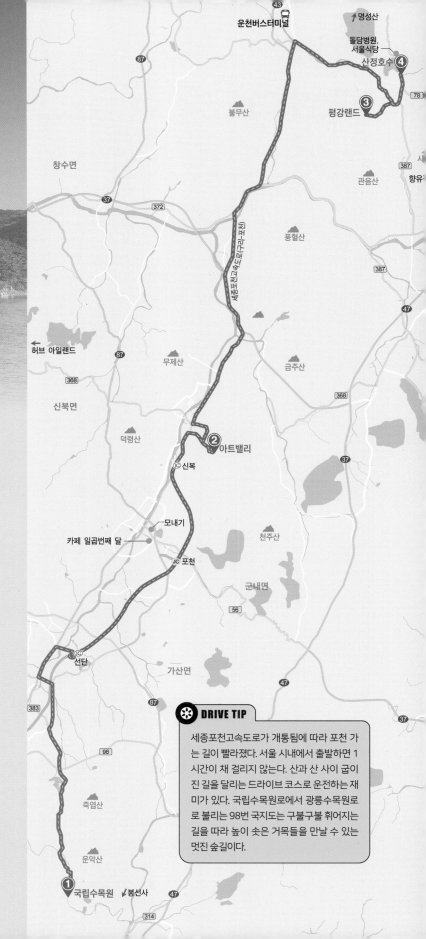

❋ **DRIVE TIP**

세종포천고속도로가 개통됨에 따라 포천 가
는 길이 빨라졌다. 서울 시내에서 출발하면 1
시간이 채 걸리지 않는다. 산과 산 사이 굽이
진 길을 달리는 드라이브 코스로 운전하는 재
미가 있다. 국립수목원로에서 광릉수목원로
로 불리는 98번 국지도는 구불구불 휘어지는
길을 따라 높이 솟은 거목들을 만날 수 있는
멋진 숲길이다.

1 국립수목원

1468년부터 왕실림(王室林)으로 가꿔져 무려 500년의 역사를 담고 있으며, 1987년 '광릉수목원' 간판을 달고 방문객을 받기 시작해 1999년 '국립수목원'으로 이름을 바꿨다. 수목원은 1,100ha의 드넓은 공간에 조성된 모두 15개 구역에 2,800여 종의 식물이 자라고 있는 전문수목원과 산림동물원, 산림박물관과 전용표본관으로 구성되어 있다.

수목원의 모든 공간은 화요일에서 토요일까지만 개방되고 사전 예약을 통해서만 둘러볼 수 있다. 특히 동물원은 안내인의 동행으로 하루 2회(10:30, 14:30) 관찰할 수 있으니 시간을 잘 맞춰 찾아야 한다. 마음껏 양껏 수목원을 돌아보지 못하지만 수목원을 오가는 길의 아름드리 침엽수 사이를 달리는 환상적인 드라이브 코스만으로도 충분히 좋다.

▶**주소** 경기 포천시 소흘읍 광릉수목원로 415 ▶**전화** 031-540-2000 ▶**홈페이지** kna.forest.go.kr
▶**운영** 4~9월 09:00~18:00, 11~3월 09:00~17:00, 12~2월 일요일·월요일 휴원

> **알고 가요!** 광릉숲은 유네스코 생활 보전 지역으로 선정된 곳으로, 조선 세조가 자신의 '능'으로 정해 산림보호를 엄격히 명한 이래 한국전쟁을 견디며 500년 넘게 보전되어 왔다.

한 걸음 더! 봉선사

국립수목원 인근에 있는 사찰로 고려 시대에 세워져 조선 예종이 광릉의 능찰로 지정하며 봉선사라 이름 지었다. 임진왜란과 병자호란, 한국전쟁 때 거듭 병화를 입는 비운을 겪은 후 오늘날의 봉선사가 됐다. 봉선사는 다른 사찰과 달리 경내 곳곳에 있는 한글 현판이 인상적인 곳이다.

유네스코 생물권보존지역으로 지정된 봉선사 주변 광릉숲 원시림은 온통 동식물의 보고인 청정지역으로서 도심 속 자연을 느낄 수 있다. 봉선사는 전통문화와 불교 정신이 만나는 템플스테이로도 유명한데 비밀의 숲인 광릉숲 원시림 구간을 걷는 '숲속 걷기 명상'은 물론 연잎밥 체험, 새벽 예불을 마치고 아침 공양 전 장엄한 산사의 일출을 감상할 수 있다.

▶**주소** 경기 남양주시 진접읍 봉선사길 32 ▶**전화** 031-527-1951
▶**홈페이지** www.bongsunsa.net ▶**요금** [템플스테이 참가비] 7만 원

1960년대부터 무려 30년간 화강암을 채석하던 곳을 문화공간으로 복원했다. 가파른 언덕을 모노레일을 이용해 오르면 조각공원, 하늘정원, 전망카페, 천문과학관 등을 차례로 만날 수 있다.

조각공원에는 화강암을 소재로 한 돌조각 작품과 일반 조각품이 산책로를 따라 전망카페까지 늘어서 있고 조각공원에서 내려다보면 43번 국도에서 아트밸리로 이어지는 도로와 계곡의 풍경이 한눈에 들어온다. 아트밸리의 하이라이트는 천주호. 오랜 시간 채석 작업으로 생긴 대규모 웅덩이에 샘물과 빗물이 고여 호수가 되었다. 관광지로 탈바꿈되면서 다듬어진 웅덩이 바닥에 가라앉은 화강토가 반사되면서 호수의 물색은 옥빛을 낸다. 병풍처럼 깎아지른 화강암 절벽 아래 천주호는 해가 어스름 내려앉을 때 더욱 절경이다.

▶**주소** 경기 포천시 신북면 아트밸리로 234 ▶**전화** 1668-1035
▶**홈페이지** artvalley.pocheon.go.kr ▶**운영** ~목요일 09:00~19:00
(입장 마감 18:00), 금~일요일 09:00~22:00(입장 마감 20:00),
매월 첫째 주 월요일 휴관 ▶**요금** 5,000원

알고 가요! • 4월부터 10월 사이 저녁시간에 호수공연장에서 45m 기암절벽을 스크린 삼아 펼쳐지는 미디어파사드 공연을 상영한다. 주중 오후 5시, 주말 오후 5~8시(매시 정각 30분간 상영)에 펼쳐지나 스케줄 변동이 있을 수 있으니 사전에 확인하자.
• 푸른 잔디가 깔려 있는 야외조각공원의 작품은 모두 포천석으로 만들어졌다. 예술작품을 배경으로 인증샷을 남기기에 좋다.
• 모노레일로 왕복하기보다는 편도로 이용하고 전망카페에서 매표소까지 이어지는 힐링숲 산책로를 이용해보길 추천한다.

한 걸음 더! 허브아일랜드

'생활 속의 허브'를 테마로 한 허브농원. 한국 최대의 허브식물관을 중심으로 허브카페와 레스토랑, 허브용품 숍, 힐링센터, 펜션 등 휴식을 위한 모든 것이 갖춰져 있다. 지중해 연안의 나라들을 모티브로 이탈리아 베네치아 마을과 트레비 분수, 프랑스의 작은 마을, 그리고 그리스의 신전을 표방한 허브힐링센터 등 이국적이고 환상적인 동화나라를 구현해 놓았다.

250여 종의 허브 등 다양한 식물을 볼 수 있는 '허브식물박물관'은 3개의 실내 전시관과 야외 전시장으로 구성돼 있다. 박물관을 나와 '추억의 거리'에 들어서면 사진관, 교실, 다방, 만화가게, 한약방 등 1970~1980년대 우리나라의 모습을 재현해 놓은 공간들과 당시의 소품들이 진열돼 있다. 추억의 거리 아래에 조성된 베네치아 마을에서는 마을 안쪽으로 빙 둘러져 있는 수로에 곤돌라를 띄워 놓았다.

▶**주소** 경기 포천시 신북면 청신로 947번길 35 ▶**전화** 031-353-6494
▶**홈페이지** www.herbisland.co.kr ▶**운영** 10:00~21:00(토요일 및 공휴일 10:00~22:00), 수요일 휴무 ▶**요금** 1만 원

알고 가요! • 허브아일랜드에서는 허브를 이용한 다양한 음식을 맛볼 수 있다. 또한 곳곳에 허브 베이커리와 카페, 허브용품 숍 등이 자리하고 있어 필요한 물품의 구매도 가능하다.
• 허브아일랜드는 허브체험펜션과 연계된 허브힐링센터를 운영하고 있다. 허브힐링센터에서는 씻는 허브, 마시는 허브, 만지는 허브, 보는 허브, 듣는 허브 등 다양한 테마를 이용한 10여 가지의 허브 건강 체험 프로그램을 제공한다.

3 평강랜드

37번 국도 호국로를 따라 철
원 방면으로 올라가다 보면 포천
시 영북면 관음산 북쪽 자락에 있는
평강랜드가 있다. 본래 '평강식물원'이라는
이름으로 개원하여 약 20만 평의 부지에 식물원, 숲길, 키즈파크,
숙박시설을 조성했는데, 최대한 인공적인 요소를 배제하고 자연
환경을 살려 테마정원 13개, 숲길 산책로를 갖췄다. 자생식물원,
고층습지, 고산습원, 고사리원, 암석원을 산책하며 고유의 자생
식물과 멸종위기 식물 등 8,000여 종을 볼 수 있다. 동양 최대 규
모 암석원이라는 것도 놀랍지만 백두산, 한라산, 설악산 등 고도
가 높은 곳에서 자생하는 고산식물을 볼 수 있고 바위에 붙어 사
는 다육 식물도 귀여운 자태를 드러낸다.

▶주소 경기 포천시 영북면 우물목길 171-18 ▶전화 031-532-1779
▶홈페이지 artvalley.pocheon.go.kr ▶운영 09:00~18:00 ▶요금 9,000원

알고 가요! ● 평강랜드에는 다섯 거인이 숨어 산다. 거인의
정체는 덴마크 출신 세계적인 업사이클링
아티스트 토마스 담보가 만든 예술작품이다. 평강랜드에 있는
폐목재를 재활용해 만든 작품이라 더욱 의미가 깊다.
● 평강랜드의 숲해설은 여느 박물관이나 미술관처럼 따로 기기를
대여하는 방식이 아닌 QR코드를 통해 휴대폰으로 들을 수
있다. QR코드를 인식하면 평강랜드 유튜브 공식채널로 연결된다.

포천에서 가장 북쪽에 자리한 명성산 아래 산정호수는 산속의 우물과 같이 맑은 호수라 해서 '산정(山井)호수'로 불린다. 1925년 일제강점기에 영북면 지역의 농업용수를 공급하기 위해 저수지로 만들어졌으나 호수 주변의 경관이 아름다워 1977년 국민관광지로 지정되었다. 가을철 억새로 장관을 이루는 명성산과 망봉산, 망무봉 등 주변의 작은 산봉우리들이 호수와 어울려 절경을 이룬다. 호숫가 벤치에 앉아 시간을 보내도 좋지만 산정호수의 진짜 매력을 느끼는 방법은 호수 둘레길을 걷는 것이다. 잔잔한 호반을 끼고 제방길, 수변데크, 숲길, 적송길이 4km 정도 이어져 지루하지 않게 걸을 수 있다. 수변데크길은 하동 주차장에서 인공폭포로 연결된 가파른 계단 산길을 올라가면 바로 시작돼 호수 위로 약 1km 구간을 걸을 수 있다. 호수 쪽으로 내려가면 호수와 맞닿는 수변 숲속 산책로가 있다. 호수의 잔잔한 물결을 보며 걷다 보면 복잡했던 마음도 잔잔해진다.

▸**주소** 경기 포천시 영북면 산정호수로411번길 89 ▸**운영** 연중무휴(24시간 개방)

한 걸음 더! 돌담병원

호수 둘레길을 걷다 보면 인기리에 방영된 TV 드라마 '낭만닥터 김사부'의 촬영지였던 돌담병원이 있다. 산정호수 상동 주차장에서 자인사 방향으로 5분 정도 이동하면 도로변 우거진 솔숲 사이로 돌담병원이 모습을 드러낸다. 솔 숲 너머 병원 모습과 '돌담병원'이라 새겨진 돌 간판, 응급실 간판 등이 TV 속 모습과 똑같다. 내부를 볼 수는 없지만 호숫가를 벗어나 있기 때문에 한적하게 시간을 보낼 수 있다.

한 걸음 더! **명성산**

명성산(鳴聲山)은 가을이면 산자락을 휘감는 단풍의 물결은 물론, 우리나라 5대 억새 군락지 중 하나답게 억새풀이 일렁이는 모습으로 찬탄을 자아내게 하는 곳이다. 청명한 하늘과 바람에 휘날리는 은빛 억새 물결은 둘째가라면 서러울 지경이다. 명성산은 포천과 철원에 걸쳐 있지만 철원 쪽은 대중교통을 이용한 접근이 쉽지 않고 군부대 지역이다 보니 산행이 쉽지 않아 대부분의 사람들이 포천의 산정호수나 자인사 등을 들머리로 삼아 산행에 나서곤 한다. 산정호수 주차장에서 시작되는 산행은 암반 위를 타고 흐르는 시원한 물줄기가 일품인 비선폭포 앞에서 길이 갈라진다. 비선폭포와 등룡폭포를 거쳐 2시간가량 비교적 완만한 등산로를 오르면 드넓은 은빛 억새의 향연을 감상할 수 있다. 능선 좌우의 단풍을 감상하려면 비선폭포 앞에서 책바위로 이어진 경사진 오르막길을 따라가야 한다. 계곡과 어우러진 단풍을 보고 싶다면 등룡폭포 계곡을 따라 올라야 한다. 책바위 능선 오름은 초입부터 다리품을 팔게 하지만 능선 위에 서면 발아래로 펼쳐진 산정호수의 풍경을 한눈에 조망할 수 있다. 책바위 오름은 급경사 구간이라 주의를 요한다. 로프와 계단이 설치돼 있지만 미끄러지지 않도록 안전에 각별히 주의해야 한다.

▶**주소** 경기 포천시 영북면 산정리 186-12

🍴 코스 속 추천 **맛집&카페**

카페 일곱번째달

천연효모빵을 맛볼 수 있는 베이커리 카페다. 말끔한 벽돌 건물이어서 눈에 띄며 넓은 야외 정원에서 시간을 보낼 수 있다.

▶**주소** 경기 포천시 군내면 청군로 3369
▶**전화** 031-536-3360

서울식당

산정호수 식당가에 위치한다. 산채나물이 함께 나오는 산채비빔밥과 깔끔한 된장찌개, 더덕구이백반이 대표 메뉴다.

▶**주소** 경기 포천시 영북면 산정호수로411번길 91 ▶**전화** 031-532-6131

모내기

1996년부터 시작해 쌈밥정식 단일 메뉴를 고집하는 식당이다. 신선하고 다양한 야채와 직접 만든 쌈장과 특유의 양념소스가 매력이다.

▶**주소** 경기 포천시 군내면 포천로 1495
▶**전화** 031-535-0960

향유갈비

2대째 운영하고 있는 식당으로 '수요미식회'에 소개되기도 한 이동갈비 전문점이다. 100% 천일염으로 간을 한 갈비를 제공한다.

▶**주소** 경기 포천시 이동면 성장로 1287-13
▶**전화** 031-534-9770

알고 가요! 이동갈비라는 이름은 '포천시 이동면' 지명을 따서 붙여진 이름이다. 포천은 6·25전쟁 후 주변의 돈 없는 군인들을 상대로 조각 갈비 열 대를 1인분에 묶어 판 것이 시초가 되었다. 군복무 중인 아들을 면회 온 부모님들에게 포천 이동갈비는 자식에게 줄 수 있는 최고의 먹거리였던 셈.

자동차로 떠나는 해외여행
남양주~가평
북한강 드라이브

이색적인 공간이 많은 가평은 지역 전체가 테마파크 같다. 너른
초원에 뛰어노는 양 떼를 바라보고 '프랑스 마을'에서 오르골 공연을
감상하고 '이탈리아 마을'의 골목을 걷는다. 거대한 꽃섬 '자라섬 남도'에선 꽃에 취하고 '음악 테마 복합
문화 공간'에 들러 재즈도 실컷 감상한다. 코스를 둘러보기에도 모자란 시간이겠지만 코스의 절반 이상이
북한강을 따라가는 코스이니 무작정 달리기보다 북한강 전망을 즐기며 쉬엄쉬엄 달리기를 추천한다.

✱ DRIVE TIP

도로 특성상 커브가 많고 도로가 절개 면에
위치하고 있어 사고가 나면 크게 난다. 안전
운전에 유의하자. 규정속도는 60km다. 멋
진 풍광 덕분에 곳곳에 잠시 쉬어갈 갓길들
이 마련되어 있지만 넓지 않다. 잠시 내리고
탈 때 지나는 차량에 주의하자.

코스 순서	다산생태공원 ➡ 물의정원 ➡ 왈츠와 닥터만 ➡ 쁘띠프랑스 ➡ 잣향기푸른숲
소요 시간	1시간 50분
총 거리	약 70km
이것만은 꼭!	• 왈츠와 닥터만 카페 겸 레스토랑에서 커피 한잔의 여유를 즐겨보자.
	• 프랑스, 이탈리아, 스위스까지 3개국 여행을 해보자.
코스 팁	• 쁘띠프랑스와 이탈리아마을을 여행하려면 인터넷으로 예약하는 것을 추천한다. 하루 전에 예약해야 혜택을 받을 수 있다.
	• 오후보다 오전 시간을 이용해 드라이브하면 아침 햇살에 눈부신 북한강을 만끽할 수 있다.

1 다산생태공원

정약용의 생가가 있는 마재마을과 맞닿은 강변을 따라 조성된 공원이다. 생태연못, 생태습지, 수변쉼터, 팔당호 전망대, 숲속 놀이터 등이 조성돼 있다. 1시간 정도의 산책 코스이지만 느긋하게 걷다 보면 2~3시간은 너끈하다. 소내나루 전망대에 오르면 지금은 역사 속으로 사라진 소내 마을의 흔적인 사내 섬을 중심으로 좌우의 양자산과 용마산 능선이 펼쳐지고, 탁 트인 북한강 전망에 마음이 여유로워진다. 주말이면 곳곳에 돗자리를 펼쳐두고 휴일을 즐기는 사람들을 쉽게 볼 수 있다. 생태해설사가 있어 공원 내에 서식하고 있는 다양한 식물과 한강을 사랑한 다산 정약용의 생애를 전해들을 수도 있다.

▶주소 경기 남양주시 조안면 다산로 767 ▶전화 031-590-8634

한 걸음 더! 다산 정약용 유적지(마재마을)

마재마을에 닿으면 다산 정약용이 어린 시절을 보냈으며, 전남 강진에서 17년 넘게 유배 생활을 마친 뒤 다시 고향으로 돌아와 75세까지 지낸 곳으로 '정약용 유적지'가 조성돼 있다. 유적지에는 그가 태어나고 죽은 곳인 여유당, 정약용의 진영이 있는 사당 문경사, 그의 학문과 저술 활동을 소개한 실학기념관, 그리고 정약용 부부가 함께 묻혀 있는 묘소 등이 있다. 정약용 부부의 묘소에 올라가 한강을 내려다보면 다산기념관, 실학박물관, 실학정원, 그리고 강변의 다산 생태공원이 아득하게 보인다.

물의정원 2

국토교통부가 2012년 한강 살리기 사업으로 조성한 수변생태공원. 북한강 물이 둔치 일부로 흘러 들면서 호수 같은 지형을 만들었는데, 그 광경이 수려해 물의정원이라 이름 붙였다. 물의정원을 상징하는 뱃나들이교를 건너면 북한강변을 따라 산책로와 대규모 초화(草花) 단지가 조성돼 있다.

정원 내 꽃양귀비 군락은 생태계 교란식물인 단풍잎돼지풀을 억제하기 위해 파종하면서 조성되어, 봄에는 양귀비, 가을에는 노란 코스모스를 파종한다. 이 밖에도 계절마다 다양한 꽃들이 정원을 물들이며 버드나무와 갈대가 어우러진 습지, 자전거 길과 산책로 등이 조화를 이룬다.

▶주소 경기 남양주시 조안면 북한강로 398
▶전화 031-590-2783 ▶운영 연중무휴

3 왈츠와 닥터만

수종사를 지나 북한강을 따라 올라가다 보면 왈츠와 닥터만 커피박물관이 나온다. 붉은색 벽돌 건물로 지어져 고풍스러움이 물씬 풍기는 건물은 1층에 카페 겸 레스토랑, 2층에 커피 박물관이 있다.

이곳은 2006년 개관한 국내 첫 커피 전문 박물관으로 세계 각국에서 공수해 온 커피 관련 유물들이 전시되어 있어 우리나라를 비롯한 동서양의 커피 역사와 흐름을 한눈에 볼 수 있다. 직접 추출한 커피를 맛볼 수 있는 것도 매력. 특히 온실을 갖추고 있어 커피 묘목(苗木)의 떡잎부터 열매가 맺히기까지의 과정을 생생하게 만나볼 수 있다. 매주 금요일 밤이면 금요음악회가 열린다. 전국에서 마니아들이 찾아올 만큼 남양주의 명물로 자리 잡았다.

▶**주소** 경기 남양주시 조안면 북한강로 856-37 ▶**전화** 031-576-6051
▶**홈페이지** wndcof.org/wordpress ▶**운영** 박물관 11:00~18:00(입장 마감 17:00, 월·화요일 휴관), 레스토랑 11:00~22:00 ▶**요금** 1만 원

쁘띠프랑스 4

청평댐에서 남이섬 방향 호숫가 인근에 위치한 이국적인 마을. '꽃과 별, 그리고 어린 왕자'라는 캐치프레이즈 아래 프랑스 남부 지방 전원마을의 분위기를 재현했다. 생텍쥐페리 기념관을 개관하고 마을 전체를 어린 왕자에 나오는 에피소드로 테마화해 프랑스 생텍쥐페리 재단으로부터 공식 라이선스를 받았다.

프랑스를 테마로 한 곳답게 프랑스 및 유럽의 생활문화를 엿볼 수 있는 다양한 주제의 전시관이 있다. '프랑스 전통주택 전시관' '골동품 전시관' '유럽 인형의 집' '생텍쥐페리 기념관' 등이 있다. 이국적인 풍경 덕분에 다수의 드라마와 영화, CF의 촬영지가 되고 있다.

▶**주소** 경기 가평군 청평면 호반로 1063 ▶**전화** 031-584-8200
▶**홈페이지** www.pfcamp.com ▶**운영** 09:00~18:00 ▶**요금** 1만 2,000원

알고 가요!

매표소에서 쁘띠프랑스와 이탈리아마을로 나뉘어진다. 쁘띠프랑스와 이탈리아마을을 함께 관람할 수 있는 통합입장권을 구매하면 할인이 된다. 인터넷으로 미리 예매하면 최대 50%까지 할인을 받을 수 있다.

한 걸음 더! 이 밖의 가평의 유럽마을

이탈리아마을

10.8m의 거대한 피노키오가 푸른 하늘을 향해 두 팔 벌려 손짓하는 마을. 바닥의 돌부터 기와 등 건축자재와 석상, 우물 등 모든 전시품을 이탈리아에서 공수해와 마치 토스카나의 오래된 마을로 순간이동한 것 같은 착각에 빠진다. 청평호반이 한눈에 내려다보이는 피노키오 전망대와 가장 인기 높은 피노키오 시계탑으로 꾸민 다빈치광장, 가면상점, 피노키오 기프트숍 등을 방문해보자.

스위스 테마파크

스위스의 작은 마을 축제를 콘셉트로 한 가평 속 또 하나의 유럽 마을. 스위스를 테마로 한 곳답게 전원풍의 소박한 마을이 한 폭의 그림처럼 산 중턱에 자리하고 있다. 와인, 초콜릿, 치즈, 커피 등을 테마로 한 박물관과 포토존이 있고 퐁뒤, 디퓨저, 소이캔들 등을 만드는 체험도 있다. 관람 순서 상관 없이 자연스럽게 마을을 한 바퀴 돌아보면 된다. 실제 사람이 살고 있는 사유지도 있으므로 빨간색의 출입 금지 표지판을 보면 조용히 지나가도록 하자.

▶**주소** 경기 가평군 설악면 다락재로 226-57 ▶**전화** 031-585-3359
▶**홈페이지** www.swissthemepark.com ▶**운영** 평일 10:00~18:00, 주말 09:00~18:00
▶**요금** 8,000원

잣향기푸른숲 5

축령산과 서리산 자락 해발 450~600m에 자리한 숲으로, 우리나라 최대의 잣나무 군락지다. 수령 80년 이상 된 잣나무들이 거대한 숲을 이뤄 사시사철 피톤치드가 가득하다. 숲의 탐방 코스는 높게 치솟은 잣나무들이 호위하듯 늘어선 잣나무 터널을 지난다. 임도와 나란히 하는 전체 둘레길 코스는 총 5.8km, 약 2시간 이상이 소요된다. 둘레길 코스 일부는 휠체어와 유모차로 이동이 가능한 구간도 있다.

인기 탐방로인 '산책길'은 출렁다리, 화전민마을 등을 지난다. 출렁다리를 지나 전나무숲 아래 나무데크를 따라 걷다 보면 화전민마을이 나온다. 1960~70년대 축령산에 실제 거주하던 마을터에 너와집, 귀틀집, 숯가마 등을 재현해 놓았다. 1.6km의 '산책길'은 총 40여 분이 소요되며 곳곳에 명상 공간이 마련돼 있다. 국내 최초 잣 전시관인 축령백림관도 있다.

▶**주소** 경기 가평군 상면 축령로 289-146 ▶**전화** 031-8008-6769
▶**홈페이지** farm.gg.go.kr/sigt/89 ▶**운영** 하절기 09:00~18:00(입장 마감 17:00), 동절기 09:00~17:00(입장 마감 16:00), 월요일 휴관 ▶**요금** 1,000원

알고 가요!

• 하늘호수길은 잣향기푸른숲의 정상 쉼터인 사방댐과 만나는 코스다. 사방댐 전망대에서 조망하면 작은 저수지와 잣나무숲의 탁 트인 윤곽이 한눈에 담긴다.
• 매표소나 방문자센터에서 탐방지도가 표시된 팸플릿을 챙겨 나서면 도움이 된다.
• 4월부터 11월까지 몸에 좋은 피톤치드를 마음껏 호흡할 수 있는 힐링 프로그램을 운영한다. 또한 아이들과 함께 숲길을 거닐며 길가의 야생화와 나무들을 공부할 수 있는 체험 프로그램도 있다.
• 숲에서는 식수나 먹거리를 구할 수 없으니 탐방 전에 가벼운 먹거리를 준비해 가면 좋다.

코스 속 추천 맛집&카페

브레드쏭
시원한 북한강 뷰를 즐기며 빵과 커피를 함께 즐길 수 있는 루프톱 베이커리 카페. 다양한 종류의 크루아상이 인기 메뉴다.
▶주소 경기 남양주시 와부읍 경강로926번길 15
▶전화 031-576-8522

대너리스

담쟁이 덩쿨로 뒤덮인 외관으로 멀리서도 눈길을 사로잡는 카페. 엔티크한 인테리어와 푸른 나무 덩굴에 북한강 전망까지 더해져 분위기 내기에 더없이 좋다.
▶주소 경기 남양주시 조안면 북한강로 914 ▶전화 031-521-9700

리버레인

북한강 전망이 멋진 베이커리 카페로 전시공간과 도서 그리고 다양한 문화체험 이벤트가 함께 있는 복합문화공간이다. 1, 2층은 애견도 함께 이용이 가능하고 5층에는 테라스가 있다. 숙소도 함께 운영하니 이용해봐도 좋다.
▶주소 경기 가평군 청평면 북한강로 2141
▶전화 010-3936-2141

이가네 자연밥상
정성이 느껴지는 기본 찬들과 자극적이지 않으면서도 간이 잘 밴 고기가 입맛을 돋운다. 숯불고기쌈밥과 오리주물럭이 대표 메뉴.
▶주소 경기 남양주시 조안면 송송골길 42 1층
▶전화 031-576-8680

죽여주는 동치미 국수

살얼음이 서걱거리는 시원한 동치미국물에 갓 삶은 탄력 넘치는 국수가 말아져 나온다. 여름엔 동치미 국수, 겨울이라면 김치만둣국을 추천한다.
▶주소 경기 남양주시 조안면 북한강로 547 ▶전화 031-576-4020

동기간

토종닭요리를 전문하는 식당. 산속에 위치하고 계곡이 있어 찾아가는 길이 여행 같다. 메뉴가 다양한 편은 아니지만 토종닭백숙으로 수요미식회에 소개되었다. 브레이크 타임이 있다.
▶주소 경기 가평군 가평읍 보납로 459-158
▶전화 031-581-5570

미세먼지, 바이러스 OUT! 남양주&가평 청정 여행지.Zip

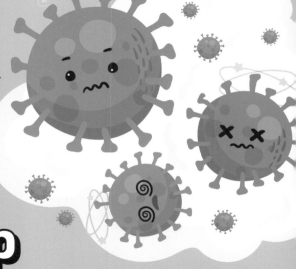

아침고요수목원

축령산 기슭에 자리한 수목원. 한상경 삼육대 원예학과 명예교수 개인의 노력으로 1996년 설립됐다. 영화 '편지'의 촬영 장소로 알려지면서 유명세를 치른 뒤 다수의 영화와 드라마 촬영지로 각광받으며 지금은 우리나라의 대표 수목원으로 자리 잡았다. 약 30만㎡의 공간에 20개의 테마 정원과 기와 지붕처럼 자연스러운 곡선을 담은 한국식 정원을 조성해 두었다. 4천5백여 종의 꽃과 나무, 야생화전시실, 초화 온실과 같은 실내 전시시설 두 곳까지 보유하고 있어 볼거리가 가득하다.

▸ **주소** 경기 가평군 상면 수목원로 432 ▸ **전화** 1544-6703
▸ **홈페이지** www.morningcalm.co.kr ▸ **운영** 08:30~19:00 ▸ **요금** 1만1,000원

자라섬

1943년 청평댐 건설로 수몰되며 북한강에 생긴 섬으로 그 모양이 자라처럼
생긴 언덕이라 하여 '자라섬'이라 이름 붙여졌다. 약 20만 평 규모의 섬은 남이
섬의 약 1.5배 규모이다. 섬은 동도, 서도, 중도, 남도 등 네 개의 섬으로 이루어
졌지만 실제 활용하고 있는 섬은 서도, 중도, 남도다. 세 섬은 캠핑장, 공연장,
꽃 테마공원으로 각각의 특색을 지니고 있다.
매년 봄·가을이면 캠핑, 재즈 페스티벌의 축제장으로 변신하는데 축제가 없는
계절에는 축제의 화려함 보단 소소한 행복감을 주는 풍경을 연출한다. 산록이
주는 편안함과 이른 아침이면 피어오르는 물안개, 해 질 녘 북한강에 어스름
비춰지는 노을빛과 함께 정확히 일몰 시각에 맞추어 불이 밝혀지는 조명이 이
색적이다.

▶**주소** 경기 가평군 가평읍 달전리 1-1

수종사

높이 600m의 운길산 중턱에 이름 그대로 '물과 종이 있는 사찰' 수종
사가 있다. 일주문 앞에 차를 두고 출발해 10분쯤 걸어 수종사 경내에
이르면 눈 호강이 시작된다. 운길산 중턱에서 바라보는 양수리 일대의
풍경은 부드럽고 온화한 한 폭의 그림 같아 서거정은 수종사를 '동방에
서 제일의 전망을 가진 사찰'이라 하기도 했다. 경내 다실인 삼정헌에서
는 누구나 자유롭게 무료로 차를 우려 마실 수 있다. 다실에서는 전면
큰 창을 통해 양수리 일대 풍경을 볼 수도 있다. 차를 즐기는 동안 경내
에 쓰인 '묵언'이란 푯말처럼 잠시 말을 잊어도 좋을 것 같다.

▶**주소** 경기 남양주시 조안면 북한강로433번길 186 ▶**전화** 031-576-8411

알고 가요!   수종사는 자동차로 일주문 앞까지 오를 수 있지만
초보운전자라면 식은 땀을 흘릴 각오가 필요한 길이다. 경사는
물론 좁고 굽은 길을 반대편에서 오는 차를 피하며 1.5km 넘게 올라야 한다.
걸어서 오른다면 40~50분 정도 소요되지만 내내 경사가 펼쳐지기 때문에 이
역시도 편치는 않다.

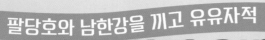

팔당호와 남한강을 끼고 유유자적
광주~양평 6번 국도

올림픽대로의 끝 팔당댐을 지나 남양주를 거쳐 남한강과
북한강 두 물줄기가 흐르는 양평을 달린다. 인천에서
시작되어 한반도 중앙을 동서로 가로지르는 6번 국도는
특히 양평을 지나는 구간의 경치가 뛰어나다. 북한강을
따라 달리며 바라보는 반짝이는 물빛만으로도 몸과 마음이
힐링된다. 강을 바라볼 수 있는 유명한 커피숍과 베이커리가
즐비하니 잠시 쉬어 가도 좋다.

코스 순서	남한산성 ➡ 두물머리 ➡ 세미원 ➡ 용문사
소요 시간	1시간 20분
총 거리	약 68km
이것만은 꼭!	• 사진 스폿인 두물머리 액자와 두물머리의 명물이라는 연핫도그도 놓치지 말자. 　초코우유와 함께 먹으면 더욱 맛있다. • 늦은 가을이라면 코스 중 용문사를 꼭 둘러보길 추천한다.
코스 팁	• 세미원 연꽃을 기대한다면 7~8월 사이가 좋다. 다른 계절에는 연꽃을 보기는 어렵다. • 남한산성은 로터리까지 차로 올라갈 수 있다. 가벼운 산책을 원한다면 로터리 부근에 주차하는 것이 좋다.

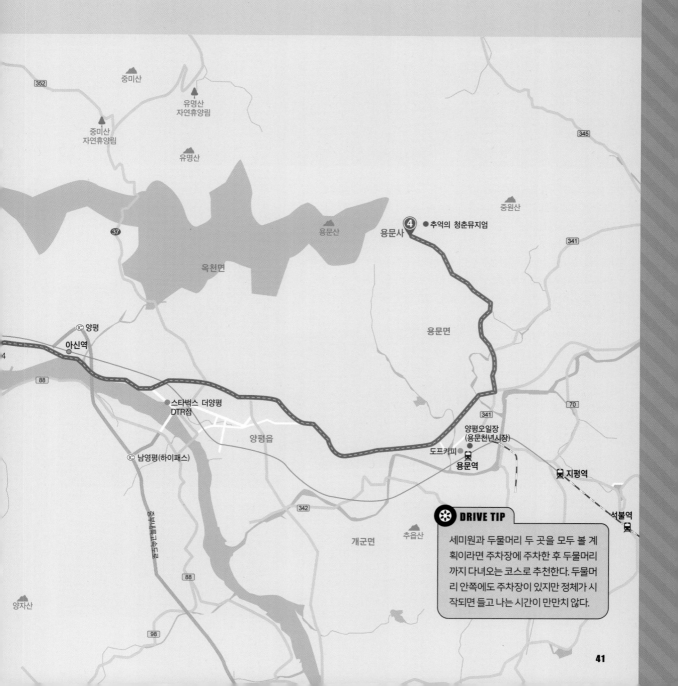

✲ DRIVE TIP

세미원과 두물머리 두 곳을 모두 볼 계획이라면 주차장에 주차한 후 두물머리까지 다녀오는 코스로 추천한다. 두물머리 안쪽에도 주차장이 있지만 정체가 시작되면 들고 나는 시간이 만만치 않다.

남한산성

신라시대에 처음 축조돼 남한산 자락을 따라 굽이굽이 이어진 남한산성은 2014년엔 유네스코로부터 그 가치를 인정받아 세계유산으로 등재됐다. 도립공원이기도 한 남한산성은 수도권 최대의 소나무 보존지구로 서울 근교에서는 드물게 80~100년생의 소나무 군락지를 만날 수 있다. 1900년대 초 무분별한 벌목이 한창이었던 시절, 남한산성의 마을 사람들이 벌목을 금하는 금림조합을 만들어 소나무를 심고 보호한 덕분에 성곽 주위로 키 큰 노송들이 줄지어 서 있다. 북쪽으로는 연주봉, 동쪽으로는 망월봉, 벌봉 등을 성곽으로 연결했다. 남한산성에서 가장 아름다운 구간이라 일컫는 서문에서 동문으로 가는 길은 남한산성에서 가장 아름다운 경관을 볼 수 있는 조망 장소로도 유명하다. 이 지점에서 서울을 바라보면 서울 롯데타워와 한강 일대가 훤히 내려다보인다.

▶**주소** 경기 광주시 남한산성면 산성리 산23
▶**전화** 031-743-6610

알고 가요!

성벽을 따라 7.7km에 이르는 남한산성을 한 바퀴 도는 데는 3~4시간쯤 걸리는 짧지 않은 거리다. 성벽은 산을 따라 굽이치듯 이어져 있고, 남한산성으로 가는 코스는 여러 길이고 경사가 제법 있는 구간도 있다. 대개 남문에서 시작해 수어장대를 거쳐 북문으로 가는 길이 이곳을 찾는 이들이 많이 선택하는 방법이다. 성곽길만 따라 걷는다면 체력적으로 산행이 부담스러운 이들에게도 추천할 만한 코스다.

두물머리 2

금강산에서 흘러내린 북한강과 강원도 금대봉 기슭 검룡소에서 발원한 남한강의 두 물이 합쳐지는 곳이라는 의미로 두물머리, 한자로는 '양수리(兩水里)'를 쓴다. 예전 이곳에 있던 나루터가는 남한강 최상류의 물길이 있는 강원도 정선군과 충북 단양군, 그리고 물길의 종착지인 서울 뚝섬과 마포나루를 이어주던 마지막 정착지로 1973년 팔당댐이 들어서기 전까지 매우 번잡하던 곳이었다. 1990년대 초반까지만 해도 나루터로 운영했지만, 현재는 터만 남아 있고 400년 된 느티나무가 두물머리의 파수꾼처럼 그 자리를 지키고 있다. 두물머리의 매력은 뭐니 뭐니 해도 이른 아침 일출과 물안개가 만들어내는 몽환적인 풍경이다. 덕분에 이른 아침부터 물안개와 일출 풍경을 담기 위한 사람들로 장사진을 이루기도 한다. 물안개는 일교차가 큰 10월 말~11월 말까지가 적기다. 정약용이 놓았다는 배다리를 사이에 두고 세미원과 연결되어 있어, 같이 둘러보기 좋다.

▶**주소** 경기 양평군 양서면 양수리

세미원 3

팔당호로 3면이 둘러싸인 세미원은 수생식물을 이용한 자연 정화 공원이다. 6개의 연못에 연꽃과 수련, 창포 등의 수생식물 군락을 조성해 이 연못을 거친 한강물은 중금속과 부유물질이 거의 제거된 뒤 팔당댐으로 흘러 들게 된다. 세미원(洗美苑)이란 이름은 '관수세심 관화미심(觀水洗心 觀花美心)'이란 장자의 말에서 따와 '물을 보며 마음을 씻고 꽃을 보며 마음을 아름답게 하라'는 뜻이 담겨 있다.
매표소를 지나면 태극기 속에 '사람과 자연은 둘이 아니고 하나'라는 사상을 담은 불이문(不二門)을 통해 정원으로 들어선다. 2만㎡에 육박하는 땅에 각종 수련과 연꽃, 수생식물들을 가꿔 놓은 세미원은 '연꽃의 천국'으로 전통적인 한국식 정원이다. 조선 정조시대의 배다리를 재현한 열수주교(洌水舟橋)를 통해 두물머리와 연결이 된다. 당일 입장권을 보여주면 자유롭게 오갈 수 있다.

▶**주소** 경기 양평군 양서면 양수로 93 ▶**전화** 031-775-1835 ▶**홈페이지** www.semiwon.or.kr ▶**운영** 08:00~20:00 ▶**요금** 5,000원

알고 가요! '물과 꽃의 정원'이란 타이틀이 붙은 세미원은 연꽃으로 특화된 정원인 만큼 여름이 제철이다. 빅토리아 연못, 열대수련 연못, 사랑의 연못 등 희귀한 연꽃들을 볼 수 있으며, 6~8월 세미원 연꽃 문화제가 개최되는 기간 중에는 야간 개장도 하고 있어 강바람을 맞으며 시원한 여름밤을 만끽할 수 있다. 세미원에는 그늘이 없어 한여름에는 더위에 지칠 수 있으니, 양산이나 물을 준비해 가면 좋다.

4 용문사

용문산 기슭에 자리한 사찰. 주차장에서 사찰까지 1.3km 정도의 짧지 않은 거리를 걸어가야 하는데, 일주문에서부터 천천히 걸으면 30분 정도 걸린다. 맑고 경쾌한 물소리와 새소리가 어우러진 길을 따라 걷노라면 발걸음도 가벼워진다. 용문사의 창건 시기는 은행나무를 심은 신라시대로 거슬러 올라가지만 전란에 피해를 입고 중창과 재건을 거듭해 현재의 전각 대부분은 1970~90년대에 지은 건물들이다. 경내에는 수령이 1,100년이 넘는 은행나무가 서 있는데, 신라 마지막 임금인 경순왕의 아들 마의태자가 나라 잃은 슬픔을 안고 금강산으로 들어가면서 심었다고도 하고, 의상대사가 짚고 다니던 지팡이를 꽂은 것이 자란 것이라고도 하는데, 현재는 천연기념물 제30호로 지정되어 있다. 높이 142m, 둘레 14m에 달하는 은행나무는 동양에서 가장 큰 은행나무이기도 하다. 수많은 전쟁과 화재를 겪으면서도 용케 살아남아서 나라에 큰 변고가 생기면 소리를 내어 우는 신령한 나무로도 알려져 있다.

▶**주소** 경기 양평군 용문면 용문산로 782 용문사 ▶**전화** 031-773-3797 ▶**홈페이지** www.yongmunsa.biz

한 걸음 더! 용문사 근처 함께 가볼 만한 곳

추억의 청춘뮤지엄

용문산 관광단지 초입에 위치해 골목길, 다방, 옛날 목욕탕 등 1970~80년대를 재현했다. 미니스커트와 장발을 단속하던 거리 풍경부터 양은 도시락을 쌓아 두었던 난로, 말뚝박기를 하는 모습 까지 1970~80년대 평범하게 볼 수 있었던 모습들을 포토존으로 구성했다. 동네 문방구에서 즐기던 달고나와 종이 뽑기, 대왕엿, 제기차기, 딱지치기 등 체험거리도 다양하게 준비돼 있다. 옛날 교 복을 대여해서 입고 다양한 포토존에서 사진을 찍어볼 수도 있다.

▶주소 경기 양평군 용문면 용문산로 620(용문산 관광단지 내)
▶요금 8,000원

양평오일장(용문천년시장)

양평 용문천년시장 오일장은 양평군의 3대 전통시장의 하나로 끝자리 날짜가 5와 0으로 끝나는 날이 장날이다. 시골 장터 분위 기가 물씬 풍기며 즉석에서 만든 먹을거리와 산야초, 한약재, 각 종 야채와 청과물, 잡화 등을 판매한다.
용문천년시장에는 용문의 특산물인 버섯을 주재료로 끓인 국밥 을 선보이는 버섯국밥거리가 있다. 능이, 표고, 느타리, 꽃송이, 목이 등 양평지역에서 재배한 친환경 버섯의 풍미 덕분에 근사 한 한 끼를 즐길 수 있다.

▶주소 경기 양평군 용문면 용문시장2길 11

🍽 코스 속 추천 맛집&카페

두물머리 연핫도그

반죽에 연잎, 연근, 연씨가 들 어가 있어 빵이 어두운 연둣 빛을 띤다. TV 예능프로그램 '전지적 참견 시점'에 등장한 후 줄을 서서 먹는 핫도그 가 게가 되었다. 핫도그는 순한 맛과 매운맛이 있다.

▶주소 경기 양평군 양서면 두물머리길 103-8 ▶주소 02-762-3450

브라운스푼

널찍하고 여유로운 공간과 창 밖으로 강변 산책로 이어지 는 정원이 내려다보인다. 폭 신한 소파와 나무 그네, 향긋 한 허브가 채우는 공간과 식 물을 활용한 인테리어가 돋보 인다. 햄 에그 베네딕트와 파 니니가 유명하다.

▶주소 경기 양평군 양서면 목왕로 24-5 ▶주소 031-773-2826

뱀부314

대나무를 보고 대나무 음이온을 마시고 대나무 페스토를 맛볼 수 있는 대 나무를 테마로 한 카페 겸 레스토랑이다. 음이온 방출량이 많은 대나무가 실내를 꽉 채우고 있어 앉아 있는 내내 청량감을 느껴진다. 15:00~16:30 브레이크 타임이 있다.

▶주소 경기 양평군 양서면 덤바위골길 4 ▶주소 0507-1336-7002

도프커피

감각적인 플랜테리어로 입소문 난 카 페다. 모던한 감각과 자연적인 감성이 어 우러진 카페는 식물원을 방불케 한다. 애견은 동 반 가능하지만 12살 이상 이용 가능한 노키즈존이다. 크림 맛 집 답게 라테류가 훌륭하다. 마음이 끌리는 식물은 구입도 가능하다.

▶주소 경기 양평군 용문면 용문로 333 ▶주소 031-774-0705

스타벅스 더양평 DTR점

남한강변을 조망할 수 있는 뷰와 우리나라 최초로 매장 에서 직접 빵을 굽는 스타 벅스 매장으로 오픈하자마 자 이슈가 되었다. 드라이브 스루에는 일반적인 스타벅스 의 메뉴를 판매하고 2층에서는 매장에서 직접 구운 다양한 베이커리를 판매한다. 면적도 면적이지만 드라이브스루 매장으로 드라이브 전 음료 를 준비하기에 안성맞춤이다.

▶주소 경기 양평군 양평읍 양근로 76

역사의 흔적과 예술의 향기를 만끽하는
파주 자유로

자유로만큼 드라이브 코스로 좋은 곳이
있을까. 자유로는 한강과 임진강을 끼고 일산과 파주를
따라 임진각 평화누리공원으로 이어진다. 고양시를 갓
벗어나 파주에서 임진각 자유의 다리까지 이어지는
도로는 철조망과 검문소가 이어져 묘한 긴장감을
불러일으키지만 교통체증 없이 한강을 따라 물 흐르듯
달리다 보면 어느새 마음이 평온해진다.

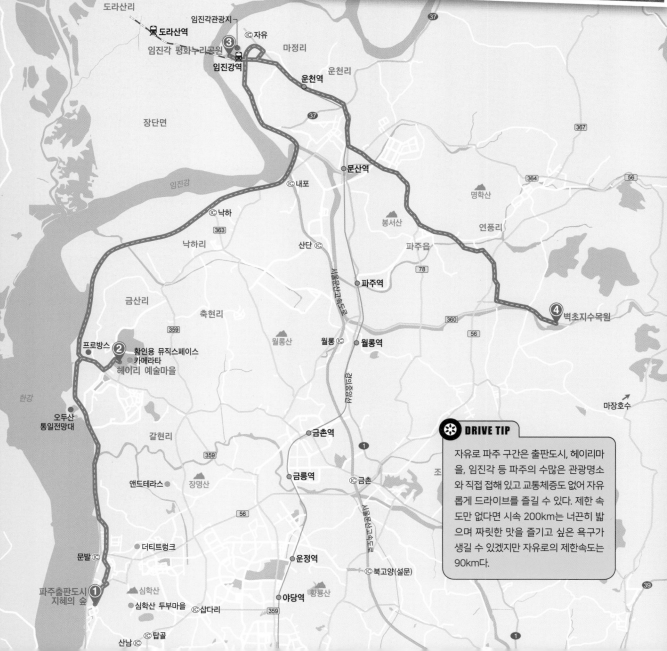

✳ DRIVE TIP

자유로 파주 구간은 출판도시, 헤이리마을, 임진각 등 파주의 수많은 관광명소와 직접 접해 있고 교통체증도 없어 자유롭게 드라이브를 즐길 수 있다. 제한 속도만 없다면 시속 200km는 너끈히 밟으며 짜릿한 맛을 즐기고 싶은 욕구가 생길 수 있겠지만 자유로의 제한속도는 90km다.

코스 순서	파주출판도시 지혜의 숲 ➡ 헤이리 예술마을 ➡ 임진각 평화누리공원 ➡ 벽초지수목원
소요 시간	1시간 5분
총 거리	약 51km
이것만은 꼭!	• 파주출판도시 지혜의 숲 3관에 있는 북스테이 게스트하우스 지지향에서 하룻밤을 보내면 좋다. • 파주는 장단콩이 유명하다. 콩비지에 청국장까지 장단콩을 사용한 다양한 요리를 맛보길 추천한다.
코스 팁	• 오두산통일전망대는 예약해야만 관람이 가능하다. • 파주 임진각 평화곤돌라는 민통선안으로 들어가기 때문에 신분증 지참은 필수다. 일행 중 한 명만 있어도 된다.

1 파주출판도시 지혜의 숲

아시아출판문화정보센터 1층에 위치하고 있는 지혜의 숲은 서가 길이 3.1km, 최대 높이 7.5m에 이르는 책장에 책이 가득하다. 이곳에 있는 책은 모두 학자, 저술가, 연구가 등이 소장했던 도서로 명사들의 가치 있는 서적을 보호하기 위해 개관되었다. 3개 관으로 구성되어 1관은 사방이 넓고 높은 책장으로 구성되어 국사편찬위원회에서 기증한 역사 서적 등 국내외 학자들의 기증 도서들을 볼 수 있고 2관은 국내 출판사에서 기증한 소설과 전문 서적 등을 비치하고 테이블과 의자를 두어 편하게 책을 읽을 수 있다. 3관은 출판문화재단에서 운영하는 북스테이 게스트하우스 지지향의 로비로 다양한 편의 시설을 갖추고 있다.

▶**주소** 경기 파주시 회동길 145 아시아출판문화정보센터 ▶**전화** 031-955-0082
▶**홈페이지** forestofwisdom.or.kr ▶**운영** 10:00~18:00

알고 가요! 지혜의 숲에서는 와이파이를 제공하지 않으며 모든 도서는 열람만 가능하다.

2 헤이리 예술마을

헤이리 예술마을은 일정한 자격 조건을 갖추고 심사에 통과한 다양한 분야의 창작자와 예술가 300여 명이 마을을 이루며 거주하고 있다. 국내에서는 인사동 (2002년)과 대학로(2004년)에 이어 2009년 12월에 세 번째로 문화지구로 지정되었다. 페인트를 쓰지 않고 지상 3층 높이 이상은 짓지 않는다는 기본 원칙에 따라 자연과 어울리는 건물들로 이루어진 헤이리 여행은 건축물을 감상하는 데서 시작된다. 지형을 그대로 살려 비스듬히 세워진 건물, 반듯하지 않은 비정형의 건물 등 각양각색의 건축물들과 건물 사이를 지나는 길들은 반듯하지 않고, 아스팔트도 깔지 않았다. 헤이리 건축물의 60%는 창작과 문화 향유 장소로 일반인들에게 개방되고 있다.

▸**주소** 경기 파주시 탄현면 헤이리마을길 70-21 헤이리 갈대광장 ▸**전화** 031-946-8551
▸**홈페이지** www.heyri.net ▸**요금** 공간별 상이

알고 가요! 중앙 갈대광장에 위치한 관광안내소에서 정보를 얻을 수 있다.

한 걸음 더! 헤이리 근처 함께 가볼 만한 곳

오두산 통일전망대

1992년 9월 8일에 개관한 오두산 통일전망대는 한강과 임진강이 만나는 자유로변에 위치하여 북한땅이 한눈에 보이는 곳이다. 주차장에서 셔틀버스를 이용해 10분 남짓 이동해 통일전망대를 만난다. 특히, 전망대에서는 임진강 넘어 약 2km에 위치한 북녘 땅을 바라볼 수 있는 전망대 망원경이 있어 북한의 생활상을 한눈에 볼 수 있다.

▸**주소** 경기 파주시 탄현면 필승로 369 ▸**전화** 031-945-3171 ▸**홈페이지** www.jmd.co.kr
▸**운영** 평일 09:00~17:00, 주말 09:00~18:00, 월요일 휴관

프로방스

프랑스 지중해 연안의 프로방스 마을을 본떠서 형성된 곳으로 1996년 레스토랑 오픈을 시작으로 한 집 두 집 늘어나면서 마을이 조성되었다. 파스텔풍 건물들이 가득하고 이국적인 골목과 분수대, 크고 작은 뜨락에 아기자기한 정원들이 조화를 이룬다. 마을 곳곳에 자리 잡은 소품점과 레스토랑, 카페들을 구경하는 재미가 쏠쏠하다.

▸**주소** 경기 파주시 탄현면 새오리로 69 ▸**전화** 031-946-6353
▸**홈페이지** provence.town ▸**운영** 10:00~22:00 ▸**요금** 공간별 상이

임진각 평화누리공원 4

2005년 세계 평화축전을 계기로 조성되어 화해와 상생, 평화, 통일을 상징하는 복합문화공간으로 재탄생되었다. 군사분계선 남쪽 7km 지점에 위치해 북한 신의주로 달리던 열차가 멈춰선 채 전시되고 있는 안보관광지로, 교각만 남은 철교(자유의 다리)가 6·25전쟁의 아픈 상흔을 그대로 보여주고 있다. 주차장을 사이에 두고 '음악의 언덕'이라 불리는 드넓은 잔디밭이 있다. 색색의 바람개비가 팔랑이는 초록빛 넓은 잔디밭과 푸른 하늘, 다양한 조형물들을 감상할 수 있으며 다양한 행사들을 즐길 수 있다. 날씨가 맑은 날에는 임진각 전망대에서 망원경으로 멀리 북한을 볼 수 있다.

▸**주소** 경기 파주시 문산읍 임진각로 177 ▸**운영** 공간별 상이 ▸**요금** 주차료 있음. 놀이시설마다 요금 발생.

알고 가요! 임진각 평화 곤돌라는 임진각을 가로질러

임진각 관광지와 민간인 통제지역인 캠프 그리브스 간(850m)을 연결해 민간인 통제지역에 들어가는 국내 최초이자 유일한 곤돌라 시설이다. 10인용 캐빈 26대가 순환 운행하고 있다. 신분증 지참은 필수.

▸**주소** 경기 파주시 문산읍 임진각로 148-73
▸**운영** 10:00~18:00(주말 09:00~) ▸**요금** 왕복 9,000원

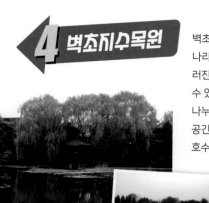

4 벽초지수목원

벽초지는 푸른(碧) 풀(草)과 못(池)이 있는 정원이란 뜻으로 우리나라 자생식물뿐만 아니라 전 세계 희귀종의 식물들과 함께 어우러진 자연 친화적인 수목원이다. 수목원은 유럽의 분위기를 느낄수 있는 공간과 한국적인 분위기가 물씬 풍기는 두 개의 구역으로 나누어져 있다. 프랑스 베르사유 궁전의 정원을 모델로 한 신화의 공간에서는 유럽의 분위기를 엿볼 수 있고, 사색의 공간은 벽초지 호수를 중심으로 버드나무와 한국식 정자가 어우러진 한 폭의 동양화 같은 느낌을 받을 수 있다. 정원 바닥에 놓인 나무판에 적힌 문구처럼 '느리게 느리게 조금만 더 느리게' 걸어 보길 추천한다.

▶**주소** 경기 파주시 광탄면 부흥로 242
▶**전화** 0507-1421-2022 ▶**홈페이지** www.bcj.co.kr
▶**운영** 09:00~19:00(매표 마감 18:00) ▶**요금** 1만500원

한 걸음 더! 마장호수

불법 낚시로 몸살을 앓던 저수지를 파주시가 2018년 체류형 수변 테마 체험공간으로 재탄생시킨 곳이다. 2018년 3월 설치된 흔들다리는 길이 220m로 우리나라에서 물 위에 설치된 다리 중 가장 길다. 다리 중간쯤에 다다르면 바닥이 한쪽은 투명 유리로, 또 한쪽은 격자 무늬로 뚫려 있어 흔들리는 다리 중간에서 바닥을 통해 수표면을 보며 아찔한 즐거움을 느껴볼 수 있다.
흔들다리를 건너면 시작되는 3.6km의 호수 둘레길은 수변데크로드를 따라 돌아보는 데 2시간가량 소요된다. 물빛 풍경을 감상할 수 있는 카페와 전망대가 자리 잡고 있고 카누, 카약을 탈 수 있는 수상레저 시설도 마련되어 있다.
▶**주소** 경기 파주시 광탄면 기산로 313
▶**전화** 031-950-1935 ▶**운영** 09:00~18:00

코스 속 추천 맛집&카페

더티트렁크

인더스트리얼한 콘셉트에 따뜻함과 편안함을 주는 식물들을 더해 더티트렁크만의 독특한 분위기를 완성시켰다. 메뉴 역시 공간만큼 특색이 있다. 대표 메뉴는 헝그리 LA(수제버거).
▶**주소** 경기 파주시 지목로 114
▶**전화** 0507-495-9285

앤드테라스

식물원 분위기가 물씬 나는 대형 브런치 카페다. 파주점과 내유점 2곳이 있는데, 내유점은 애견 동반이 가능하니, 반려견 동반 여행자라면 참고하자.
▶**주소** 경기 파주시 오도로 91 ▶**전화** 031-937-8612

황인용 뮤직스페이스 카메라타

1970년대부터 약 40여 년 간 라디오 DJ로 활동한 방송인 황인용이 수집한 1920년대 빈티지 오디오와 LP 등을 활용한 음악감상실이다. 건축가 조병수의 설계로 지어진 건축물로 높이 10m의 공간을 가득 채우는 아날로그 사운드를 경험할 수 있다.
▶**주소** 경기 파주시 탄현면 헤이리마을길 83 ▶**전화** 031-957-3369
▶**요금** 1만2,000원

심학산 두부마을

매일 아침 빚어낸 따끈한 두부 요리를 맛볼 수 있는 집이다. TV프로그램 '허영만의 백반기행'에 소개된 바 있다. 대표 메뉴는 통통장정식과 청국장정식.
▶**주소** 경기 파주시 교하로681번길 16
▶**전화** 0507-1365-7760

49

강을 따라 달리는 보물찾기 여행
연천 임진강길

임진강은 북한 함경남도에서 발원해 강원도 북부와 경기도 연천을 거쳐 파주와 황해북도 사이를 가르며 한강으로 합류한다. 임진강을 끼고 자유로를 달리다 문산 쪽으로 방향을 틀면 임진강을 만날 수 있다. 뛰어난 자연 풍광은 물론 지질학적 가치, 역사적·생태적 가치를 모두 지닌 명소들이 줄지어 있고 드라이브는 물론 안보와 역사, 문화까지 두루 탐방할 수 있는 최적의 코스다.

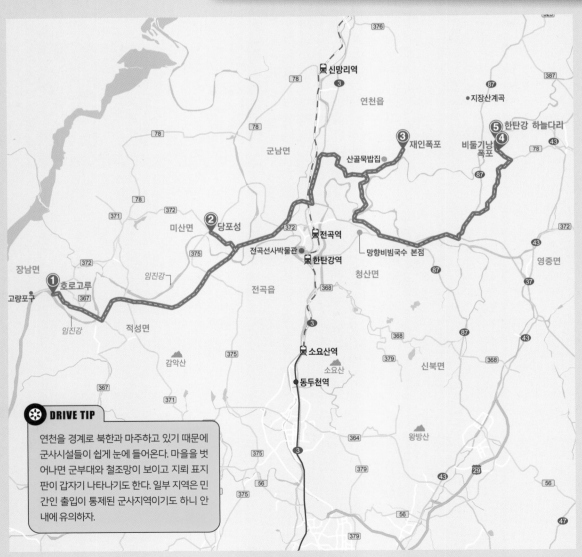

✽ DRIVE TIP

연천을 경계로 북한과 마주하고 있기 때문에 군사시설들이 쉽게 눈에 들어온다. 마을을 벗어나면 군부대와 철조망이 보이고 지뢰 표지판이 갑자기 나타나기도 한다. 일부 지역은 민간인 출입이 통제된 군사지역이기도 하니 안내에 유의하자.

코스 순서	호로고루 ➡ 당포성 ➡ 재인폭포 ➡ 비둘기낭 폭포 ➡ 한탄강 하늘다리
소요 시간	1시간 25분
총 거리	약 76km
이것만은 꼭!	• 호로고루를 오르는 하늘계단은 인스타그램 핫플레이스다. 인증사진을 남겨보자.
코스 팁	• 역사적, 지질학적 가치를 지닌 곳들이 많아 접근이 통제된 곳들이 많으니 안내에 유의하자.
	• 지질공원해설사가 함께 참여하는 체험형 프로그램들이 있으니 미리 알아보고 가도 좋다.

호로고루 1

연천은 남한에서 고구려 성곽이 가장 많이 남아 있는 곳으로 호로고루 성곽 앞에 핀 해바라기의
장관이 SNS를 통해 알려지기 시작해 '하늘계단'이란 이름의 성곽 계단이 사진 촬영의 성지로 알려
지며 연천의 명소가 됐다. <삼국사기>에 이곳을 포함하는 고랑포 일원의 임진강을 호로하(瓠蘆河),
표하(瓢河) 등으로 불렀다는 기록이 있고 조선 현종 때 편찬된 <동국여지지>에는 '호로고루'와 '호로탄'이
라는 이름이 나온다. 호로고루는 임진강과 호로고루 북동쪽에서 서쪽으로 흘러 임진강에 유입되는 소하천에 의해 형성된 뾰족하게
솟은 지형 위에 평지와 연결되는 동쪽 만을 석축해 성을 완성했다. 호로고루에는 성과, 주둔지로 사용되었을 성 주변 부지, 해바라기
밭, 산책로, 그리고 광개토대왕릉비, 호로고루의 역사와 이야기를 담은 홍보관 등이 있다.

▸ **주소** 경기 연천군 장남면 원당리 1258 ▸ **전화** 031-839-2144

2 당포성

한 걸음 더! **전곡선사박물관**

전곡선사박물관은 동북아시아 최초로 아슐리안형 주먹도끼가 발견된 연천 전곡리 유적에 위치한다. 국제 설계 공모를 거쳐 완공된 박물관 건물은 원시 생명체와 우주선을 결합한 모양새로 '전곡 구석기나라 여권'을 이용해 본인의 얼굴과 선사시대 인류의 얼굴을 합성해보는 체험을 곁들이면 타임머신을 타고 구석기시대로 여행하는 기분이 든다. 박물관은 상설전시실, 고고학 체험실(인터스코프), 3D영상실 등을 갖췄고, 아이부터 어른까지 즐길 만한 체험 프로그램을 운영한다.

▶**주소** 경기 연천군 전곡읍 평화로443번길 2
▶**전화** 031-830-5600 ▶**홈페이지** jgpm.ggcf.kr
▶**운영** 10:00~18:00, 월요일 휴무 ▶**요금** 무료

미산면 동이리에 있는 삼국시대의 성 '당포성'은 임진강과 당개나루터로 흘러드는 하천이 형성한 삼각형 모양의 절벽 위에 만들어진 고구려 성이다. 호로고루와 동일하게 임진강 주상절리 절벽 지형을 이용해 강에 접한 두 면은 별도의 성벽을 쌓지 않고, 평지로 연결되어 적에게 노출될 수 있는 동쪽에만 높고 견고한 성벽을 쌓았다. 중심 성벽이 받게 되는 하중을 분산시키기 위해 3단으로 보축성벽을 쌓았고, 성벽 앞에는 폭 6m에 깊이 3m에 달하는 구덩이를 파서 적이 성벽을 오르지 못하게 했다고 하나 현재 당포성의 성벽은 완전히 볼 수 없다. 호로고루의 축소판 같은 모양으로 보루 위에 팽나무 한 그루가 있는 성곽에 오르면 유유히 흐르는 임진강의 물줄기가 한눈에 들어온다.

▶**주소** 경기 연천군 미산면 동이리 ▶**전화** 031-839-2144

알고 가요!
● 당포성의 별과 은하수를 볼 수 있는 장소로 알려져 밤에도 사진가들의 발길이 끊이지 않는 편이다. 별을 관측하기에는 그믐(말일) 무렵이 좋다.
● 캠핑은 불가능하지만 차박 성지로 소문이 나 해가 지면 별을 보며 차박을 하려는 사람들로 좁은 진입로와 주차장이 붐빈다.

3 재인폭포

북쪽에 있는 지장봉에서 흘러내려온 하천이 높이 18m에 달하는 현무암 주상절리 절벽에서 쏟아져 내려오면서 폭포를 이뤘다. V자 협곡을 만들어내며 반원형으로 폭포를 감싸는 거대한 주상절리는 웅장함마저 느껴진다. 수십억 년 시간의 무늬가 새겨진 주상절리 절벽은 스카이워크 형태의 전망대에서 내려다볼 수 있다.

출렁다리를 건너며 재인폭포의 아찔한 협곡을 가로질러 볼 수도 있다. 유리 바닥으로 계곡이 훤히 내려다보이는 출렁다리는 길이 80m, 높이 27m의 다리는 이름처럼 출렁출렁거리지만 내진 1등급으로 설계됐다. 다리 중간에 서면 재인폭포와 주상절리 절벽, 하식동굴, 가스튜브 등 자연이 빚은 위대한 작품이 푸른 하늘과 어우러지는 절경이 한눈에 담긴다.

▶**주소** 경기 연천군 연천읍 고문리 산21 ▶**전화** 031-839-2061
▶**운영** 10:00~17:30, 동절기 10:00~16:00

알고 가요! 폭포 아래로 내려가는 산책로를 통해 주상절리로 이루어진 석벽을 가까이서 자세하게 볼 수 있으니 산책로가 개방되어 있다면 놓치지 말고 들러 보길 추천한다.

비둘기낭 폭포 4

이름 좀 있는 폭포를 감상하려면 보통은 꽤나 수고스럽게 발품을 팔아야 하지만 비둘기낭폭포는 주차장부터 걸어서 5분도 채 걸리지 않는다. 울창한 숲속 아래 깊숙한 협곡에 폭포 가까이 마련된 전망대까지 계단을 따라 내려가야만 보물처럼 숨겨진 폭포를 만날 수 있다. 소와 절벽이 만나는 곳은 침식작용으로 낮에도 어두컴컴한 동굴을 만들어 놓았다. 비둘기낭이라는 이름도 움푹 파인 주머니 모양의 독특한 지형에서 이름 붙여졌다. 상류의 작은낭 폭포, 중간의 비둘기낭 폭포를 따라 떨어지는 물줄기가 만들어 놓은 커다란 소의 짙은 푸른빛이 아주 매력적으로, 폭포 가까이 내려서면 한여름에도 시원한 기분을 느낄 수 있다.

▶ **주소** 경기 포천시 영북면 대회산리 415-2 ▶ **운영** 09:00~18:00

> **알고 가요!** 신생대 제4기인 약 50만 년 전에서 13만년 전에 평강군에서 분출된 현무암질 용암이 흘러내리며 평강~철원~포천~연천에 용암대지를 만들었다. 오랜 세월 한탄강과 주변 하천이 용암대지를 깎으면서 거대한 현무암 협곡이 탄생했다고. 비둘기낭 폭포는 과거에 주상절리 틈 사이에 멧비둘기들이 둥지를 틀고 서식했다하여 이런 독특한 이름이 붙었다는 이야기도 전해 내려온다.

5 한탄강 하늘다리

비둘기낭 폭포를 지나 근처 한탄강 전망대에 오르면 검은 현무암 협곡이 끊임없이 펼쳐진 한탄강 절경이 한눈에 들어온다. 전망대에서 고개를 오른쪽으로 돌리면 협곡을 가로지르며 아슬하게 놓인 포천 한탄강 하늘다리가 입을 쩍 벌리게 한다. 다리에 올라 첫걸음을 떼어놓자마자 출렁출렁거리며 흔들리니 각오를 단단히 해야 한다. 다리 중간쯤 도착하면 하늘다리의 투명한 유리 바닥으로 훤히 보이는 아찔한 낭떠러지를 따라 장쾌하게 흘러가는 시퍼런 물줄기가 내려다보인다. 높이 50m 상공에 매달린 폭 2m의 하늘다리는 200m나 이어지니 현무암 주상절리가 만든 협곡의 빼어난 풍경을 눈에 가득 담아보자.

▶ **주소** 경기 포천시 영북면 비둘기낭길 207 ▶ **운영** 09:00~18:00

> **알고 가요!** 한탄강 주상절리 협곡을 따라 트레킹 코스가 조성돼 걸으며 힐링하기에 좋다. 한탄강 주상절리길 4개 코스 중 3코스인 벼룻길은 6km 구간으로 1시간 30분 정도 소요된다. '한국의 그랜드캐니언'으로 불리는 멍우리협곡을 제대로 감상할 수 있는 길이다. 길 끝 부소천교에서 만나는 부소천과 한탄강의 협곡도 뷰포인트다.

🍴 코스 속 추천 맛집&카페

망향비빔국수 본점
영화 '강철비'에서 정우성과 곽도원이 먹었던 국수로 유명해진 식당이다. 지금은 체인으로 여러 곳에서 만나볼 수 있지만 연천이 본점이다. 비빔국수와 잔치국수의 인기가 높다.

▶ **주소** 경기 연천군 청산면 궁평로 5
전화 031-835-3575

산골묵밥집
재인폭포로 드나드는 길목에 있다. 메뉴는 묵밥과 묵무침으로 단출하지만 여름에는 시원하게, 겨울에 따뜻하게 먹을 수 있어 좋다.

▶ **주소** 경기 연천군 연천읍 헌문로 551-2
▶ **전화** 031-834-0208

인천국제공항고속도로

공항으로 가는 길은 언제나 설렘이
가득하다. 꼭 비행기를 타는 것이 아니더라도
인천국제공항고속도로를 씽씽 달리면 마음이
달뜬다. 드라이브 중에 어느 곳으로 핸들을
돌려도 해변과 섬들에 쉽게 닿을 수 있는
코스다. 교통량이 많지 않은 구간이라 시원하게
드라이브를 즐길 수 있다.

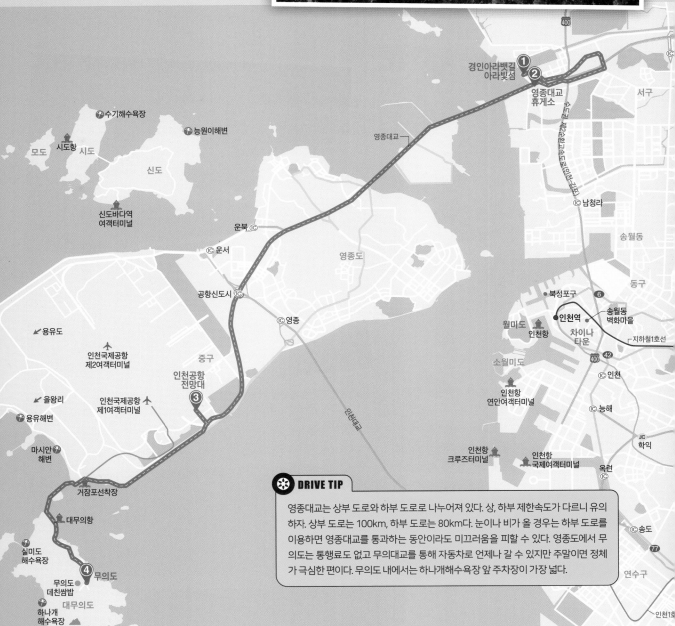

⁂ DRIVE TIP

영종대교는 상부 도로와 하부 도로로 나누어져 있다. 상, 하부 제한속도가 다르니 유의
하자. 상부 도로는 100km, 하부 도로는 80km다. 눈이나 비가 올 경우는 하부 도로를
이용하면 영종대교를 통과하는 동안이라도 미끄러움을 피할 수 있다. 영종도에서 무
의도는 통행료도 없고 무의대교를 통해 자동차로 언제나 갈 수 있지만 주말이면 정체
가 극심한 편이다. 무의도 내에서는 하나개해수욕장 앞 주차장이 가장 넓다.

코스 순서	경인아라뱃길 아라빛섬 ➡ 영종대교 휴게소 ➡ 인천공항 전망대 ➡ 대무의도
소요 시간	1시간 5분
총 거리	약 65km
이것만은 꼭!	• 영종대교 휴게소 라운지에서 커피 한 잔의 여유를 즐겨보자,
코스 팁	• 바다가 보이는 창가에서 커피 등 음료를 마시고 싶다면 마시안해변이나 용유해변도 좋다.
	• 소무의도는 차량 진입이 불가능하다. 소무의교 앞 주차가 가능하지만 공간이 협소하다.
	• 실미해수욕장은 실미도에 있는 게 아니라 실미도가 보이는 해변이다.

경인아라뱃길 아라빛섬 1

아라뱃길의 '아라'는 '아라리오'에서 따온 이름이다. 서해와 한강을 잇는 대표 뱃길로 아리랑처럼 세계로 뻗어나가길 기원하는 마음으로 이름 붙여졌다. 한강에서부터 인천 서구를 통해 바다로 이어지는 바닷길에 서해 옛 모습을 테마로 한 인공섬인 아라빛섬의 물길 수변을 따라 파크웨이, 자전거도로, 산책로 등이 조성되어 있다.

아라타워전망대

바닥이 투명하게 되어 있는 원형 구조의 전망대는 해가 지면 조명을 밝혀 낭만적인 분위기가 연출된다. 전망대와 더불어 국내 최대의 인공폭포인 아라폭포도 명소 중 하나. 폭포는 운영 시간이 정해져 있으니 방문 전 확인이 필요하다.

정서진

강릉에 정동진이 있다면 인천에는 정서진이 있다. 정서진은 임금이 살던 광화문에서 말을 타고 서쪽 방향으로 달리면 나오는 육지 끝의 나루터라는 의미다. 광화문 도로원표를 기점으로 정서쪽에 있는 큰 나루터인 경인항 인천터미널 아라빛섬 인근으로 표지석이 설치돼 있으며 정서진을 상징하는 노을종이 있다. 조약돌을 형상화한 '노을종'은 매일 저녁 일몰시간에 맞춰 노을과 음악, 조명이 어우러진 퍼포먼스가 연출된다. 일몰 무렵이면 붉은 노을이 갯벌을 물들이는 장관을 보기 위해 정서진 광장을 중심으로 사람들이 모여든다. 주변 산책로도 잘 조성되어 일몰을 바라보며 가볍게 산책하기 좋다.

▶ **주소** 인천광역시 서구 오류동 아라빛섬 정서진광장

경기·인천

영종대교 휴게소 2

알고 가요!

포춘베어는 단군신화 속 웅녀이야기에서 모티브를 얻어 이를 현대적으로 재해석하고 내용을 가미해 인간이 된 어미곰을 그리워하는 아빠곰이 머리에 아기곰을 이고 있는 모습을 형상화했다.

인천공항으로 향하는 고속도로가 오픈하면서 영종대교 기념관이 생겼다가 지금의 휴게소로 리노베이션 되었다. 휴게소 내부에는 레스토랑과 카페, 기념품 매장과 함께 영종대교를 바라보며 시간을 보낼 수 있는 라운지가 있다. 휴게소에는 전시공간이 마련되어 영종대교를 형상화한 초대형 모형과 건설 장면, 개통 장면들을 담은 사진 자료들이 있으니 둘러봐도 좋다. 휴게소에 우뚝 선 파란색 조형물 포춘베어는 높이 23.57m의 스테인리스 스틸로 만들어졌으며 그 무게가 약 40t으로 세계에서 가장 큰 철제 조각품으로 기네스북에 기록되었다.

▶**주소** 인천광역시 서구 정서진남로 25 ▶**전화** 032-560-6400 ▶**운영** 주유소 06:00~22:00, 상업시설 08:00~20:00

인천공항 전망대 3

공항을 바라보는 전망대의 기능을 하는 곳이지만 전망대 자체에 큰 기대는 말자. 공항 내에서 분주하게 움직이는 차들과 이착륙하는 항공기의 모습을 볼 수 있지만 높이가 높은 전망대는 아니다. 가까운 거리는 아니지만 보일 건 다 보이고 시원하게 활주로를 달려 이륙하는 풍경을 바라볼 수 있다.

▶**주소** 인천광역시 중구 남북동 16-4 ▶**전화** 032-741-0015
▶**운영** 실내 10:30~16:00(실외는 제한 없음)

인천공항 하늘정원

머리 위로 지나가는 비행기를 보고 싶다면 '인천공항 하늘정원'을 추천한다. 넓은 꽃밭에서 머리 위로 비행기가 나는 모습을 볼 수 있다. 주차장 퇴장 시간이 오후 5시로 정해져 있으니 주의하자. 주차장까지 가지 않고 하늘정원이 보이면 갓길 주차를 많이 하지만 수시로 단속을 하는 편이니 가급적 임시 주차장을 이용하는 것이 좋다.

▶**주소** 인천광역시 중구 운서동 2848-6

무의도 4

인천에서 남서쪽으로 18㎞, 용유도에서 남쪽으로 1.5㎞ 해상에 위치한 섬이다. 2019년 무의대교가 개통하면서 차량으로 들어갈 수 있게 되었다. 섬의 모양이 장군복을 입고 춤을 추는 것 같아 무의도 (舞衣島)라고 했다고 한다. 주민들은 이 섬 부근에 실미도, 소무의도 등 작은 섬들이 같이 있다는 데 에서 '큰 무리섬'이라 부른다. 영화 '실미도'와 드라마 '천국의 계단' 촬영지로 알려지기 시작해 지금도 하나개해수욕장에는 천국의 계단 세트장이 남아 있다. 평소에는 1km의 백사장이지만, 썰물 때면 갯벌 이 100m가량 펼쳐진다. 갯벌이 드러나면 사륜오토바이를 타고 갯벌 드라이브를 즐겨봐도 좋다. 하나개해 수욕장에서 드라마 촬영장 세트를 지나면 해상탐방로로 갈 수 있다. 바다 위를 걸어볼 수 있는 550m의 탐방로 에서 사자바위, 소나무의 기개, 만물상, 해식동굴 등을 볼 수 있다.

▶주소 인천 중구 무의동

알고 가요!
• 해상탐방로는 일출부터 일몰 시간까지 이용할 수 있으니 참고하자.
• 무의도에서 낙조를 감상하기에 가장 좋은 곳이다. 해 질 무렵이면 금빛 낙조가 장관이다.
• 산행을 좋아한다면 호룡곡산과 국사봉 트레킹을 추천한다. 호젓하게 바다를 보며 여유롭게 걷고 싶다면 호룡곡산을, 본격적인 산행이라면 국사봉도 좋다. 섬을 둘러싼 바다와 아름다운 주변 풍경이 한눈에 담긴다.

🍴 코스 속 추천 맛집&카페

뗌리
소무의도 작은 골목 안에 있는 국수집이다. 소무의도산 주꾸미가 들어간 뗌리국수와 해물파 전이 별미다.
▶주소 인천광역시 중구 소무의로 13-18
▶전화 02-752-3814

한 걸음 더! 소무의도

주민들의 차만 들어갈 수 있기에 무의도 끝에 있는 작은 항구 광명항에 차를 두고 소무의도 로 들어가야 한다. 소무의도에 들렀다면 '무의바다누리길'을 걸어보길 추천한다. 해발 74m 의 2.5km 트레킹 코스로, 찬찬히 둘러보면서 섬을 한 바퀴 도는 데 두어 시간이면 충분하 다. 섬 둘레를 따라 걷기 때문에 등 뒤로는 산이, 눈앞으로는 세월이 만든 기괴 암석 해안 절 벽과 탁 트인 바다가 펼쳐진다.

무의도데침쌈밥
데친 야채 5가지와 몇 가지의 장아찌류가 차려 지는 밥상(데침쌈밥정식, 2인 이상 가능)으로 '한국인의 밥상'에 소개되기도 했다. 식사 시간 에는 대기가 있는 편이다.
▶주소 인천광역시 중구 대무의로 309-15
▶전화 032-746-5010

여기도 가보자!
코스 밖
인천 여행지

ZOOM IN

1883년 인천항이 개항되고 이듬해 청나라 조계지가 설치되면서 중국인들이 지금의 북성동, 선린동 일대에 정착하여 생활문화를 형성한 곳이다. 화교들은 소매잡화 점포와 주택을 짓고 본격적으로 상권을 넓혀 1920년대부터 6·25전쟁 전까지는 청요리로 명성을 얻었다. 120년 넘는 역사 동안 화교 고유의 문화와 풍습을 간직하고 있는 곳으로 중국 특유의 현란한 붉은색으로 치장된 골목을 들어서면 중국을 여행하는 듯한 기분이 든다. 차이나타운을 여행한다면 짜장면의 발상지라 알려진 '짜장면 박물관'에 들러보길 추천. 우리나라에서 유일하게 짜장면의 역사와 문화, 짜장면에 얽힌 이야기를 풀어놓고 있는 이 박물관은 1905년부터 짜장면을 개발해 판매한 식당 '공화춘(共和春)' 건물을 그대로 활용하고 있다. 주차는 공영주차장을 이용한다.

▶**주소** 인천광역시 중구 차이나타운로26번길 12-17

알고 가요! 차이나타운의 명물인 삼국지 벽화 거리와 이어진 청일조계지 계단에서 보는 전망이 시원하다. 개항 당시 만들어진 부둣가 창고를 창작공간으로 활용하고 있는 인천아트플랫폼, 중국의 문화와 역사를 한눈에 엿볼 수 있는 한중문화관과 송월동 벽화마을도 함께 둘러보기 좋다.

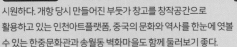

월미도

월미도는 인천을 대표하는 관광지로, '디스코팡팡'과 '바이킹' 등이 먼저 떠오르겠지만, 일제강점기에는 한때 군사기지로 이용되기도 했고 6·25전쟁 때는 인천상륙작전의 전초지였던 역사적 현장으로 의미가 크다. 지금은 '월미도 문화의 거리'가 조성되었고 해안도로에 바다와 노을, 유람선 그리고 횟집과 카페가 늘어서 있다. 친수 공간으로 내려가면 발아래로 바닷물이 찰랑거리고, 해변을 따라 설치된 분수대에서 물이 솟구친다. 월미전망대에서는 바라보는 서해 바다와 석양, 인천항 모습을 바라볼 수 있고 팔미도와 영종도 등 가까운 섬 투어도 가능하다.

▸ **주소** 인천광역시 중구 북성동1가 98-352

강화 일주도로

1억 3,600만 평의 갯벌이 있는 바다, 명당에 앉은 산, 800년간
꾸준히 간척해서 넓혀 놓은 들까지 어느 것 하나 빠지지 않는 풍요로운
섬이다. 섬을 둘러싼 강화도의 해안도로는 어느 방향으로 돌아도 각기
다른 매력이 있다. 서부 해안도로는 탁 트인 서해의 풍경과 낙조와
해돋이의 아름다움을 감상하기 좋은 포인들이 많다. 환상적인 드라이브
코스는 물론 우리나라의 3대 기도 도량 중 하나인 사찰을 비롯해
수많은 문화유적이 가득하고, 낙조를 보며 노천 온천을 즐길 수도 있다.

✱ **DRIVE TIP**

강화도를 드나드는 2개의 다리(초지대교와 강
화대교)는 주말에 정체가 심각한 수준. 이른 출
발이 어렵다면 아예 늦게 출발해 일몰까지 감상
하고 돌아오길 추천한다. 내비게이션이 안내하
는 속도와 신호 안내는 준수하되 경로는 이탈해
봐도 좋다. 내비게이션이 안내하는 최적의 길 대
신 조금 돌아가더라도 최대한 바다 가까이 있는
해안도로를 따라 달려보길 추천한다.

코스 순서	성공회 강화성당 ➡ 강화 광성보 ➡ 강화 시사이드리조트(곤돌라, 루지) ➡ 동막해변 ➡ 석모도 보문사
소요 시간	1시간 35분
총 거리	약 64km
이것만은 꼭!	• 우리나라에서 둘째가라면 서러운 기도발 좋은 곳이다. 석모도 보문사 마애불상에서 간절한 소원 하나를 빌어보자. • 강화의 명물은 밴댕이회와 꽃게! 식도락도 놓치지 말자.
코스 팁	• 전문 해설사와 함께하는 '강화 이야기 투어'가 있다. 3인승 친환경 전기자전거 뒷좌석에 타고 있으면 해설사가 운전해서 강화산성 안의 유적지 코스를 돌면서 역사 이야기를 들려주는 프로그램이다. 15분 동네 산책 투어부터 용흥궁에서 성공회강화성당과 고려궁지 등을 다 돌아보는 100분짜리까지 다양하게 있으니 이용해봐도 좋다.

성공회 강화성당 1

강화읍내가 한눈에 내려다보이는 언덕 위, 돌담 너머로 한옥 건물이 한 채 서 있다. 얼핏 사찰처럼 보이기도 하지만 1900년 지어진 우리나라에 현존하는 가장 오래된 한옥 성당이다. 외관은 영락없는 전통 한옥이지만, 내부는 중세 유럽의 교회 건축 양식인 바실리카 양식을 융합시켜 한국 전통문화와 서구 기독교 문화를 조화시키려 했던 흔적이 건물 곳곳에 남아 있다. 정문 외삼문에는 십자가를 품은 태극 문양이 새겨져 있고, 종루에는 교회 종탑에서 볼 수 있는 서양식 종이 아닌 사찰에서 흔히 볼 수 있는 동양식 종이 걸려 있다. 현재는 예배당 안에 의자가 놓여 있지만 과거에는 마룻바닥에 앉아 미사를 드렸고, 남녀칠세부동석의 풍습에 따라 칸막이를 두고 남녀가 따로 앉았다고 한다.

▶주소 인천광역시 강화군 강화읍 관청길27번길 10 ▶전화 032-934-6171 ▶운영 10:00~18:00

2 강화 광성보

광성보는 강화 해협을 지키는 중요한 요새로 강화 12진보의 하나이며, 신미양요 때 미군과의 격전지로 알려진 곳이다. 지금은 바다를 바라볼 수 있는 멋진 공원으로 꾸며져 있어 성문으로 들어서자마자 넓은 광장이 펼쳐지고 그 너머로 강화도 앞바다가 한눈에 들어온다. 고려가 몽골의 침략에 대항하기 위하여 강화도로 천도한 후에 돌과 흙을 섞어 해협을 따라 길게 성을 쌓았던 것을 조선시대 광해군 때에 헌 데를 수리하여 다시 쌓았다. 1658년(효종9)에 강화유수 서원이 광성보를 설치하고 그 후 숙종 때(1679) 완전한 석성으로 축조되었다. 광성보에는 신미양요 때 전사한 어재연 장군을 기리는 전적비와 250여 명의 순국 영령들을 기리기 위한 '신미순의총'이 자리한다.

▶주소 인천광역시 강화군 불은면 덕성리 833 ▶운영 09:00~18:00, 동절기 09:00~17:00(해설 10:00~16:00, 1시간 간격)

> **알고 가요!** 광성보는 바다를 잘 지켜 어루만진다는 안해루(按海樓)에서 시작해 강화도에서 가장 멋진 풍경을 내려다볼 수 있는 손들목돈대와 용두돈대를 품고 있다. 손들목돈대에 오르면 강화해안 일대와 소나무숲이 훤히 내려다보인다. 용두돈대는 강화해협에 용머리 모양으로 돌출된 암반 위에 설치되어 있다. 광성보 입구에서 손들목돈대를 거쳐 용두돈대까지는 넉넉히 1시간 정도 소요된다.

강화 씨싸이트리조트(곤돌라, 루지) 3

루지, 곤돌라, 360도 회전 전망대와 울창한 원시림 산책로 등 다양한 테마로 만들어진 리조트다. 총 길이 700m의 곤돌라를 타고 오르면 고려 시대 몽골의 침입, 구한말 신미양요와 병인양요의 격전장이던 강화의 바다가 한눈에 내려다보인다. 아시아 최대 규모를 자랑하는 1.8km의 루지 트랙은 경사도와 굴곡에 따라 밸리코스와 오션코스로 나뉜다. 밸리코스는 급한 경사와 굽이진 트랙이 특징으로 스릴과 스피드를 즐기고 싶다면 추천한다, 오션코스는 완만한 트랙을 천천히 달리며 바라보는 풍광이 좋은 코스다. 밸리코스와 오션코스를 한 번씩 타보고, 이어서 타고 싶은 코스를 한 번 더 타는 방법으로 이용하는 사람이 많아 3회 이용권이 가장 인기가 있다.

▶**주소** 인천광역시 강화군 길상면 장흥로 217 ▶**전화** 032-930-9000 ▶**홈페이지** www.ganghwa-resort.co.kr
▶**운영** 평일 10:00~18:00, 주말 09:00~18:00 ▶**요금** [루지&곤돌라 1회 이용권] 1만9,000원

알고 가요!

루지 이용 전 초보자는 이용법과 안전 교육이 필수. 헬맷을 쓰고 루지에 탑승한 채 교육을 받는다. 핸들 조작법과 주차와 운전, 브레이크 작동법, 비상시 연락 방법 등에 대해 가르쳐 준다.

한 걸음 더! 해든뮤지움

2013년 한국건축가협회의 '올해의 건축 베스트 7'에 선정되기도 한 해든뮤지움은 입구부터 예사롭지 않은 외관을 자랑한다. 완만하게 경사진 통로를 따라 내려가면 숨겨진 전시관이 나오는데, 산세와 풍경을 훼손하지 않기 위해 지하에 미술관을 조성했다고 한다.

야외로 나오면 정원인 '미러 가든'이 펼쳐진다. 건물 외벽 거울에 비치는 하늘과 숲이 독특한 풍광을 만들어낸다. 전시 입장권에는 음료 한 잔 가격이 포함되어 있으니, 야외 테라스 카페에서 쉬어 가도 좋다.

▶**주소** 인천광역시 강화군 길상면 장흥로101번길 44
▶**전화** 032-937-6911
▶**홈페이지** www.haedenmuseum.com
▶**운영** 10:00~18:00(입장 마감 17:30),
월요일 및 명절 당일 휴관 ▶**요금** 1만3,000원

4 동막해수욕장

세계 5대 갯벌이라 일컬어지는 동막갯벌이 있는 해변으로 강화도 본섬에서 유일한 해수욕장이다. 활처럼 길게 휘어진 백사장이 울창한 소나무 숲으로 둘러싸여 있고 물이 빠지면 4km까지 갯벌이 드러난다. 칠게, 가무락, 고둥, 갯지렁이 등 다양한 갯벌 생물들이 서식하고 있어 물이 빠지면 갯벌 체험이 가능하고 울창한 소나무 숲에서는 캠핑을 즐길 수 있다. 동막해변 동쪽 높은 절벽에 있는 분오리돈대는 자연 지형을 그대로 살려 축조되어 돈대에 오르면 강화 남단의 갯벌과 동막해변이 한눈에 들어온다. 날씨가 맑은 날이면 멀리 인천국제공항까지 조망할 수 있고 일몰 시간을 전후로 아름다운 낙조를 감상할 수 있는 스폿으로도 인기가 있다.

▶**주소** 인천광역시 강화군 화도면 해안남로 1481

석모도 보문사 5

강화 석모도의 낙가산 중턱에 있는 오래된 사찰로, 통일 신라 때 창건되었다. 남해 보리암, 양양 낙산사 홍련암과 더불어 손에 꼽히는 3대 해수관음도량으로 낙가산(해발 316m) 중턱에는 눈썹바위와 바위벽에 10m 높이로 부조된 마애불상이 있다. 그 앞에 간절한 기원을 담은 기도가 차고 넘친다. 굳이 기도가 목적이 아니더라도 이곳에 서면 한눈에 들어오는 서해바다의 풍광이 마음에 평안함을 선사한다. 그러나 이런 호사는 400여 개의 계단을 오르는 수고 후에야 맛볼 수 있다.

▶ **주소** 인천광역시 강화군 삼산면 주차 가능(무료) **요금** [입장료] 2,000원

한 걸음 더! 강화 석모도 미네랄 온천

서해바다를 바라보며 지평선으로 넘어가는 석양을 감상하며 온천을 즐길 수 있는 곳으로 양어장을 파다가 온천수가 터져서 강화군에서 매입해 직접 관리하고 있다. 460m 화강암 등에서 용출되는 51℃의 미네랄 온천수에는 칼슘과 칼륨, 마그네슘, 염화나트륨 등이 풍부하게 함유되어 아토피나 피부염, 관절염, 골다공증에 효능이 있는 것으로 알려졌다. 15개의 실외 노천탕에서 서해바다의 낙조를 바라보며 온천을 즐길 수 있다. 회당 입장 인원을 제한하기 때문에 주말에는 2시간 이상 기다려야 하는 경우도 잦다.

▸**주소** 인천광역시 강화군 삼산면 삼산남로 865-17 ▸**전화** 032-930-7053 ▸**홈페이지** www.haedenmuseum.com
▸**운영** 07:00~19:30(07:00/10:30/14:00/17:30 1일 4회, 최대 2시간 이용 가능/회당 50명), 매주 화요일 휴무 ▸**요금** 9,000원

🍴 코스 속 추천 맛집&카페

조양방직
직물공장으로 이용하던 폐공장을 개조한 카페다. 예전 공장의 모습을 그대로 유지하면서 옛 버스, 공중전화부스 등을 가져다 놓아 뉴트로한 분위기가 풍긴다.
▸**주소** 인천광역시 강화군 강화읍 향나무길5번길 12 ▸**전화** 033-933-2192

도솔미술관
한옥 그림과 소나무를 품은 갤러리 카페다. 한옥건물 안에서 차를 마시며 전시 등을 감상할 수 있다. 음료값에 갤러리 관람 요금이 포함된다.
▸**주소** 인천광역시 강화군 길상면 길상로210번길 52-71 ▸**전화** 070-4125-1232

욕쟁이할머니보리밥
간판의 주인공인 욕쟁이할머니는 돌아가시고 대를 이어가고 있다. 나물이 듬뿍 들어간 굴돌솥비빔밥이 추천 메뉴. 밥을 주문하면 순두부와 된장찌개가 같이 나온다. 강화 시사이트리조트와 가깝다.
▸**주소** 인천광역시 강화군 길상면 전등사로 93-2 ▸**전화** 0507-1403-0396

라르고빌
바다가 보이는 펜션과 카페가 함께 운영된다. 숙박을 하지 않아도 자유롭게 카페 이용이 가능하다.
▸**주소** 인천광역시 강화군 화도면 해안남로 2845번길 27 ▸**전화** 0507-1432-8865

석천
메뉴는 영양돌솥밥 단 한 가지뿐이지만 한상차림에 딸려 나오는 반찬이 무려 20가지나 된다. 된장찌개는 물론 생선구이까지 함께 나온다.
▸**주소** 인천광역시 강화군 강화읍 강화대로393번길 8-1 ▸**전화** 032-934-8433

강화국수
'수요미식회'에 소개된 50년 전통의 국수 전문점이다. 비빔국수, 잔치국수가 가장 인기가 좋다. 일요일은 휴무다.
▸**주소** 인천광역시 강화군 강화읍 동문안길 12-1 ▸**전화** 032-933-7337

ZOOM IN

교동도

교동도는 강화도 북서부에 있는 섬이다. 외포리에서 북쪽으로 올라가면 창후리선착장을 지나 교동대교를 건넌다. 민간인 출입통제구역 안쪽에 있는 섬이라 교동도에 들어가기 위해서는 검문이 필수다. 교동대교를 건너기 전 목적지가 어디인지를 밝히고 언제 나올 것인지 알려야 한다. 이름과 연락처를 적어 내면 통행증을 준다. 다리가 놓여 차량으로 들어설 수 있는 섬이건만 배를 타고 가는 섬보다 쉽지 않다. 교동도 여행의 중심은 대룡시장이다. 대룡시장은 6·25전쟁 당시 황해도에서 피란 온 이들이 모여 살던 흔적을 그대로 품고 있어 사진가들에게는 제법 알려진 공간. 주말이면 외지인들로 작은 골목 주변이 차량으로 넘쳐난다. 교동도에서 가장 번화한 곳이라고는 하지만 여느 지방의 읍내보다도 작은 규모다. 짤막한 골목 사이사이를 걷다 보면 옛 느낌 물씬 풍기는 골목 풍경에 시간이 멈춘 듯한 착각마저 들게 만든다.

▶**주소** 인천광역시 강화군 교동면 교동동로 485-13 교동면사무소

시흥~안산 시화방조제길

오이도와 대부도 사이를 잇는 방조제를 달리는 길은
서해 바다와 시화호의 풍경이 오버랩되며 파노라마를
만들어낸다. 멀리 건너편으로 보이는 송도국제도시
경제자유구역의 높은 빌딩들이 마치 뉴욕 맨해튼처럼
이국적인 느낌이다. 계절에 상관없이 탁 트인 서해와
아름다운 낙조, 이국적인 풍경을 감상할 수 있는 수도권
'핫 플레이스' 드라이브 코스다.

✱ DRIVE TIP

알 만한 사람은 아는 수도권의 대표적인 드라이브 코스로
손꼽히는 곳이다. 덕분에 주말이면 시화방조제 초입부터
차가 꽉 막히는 일은 부지기수. 이른 오전의 출발보다 오후
느지막이 출발해 일몰까지 보고 정체되는 시간에 저녁을
먹는 방법을 추천한다. 시화방조제의 중간중간에 속도 측
정 카메라가 설치되어 있으니 과속에 주의하자.

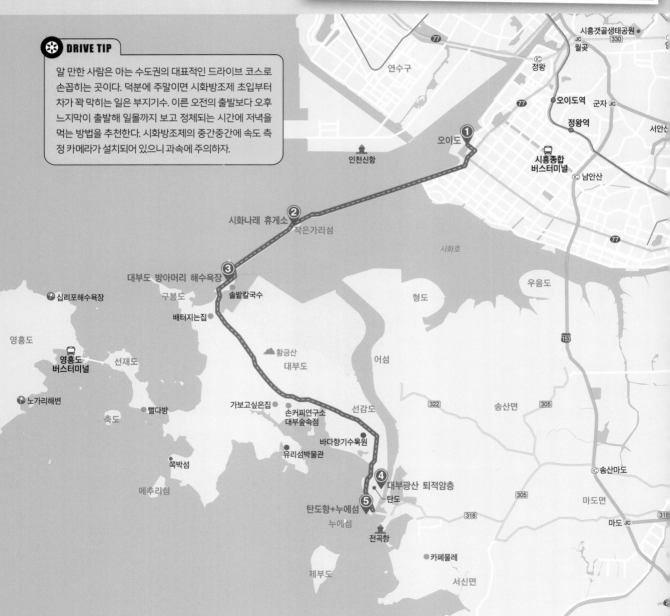

코스 순서	오이도 ➡ 시화나래휴게소 ➡ 방아머리해수욕장 ➡ 대부광산 최적암층 ➡ 탄도항+누에섬
소요 시간	1시간 10분
총 거리	약 37km
이것만은 꼭!	• 탄도항에 들렀다면 물때에 맞춰 누에섬에 들어가보자.
코스 팁	• 탄도항은 물때만 잘 맞춘다면 일몰 속으로 걸어 들어가는 듯한 그림 같은 사진을 얻을 수 있다.
	• 누에섬까지 들어가고 싶다면 물 때 시간을 미리 확인하자.

오이도 1

지하철을 타고 도착해 바닷가 제방을 걸으며 출렁이는 바다와 갯벌을 만날 수 있는 섬 아닌 섬 이다. 오질이도(吾叱耳島), 오질애도(吾叱哀島)라 부르다 음을 차용해 불리게 된 오이도(烏耳島)는 원래 육지에서 약 4km 떨어진 섬이었으나 일제강점기인 1930년대 갯벌을 염전으로 이용하면서 육지와 연결됐다. 오이도 제방을 따라 형성된 먹거리를 즐기는 건 또 하나의 매력, 전망이 좋은 식당에서 서해의 낙조를 즐기며 조개구이를 맛볼 수 있다.

▶주소 경기 시흥시 오이도로 175 오이해양파출소

한 걸음 더! 시흥갯골생태공원

초기 소래염전이 자리했던 경기 시흥시 장곡동에 조성된 자연친화공원으로 서해 바닷물이 시흥 내륙까지 들어오면서 형성한 거대한 S자 고랑인 갯고랑을 줄여 '갯골'이라는 이름이 붙었다.
갯골생태공원에서 눈길을 끄는 건 염전과 흔들전망대. 공원에선 염전 일부를 복원한 염전체험장, 바닷물을 퍼 올리던 수차, 바닷물 저장고인 해주, 천일염을 운반하던 가시렁차를 찾아볼 수 있다. 갯골생태공원의 랜드마크인 22m 높이의 흔들전망대는 바람이 불면 좌우로 최대 4.2cm 흔들리기 때문에 바람이 강한 날 전망대에 올라서면 흔들림이 느껴지기도 한다.

▶주소 경기 시흥시 동서로 287

알고 가요!

오이도 박물관 → 함상전망대 → 오이도 빨강등대 → 황새바위길 → 배다리선착장 → 선사유적의 동선으로 여행해 보아도 좋다.

2 시화나래휴게소

오이도와 대부도를 잇는 시화방조제 가운데 위치한 해상공원이다. 이곳은 원래 작은가리섬이라 불리던 섬이 자리했던 곳으로 시화호 해수화와 풍력발전이 들어서며 공원으로 탈바꿈되기 시작했다. 공식 명칭에는 휴게소라 이름 붙여졌지만 세계 최대 조력 발전소와 75m 높이의 상공에서 그 조력발전소와 서해를 한눈에 조망할 수 있는 달전망대, 조형물 광장, 파도 소리 쉼터 등의 관광명소다. 수도권의 바다 조망 치고는 꽤 훌륭한 편으로 시야 가득 보이는 바다와 신도시 아파트, 인천대교 등 눈에 담기는 모습은 여느 풍광 못지않다.

▶주소 경기 안산시 단원구 대부황금로 1901 ▶전화 032-885-7530
▶운영 달전망대 10:00~22:00(종료 30분 전까지 입장 가능)

알고 가요!

• 휴게소와 전망대 뒤편에는 자전거 대여소도 마련돼 있다. 바다가 보이는 길을 따라 자전거를 타도 좋다.
• 달전망대는 무료! 25층 높이로 올라가는 전망대는 방조제 일대의 전망을 360도 방향으로 볼 수 있다. 바닥이 훤히 보이는 스카이워크 구간이 있어 짜릿함을 느낄 수 있다.

대부도 방아머리해수욕장 3

한 걸음 더! 유리섬박물관

유리공예를 만날 수 있는 복합문화 공간. 유리의 역사와 제작 기법, 전 세계 현대 유리조형물 등 유리예술에 관한 모든 것을 한 자리에서 살펴볼 수 있는 곳으로 테마전시관에 들어서면 다양한 종류의 물고기와 해초류, 해마, 펭귄 등 유리로 만들어진 바닷속 풍경에 조명이 더해져 바닷속을 거니는 착각에 빠진다. 2층에 있는 유리공예 시연장과 체험공간에서는 1,200도가 넘는 고온이 유리를 블로우 파이프를 이용해 작품으로 만드는 과정을 볼 수 있고 블로잉, 램프워킹, 샌딩, 글라스페인팅 등의 체험도 가능하다.

▶ **주소** 경기 안산시 단원구 부흥로 254
▶ **전화** 032-885-6262
▶ **홈페이지** www.glassisland.co.kr
▶ **운영** 09:30~18:30(동절기 10~3월 ~18:00),
월요일·12/31 휴관 ▶ **요금** 1만 원

방아머리는 대부도의 구봉염전 쪽에 있는 서의산에서 바다로 길게 뻗어 나간 끝 지점으로, 디딜방아의 방아머리처럼 생겼다 하여 붙여진 이름이다. 시화방조제를 건너 대부도 초입 안산관광센터가 바로 옆에 있다. 갯벌체험과 취사가 가능하고 캠핑하기 좋아 찾는 사람이 많다. 해수욕장 뒤편에는 솔숲이 드리워져 있어 가볍게 산책하기에도 좋다. 대부해솔길 안내센터 앞에 주차장이 있지만 좁고도 좁다. 주말이라면 마음 편하게 공영주차장에 차를 두고 조금 걷거나 주변 식당에서 식사 후 산책 코스로 들러보길 추천한다.

▶ **주소** 경기 안산시 단원구 대부북동

4 대부광산 퇴적암층

차량 통행을 막기 위해 설치한 철문을 지나 풀과 나무 사이를 가르는 탐방로를 따라가면 두 개의 거대한 야산 절개지가 느닷없이 등장한다. 깎아지른 절벽 아래 펼쳐진 고요한 호수, 청록색 물빛이 파란 하늘과 어우러진 풍경은 이색적이다.

대부광산은 1993년부터 2001년까지 채석장으로 운영되다 공룡발자국 화석이 나온 후 채굴이 중단되었는데 돌을 캐낸 자리에 물이 차서 호수가 되었다. 잔디광장 아래에는 옛 채석장의 건물 뼈대도 남아 있다. 지금까지 발견된 화석은 총 23점으로 아주 먼 옛날에 이 일대는 바다나 호수였을 것으로 추정된다.

▶ **주소** 경기 안산시 단원구 선감동 산147-1, 대부도 캠핑시티

알고 가요!

• 호수 앞을 지나 잔디광장을 거쳐 절개지 정상까지 이어지는 순환코스 탐방로가 있다. 어느 방향으로 돌아도 출발점과 도착점은 같고 완주하는 데 약 1시간 정도 걸린다. 정상은 높지 않지만 섬에 솟은 터라 시야를 가리는 것이 없이 시원하다. 안산 탄도항과 누에섬, 화성 전곡항과 제부도까지 눈에 들어온다.

• 내비게이션에 '대부도캠핑시티'를 찍고 캠핑장을 지나 쭉 안쪽으로 들어서면 오른편에 넓은 대부광산 퇴적암층 주차장이 마련되어 있다.

 5 탄도항+누에섬

주변에 참나무가 많아 주민들이 참숯을 만들어 재래장터에 내다 팔았기 때문에 탄도라는 이름이 생겼다고 전해진다. 탄도방조제로 화성과 이어져 드라이브 코스로 유명해졌다. 탄도항은 밀물과 썰물에 따라 하루 두 번 길이 열리며 누에섬과 닿는다. 물길은 1.2km의 시멘트로 포장돼 물때를 맞춰 가면 구두를 신고도 누에섬으로 걸어 들어갈 수 있다. 물이 빠지면 갯벌체험이 가능해서 주차장 근처에서 장화, 호미, 바구니 등 장비를 유료로 빌려준다. 바닷길에 자리한 높이 50m의 풍력발전기 3기도 인기. 바다에 설치된 풍력발전기는 흔치 않고 덕분에 이국적인 일몰 명소로 꼽힌다.

▸**주소** 경기 안산시 단원구 선감동 717-5

한 걸음 더! **바다향기수목원**

숲과 바다를 함께 즐길 수 있는 수목원이다. 축구장 140개 크기에 달하는 약 101ha(30만여 평)에 조성해 테마에 따라 정원을 잘 꾸며두었다. 본격적인 산책은 눈과 귀를 상쾌하게 만드는 벽천폭포에서 시작해 폭포 왼쪽에는 전시온실이 있다. 산책로를 따라 걸으면 바다가 너울거리는 모습을 형상화한 생태 연못 바다너울원이 보인다. 바다너울원을 지나면 19개의 주제원이 차례로 등장한다. 수목원의 랜드마크는 언덕을 따라 올라 만나는 '상상전망돼'. '모든 상상이 전망되는 곳'이라는 뜻으로, 탁 트인 서해와 시화호가 한눈에 들어오고 맑은 날에는 충남 당진까지 보인다.

▸**주소** 경기 안산시 단원구 대부황금로 399
▸**전화** 031-8008-6795 ▸**운영** 09:00~18:00, 6~8월 09:00~19:00, 11~2월 09:00~17:00, 폐장 1시간 전 입장 마감, 월요일 휴관
▸**요금** 무료

> **알고 가요!** ● 수목원에서 놓치지 말아야 할 나무가 있다. 주차장에 있는 살구나무로, 수령 120년이 넘는 수목원의 터줏대감이다.
> ● 수목원에는 매점과 쓰레기통이 없으니 물과 간식을 준비하고, 쓰레기는 꼭 가지고 돌아가자.

코스 속 추천 **맛집&카페**

뻘다방

해변에 꽂힌 서프보드와 알록달록한 해먹, 넓은 갯벌이 조화를 이루는 뻘다방은 이국적인 모습 때문에 SNS에서 핫플레이스로 알려지기 시작했다. 다양한 원두를 로스팅한 커피와 쿠바가 연상되는 메뉴도 있다. 물때를 잘 맞춰 가면 근처에 있는 무인도인 목섬까지 걸어서 갈 수 있다.

▸**주소** 인천광역시 옹진군 영흥면 선재로 55 ▸**전화** 032-889-8300

손커피연구소 대부숲속점

길가에 작은 표지판을 따라 들어가면 차도 안쪽 작은 숲속에 있다. 조용히 머무를 수 있는 카페. 직접 만들어 판매하는 케이크도 인기가 있다.

▸**주소** 경기 안산시 단원구 작은상재미길8
▸**전화** 032-880-1673

가보고싶은집

100% 홍합, 따개비와 울릉도 특산물 명이, 부지깽이나물, 오징어, 문어를 사용하는 식당이다. 따개비밥과 홍합밥이 대표 메뉴. 울릉도 호박막걸리도 맛볼 수 있다.

▸**주소** 경기 안산시 단원구 대부중앙로 182 ▸**전화** 032-891-2007

카페물레

제부도 카페지만 제부도에 들어가기 전 위치해 있는 한옥 카페다. 고즈넉한 분위기의 마당이 있고 반려견 동반 가능한 좌석이 있다.

▸**주소** 경기 화성시 서신면 담밭성지길8 1층 ▸**전화** 0507-1487-8666

솔밭칼국수

방아머리해수욕장 길 건너편에 있다. 진한 바지락칼국수 국물이 일품이다. 메뉴는 바지락파전과 바지락칼국수 뿐이다.

▸**주소** 경기 안산시 단원구 대부황금로 1516-8 ▸**전화** 032-882-7361

배터지는집

동동주 잔술을 무료로 제공하고 영양굴밥을 주문하면 간장게장이 밑반찬으로 나온다. 양은냄비에 나오는 바지락칼국수는 자리에서 끓여 먹는다.

▸**주소** 경기 안산시 단원구 구봉길 6 ▸**전화** 032-884-4787

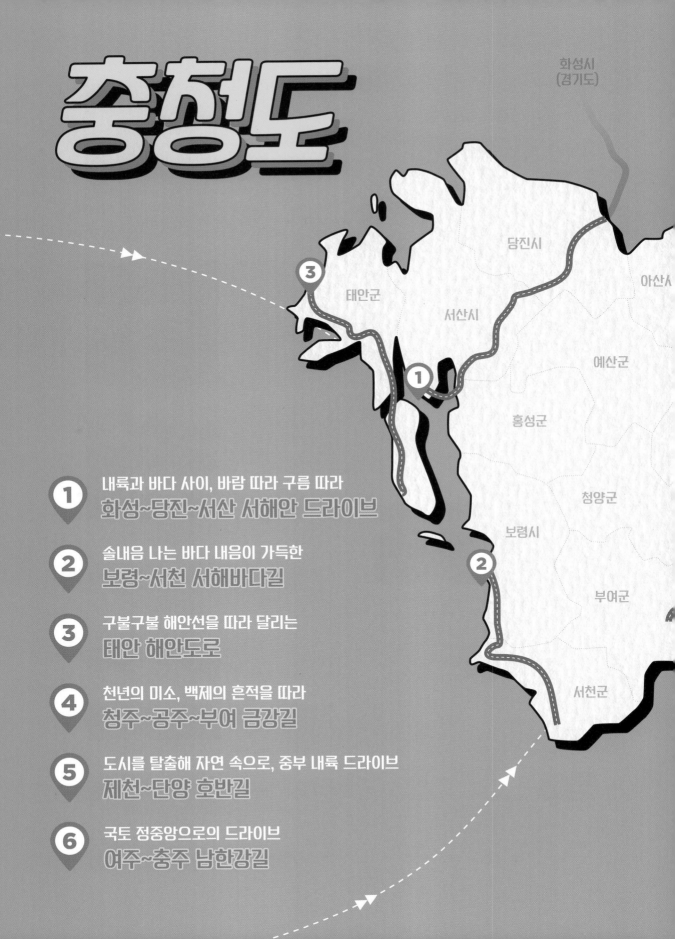

충청도

화성시
(경기도)

당진시

아산시

태안군

서산시

예산군

홍성군

청양군

보령시

부여군

서천군

① **내륙과 바다 사이, 바람 따라 구름 따라**
화성~당진~서산 서해안 드라이브

② **솔내음 나는 바다 내음이 가득한**
보령~서천 서해바다길

③ **구불구불 해안선을 따라 달리는**
태안 해안도로

④ **천년의 미소, 백제의 흔적을 따라**
청주~공주~부여 금강길

⑤ **도시를 탈출해 자연 속으로, 중부 내륙 드라이브**
제천~단양 호반길

⑥ **국토 정중앙으로의 드라이브**
여주~충주 남한강길

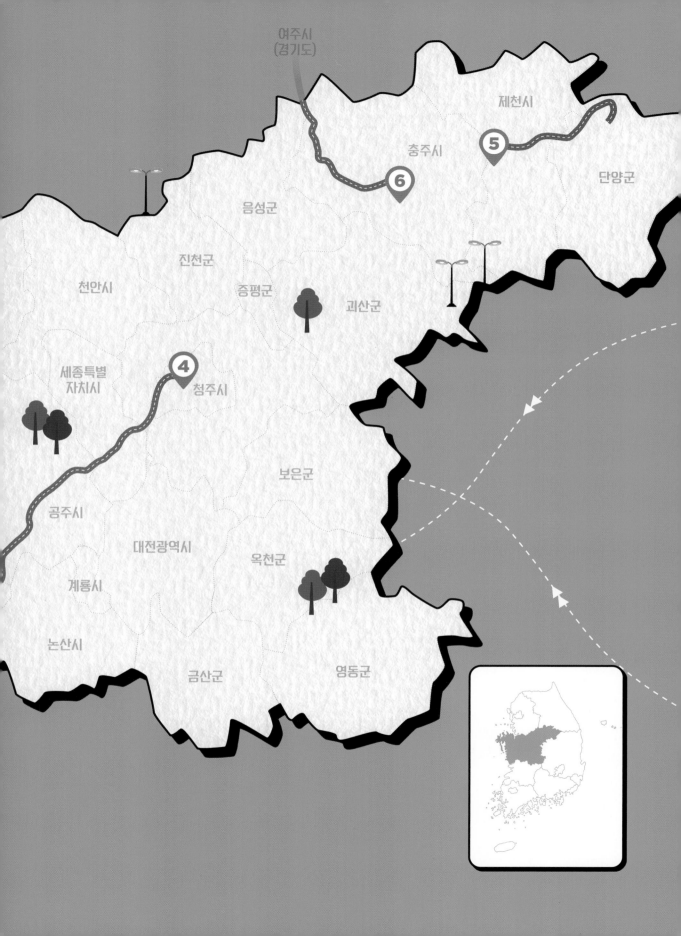

여주시
(경기도)

제천시

충주시

음성군

단양군

⑤

⑥

진천군

증평군

천안시

괴산군

세종특별
자치시

청주시

④

보은군

공주시

대전광역시

옥천군

계룡시

논산시

금산군

영동군

내륙과 바다 사이, 바람 따라 구름 따라

화성~당진~서산 서해안 드라이브

바다를 가르는 서해대교를 건너
초록색 목초밭 구릉이 드넓게 펼쳐진
목장 사이를 달린다. 목가적인 풍경의
내륙과 가슴이 시원해지는 바다를 아우르는
드라이브 코스다. 시간을 쪼개서 뭔가
하나라도 더 봐야겠다는 강박관념에서
벗어나 하루쯤은 느리게, 마음을 토닥이는
풍경 앞에서는 잠깐 멈춰서도 좋다. 잠시
속도를 낮추고 창을 열어 서해의 시원한
바람을 맞이해보는 여유를 즐겨보자.

코스 순서

공룡알화석지 ➡ 신평양조장 ➡ 아미미술관 ➡
해미읍성 ➡ 간월암

소요 시간

2시간 5분

총 거리

약 143km

이것만은 꼭!

• 삽교호 방조제를 지나 당진 가는 길목에는
  우렁쌈밥, 우렁무침, 우렁된장 등을 내놓는
  식당이 많다. 단품 메뉴 말고 정식 메뉴를
  주문해보자. 쌈밥과 무침, 된장이 모두 함께
  나오는 편이다.

코스 팁

• 서해대교 옆으로 펼쳐지는 풍광이 아름답지만
  차를 세우는 것은 절대 금물. 차를 세우고
  싶다면 행담도휴게소를 이용하자.

❄ DRIVE TIP

서해대교가 바라보이는 카페, 여행지
같은 휴게소, 일몰과 일출이 모두 보이
는 작은 항구마을도 있다. 당진은 삽교
호 방조제를 비롯해 석문방조제, 대호
방조제 등 당진의 3대 제방을 연계한 총
47km의 드라이브 코스도 있으니 코스
에서 이탈해봐도 좋다.

공룡알 화석지 1

수십 년 전까지 바닷물이 출렁이던 곳이었으나 시화방조제가 생기면서 육지가 됐다. 간척지에 갈대와 칠면초 등 습지식물들이 자라면서 갯벌이 굳어진 땅에서 30여 개의 알둥지와 200여 개에 달하는 공룡알 화석이 발견됐다. 이곳에서 발견된 공룡알은 세계 3대 공룡알 화석으로 꼽히며, 2000년에 천연기념물 제414호로 지정됐다. 탐방센터에서 공룡알 화석지까지는 1.53km의 탐방로가 놓여 있어 검붉은 바위들을 자세히 들여다보면 동글동글한 모양의 공룡알 화석들을 직접 탐방할 수 있다. 공룡알 화석지의 초입에 자리한 방문자 센터 1층에서는 공룡알과 발굴 과정 등에 대한 자료들을 전시하고 있고, 2층에서는 공룡과 관련된 영상물 등을 시청할 수 있다.

▶**주소** 경기 화성시 송산면 공룡로 659 ▶**전화** 031-357-3951

신평양조장 2

1933년 김순식 씨가 외삼촌이 하던 양조장을 인수해 술을 만들기 시작해 그 아들이, 손자가 차례로 이어온 역사가 90여 년에 이른다. 2009년엔 청와대 만찬주로 선택됐고, 2014년엔 이건희 회장의 생일을 맞아 열린 삼성그룹 사장단 신년 만찬장에 '백련 맑은술'(청주)이 오르면서 '회장님의 술'로 유명해졌다. 신평양조장에서 만드는 백련 막걸리는 연잎을 넣어 은은한 향과 함께 뒷맛이 깔끔한 게 특징이다.

알고 가요! 양조장 건물 바로 옆 미곡창고 건물을 개조해 2015 백련양조문화원을 운영하고 있다. 90여 년에 이르는 양조장 역사를 보여주는 다양한 자료가 전시돼 있고 막걸리 빚기, 쌀누룩 입욕제 만들기 등 다양한 체험 프로그램도 운영한다.

▶**주소** 충남 당진시 신평면 신평로 813 창고 ▶**전화** 041-362-6080 ▶**홈페이지** www.koreansul.co.kr
▶**운영** 09:00~18:00

아미미술관 3

1993년 폐교된 유동초등학교를 매입해 꾸민 전시공간이다. 미술관 이름 '아미(Ami)'는 친구, 애인 등을 의미하는 프랑스어인 동시에, 당진에서 가장 높은 아미산(350m)을 상징한다. 입구로 들어서면 하얀 페인트 칠을 한 건물 외벽을 온통 담쟁이가 덮고 있다. 담쟁이 덩굴 사이사이 곳곳에 그려진 크고 작은 그림들은 소소한 재미를 준다. 다섯 개의 교실과 복도는 자연과 예술을 한껏 채운 전시실이 되었고 창고를 개조한 미술관 뒤편의 '카페 지베르니'에서는 한순간 유럽의 작은 정원에 온 듯한 분위기를 느끼며 시간을 보낼 수 있다.

▶**주소** 충남 당진시 순성면 남부로 753-4 ▶**전화** 041-353-1555
▶**홈페이지** amiart.co.kr ▶**운영** 10:00~18:00 ▶**요금** 7,000원

한 걸음 더! **유기방가옥**

해마다 3~4월이면 고즈넉한 한옥과 노란 수선화를 가득 심은 언덕이 그림처럼 어우러진다. 유기방가옥 뒷동산 산등성이엔 울창한 솔숲이 이어져 수선화의 노란빛을 더욱 선명하게 만들어준다.

1900년대 초에 지은 고택은 서산 지역 전통 양반 가옥의 배치를 그대로 따른다. 부엌과 방, 대청, 건넌방으로 이어지는 '一 자형' 안채가 있다. 대청에 앉으면 후원에 만발한 수선화로 그려진 동양화 한 폭을 감상할 수 있다. 유기방가옥은 2018년에 방영한 인기 드라마 '미스터 선샤인'의 촬영지로도 유명하다. 꽃이 없는 시기에는 한옥민박체험, 민화그리기, 전통민속놀이 등 다양한 체험을 즐길 수 있다.

▶ **주소** 충남 서산시 운산면 이문안길 72-10 ▶ **전화** 041-663-4326
▶ **운영** 07:00~19:00 ▶ **요금** 일반 4,000원, 수선화 관람 시기 8,000원

한 걸음 더! **아그로랜드 태신목장**

2004년 국내 최초로 낙농 체험목장으로 인증받아 '아그로랜드'라는 이름이 되었다. 다양한 동물들이 있는 이색 목장으로 넓은 초원에서 양에게 먹이를 주거나 조랑말을 타는 체험을 할 수 있다. 동물농장, 나무 놀이터, 방목지 등은 산책로를 따라 목가적 풍경을 즐기며 걸을 수 있다. 걷는 것이 부담스러우면 '트랙터 열차'를 타는 것도 괜찮다. 입장료에 트랙터 열차 탑승 요금도 포함된다.

▶ **주소** 충남 예산군 고덕면 상몽2길 231 ▶ **전화** 041-356-3154
▶ **홈페이지** www.agroland.co.kr ▶ **운영** 10:00~18:00(동절기 ~17:00) ▶ **요금** 평일 1만1,000원, 주말 1만2,000원

해미읍성 4

한 걸음 더! **개심사**

'마음을 여는 절'이라는 의미의 이름을 가지고 있는 사찰로 백제 의자왕 때 혜감국사가 창건한 천년 고찰이다. 오붓한 산길을 따라 개울을 건너고 솔숲이 우거진 고개를 돌계단을 따라 묵묵히 오르고나야 개심사를 마주할 수 있다. 아담한 절이지만 충남 4대 사찰 중 하나로 주지스님의 거처인 심검당은 조선 초기 요사채 형식을 알 수 있는 귀중한 건축물이다. 개심사는 우리나라에 유일하게 이곳에만 있다는 청벚꽃으로도 유명하다. 산속 깊숙이 자리해 평지보다 한참 늦은 4월 하순에나 벚꽃이 만발한다.

▶ **주소** 충남 서산시 운산면 개심사로 321-86
▶ **전화** 041-688-2256

'해미'라는 이름은 정해현과 여미현 두 개의 현을 병합하면서 각각 한 자씩 따서 지은 이름이다. 1,800m의 성곽이 둘러싸인 성 안에 관아와 민가가 함께 자리하고 있지만 낙안읍성처럼 주민이 거주하고 있지는 않다. 주 출입구인 진남문과 성 중심을 두고 좌우에 동문인 잠양루, 서문인 지성루가 위치하고 성내에는 활터와 민속가옥, 동헌, 내아, 청허정 등의 건물이 있다.

해미읍성은 가톨릭 성지순례지로도 유명한 곳이다. 2014년 프란치스코 교황이 다녀가기도 했다. 전남 순천의 낙안읍성, 전북 고창의 고창읍성과 함께 조선 시대 3대 읍성으로 꼽힌다.

▶ **주소** 충남 서산시 해미면 읍내리 ▶ **전화** 041-661-8005
▶ **운영** 06:00~19:00(3~10월 05:00~21:00), 문화해설 10:00~17:00

알고 가요!

해미가 있는 내포지역은 충청도에서 선진문물이 가장 빨리 전파되는 곳으로 18세기 말 천주교가 유입되면서 이 지역에는 많은 천주교인들이 생겨났다. 하지만 흥선대원군의 천주교 박해로 인해 이 지역에서만 1천여 명의 천주교 신자들이 처형당하게 된다. 그 박해의 중심에 있던 나무가 바로 해미읍성에 있는 호야나무다. 천주교 신자들은 이곳 해미영에 끌려와서 감옥에 갇히고 더러는 이 호야나무에 묶여 고문을 당하고 목매달려 죽기도 했다. 김대건 신부도 이 나무에서 순교했다고 전해진다.

간월암

담벼락 너머 망망대해가 아름다운 고찰이다. 조선 태조 이성계의 왕사였던 무학대사가 이곳에 토굴을 짓고 수행을 하던 중 달을 보고 홀연히 도를 깨우쳤다고 해 붙여진 이름이다. 밀물 시 물 위에 떠 있는 연꽃을 닮았다 해 '연화대'라 부르기도 했다. 1980년대 천수만 간척 사업으로 인해 뭍이 되었지만 하루에 두 번 만조 때는 섬이 되고 간조 때는 뭍이 되는 신비로움을 간직하고 있다. 무학이 이성계에서 보낸 어리굴젓이 궁중의 진상품이 되었다는 이야기가 전해진다. 지금도 간월도에는 어리굴젓 기념탑이 있고 겨울이면 축제 등 행사가 진행된다. 굴은 11~2월에 가장 맛있다.

▸**주소** 충남 서산시 부석면 간월도1길 119-29 ▸**전화** 041-668-6624

🍴 코스 속 추천 맛집&카페

카페 해어름
해어름은 통유리 창문으로 서해대교가 보이는 전망 맛집이다. 3층 루프톱에서 바라보는 일몰과 야경이 일품. 야외 정원에도 바다가 보인다. 음료 외에 파스타, 스테이크, 피자 등 식사 메뉴도 있다.

▸**주소** 충남 당진시 신평면 매산해변길 144 ▸**전화** 041-362-1955

큰마을영양굴밥
백년식당에 선정된 식당으로 영양굴밥, 바지락영양밥도 1인분씩 주문이 가능하다. 식사를 주문하면 굴전이 밑반찬으로 나온다.

▸**주소** 충남 서산시 부석면 간월도1길 65
▸**전화** 041-662-2706

수타명가
커다란 유리창 안에서 수타면을 치는 모습을 직접 볼 수 있다. 갈비, 전복, 문어 등이 올라간 짜장, 짬뽕이 인기 메뉴.

▸**주소** 충남 서산시 팔봉면 팔봉2로 34
▸**전화** 041-663-8850

대아우렁이식당
우렁이쌈장을 개발해 4대째 이어가고 있는 식당이다. 초무침과 제육을 선택할 수 있는 정식 메뉴가 있다.

▸**주소** 충남 당진시 신평면 샛터로 7-1
▸**전화** 041-362-9554

카페 피어라
본관과 별관, 넓은 야외공간이 있는 예쁜 시골 카페. 여름엔 옥수수밭이, 가을엔 메밀밭이 아름다운 배경을 만들어 낸다. 별관은 노키즈존, 반려견 동반은 불가하다.

▸**주소** 충남 당신시 합덕읍 합덕대덕로 502-25 ▸**전화** 041-362-9900

진국집
서산 구시가지 좁은 골목 안에 위치하지만 일부러 찾아오는 사람이 많은 식당이다. 30년이 넘은 노포로 TV프로그램 '3대천왕'에 소개되기도 했다.

▸**주소** 충남 서산시 관아문길 19-10 ▸**전화** 041-665-7091

솔내음 나는 바다 내음이 가득한

보령~서천
서해바다길

보령에서 서천으로 이어지는 이 코스의 매력은
무엇보다 울창한 해송이 펼쳐진 해변 드라이브.
대천해수욕장에서 무창포해수욕장까지 바다를
품고 607번 지방도로를 타고 달리기 시작해 각기
다른 매력을 품은 3개의 해변을 따라 달리면 푸른 바다와 섬들이 시선을 사로잡는다. 드라이브의
종착지인 서천 장항송림해수욕장은 1.5km의 해안을 따라 사시사철 울창한 소나무가 길게 이어져
고즈넉한 분위기의 산책을 즐기기에 안성맞춤이다.

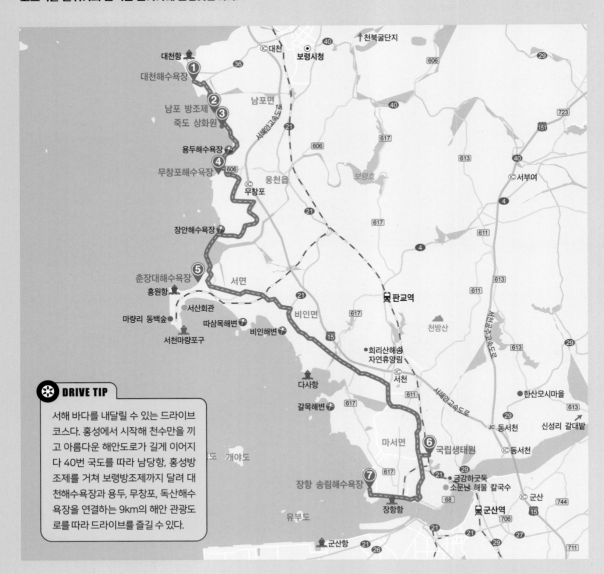

✱ DRIVE TIP

서해 바다를 내달릴 수 있는 드라이브
코스다. 홍성에서 시작해 천수만을 끼
고 아름다운 해안도로가 길게 이어지
다 40번 국도를 따라 남당항, 홍성방
조제를 거쳐 보령방조제까지 달려 대
천해수욕장과 용두, 무창포, 독산해수
욕장을 연결하는 9km의 해안 관광도
로를 따라 드라이브를 즐길 수 있다.

코스 순서	대천해수욕장 ➡ 남포방조제 ➡ 죽도 상화원 ➡ 무창포해수욕장 ➡ 춘창대해수욕장 ➡ 국립생태원 ➡ 장항송림산림욕장
소요 시간	1시간 10분
총 거리	약 60km
이것만은 꼭!	• 싱싱한 바다 먹거리가 차고 넘치는 코스다. 봄에는 주꾸미가, 겨울에는 굴찜이나 굴구이 등의 굴요리를 추천한다. 굴전은 필수, 굴라면도 별미다. 서천의 특산품인 김을 이용해 만든 김굴탕도 맛보길 추천한다.
코스팁	• 해수욕장이 많은 만큼 신선한 해산물을 저렴한 가격에 맛볼 수 있는 포구나 수산시장도 많다. • 주꾸미는 무창포해수욕장, 새조개는 홍성 남당항, 키조개는 오천항이 유명하고 보령의 천북에는 굴집 수백 개가 모여 있는 단지가 있다.

1 대천해수욕장

조개껍질이 잘게 부서져 변한 패각분으로 덮여 있는 해안으로 동양에서 유일한 곳이다. 백사장 길이는 3.5km, 폭 100m 달하며, 완만한 경사를 갖고 있어 수심이 얕고 파도가 잔잔해 물놀이를 즐기기에 좋다. 백사장 너머 솔숲은 야영장으로도 활용된다. 해수욕장과 대천항을 왕복 2.3km 복선 구간으로 연결하는 스카이바이크는 국내 최초로 바다 위에 설치한 백사장과 바다 절경을 감상할 수 있다. 타워 높이 52m, 로프 길이 613m, 4명이 동시에 이용 가능한 집트랙을 통해 와이어에 몸을 맡기고 활강하며 짜릿함을 느낄 수 있다. 대천해수욕장에서 열리는 머드축제는 문화체육관광부 글로벌 육성축제로 선정되기도 했다. 전 세계인이 즐기는 대한민국 대표 축제로 자리 잡았다.

▶ **주소** 충남 보령시 신흑동 ▶ **전화** 041-933-7051 ▶ **홈페이지** daecheonbeach.kr

남포방조제 2

무창포 해수욕장과 대천 해수욕장을 잇고 있는 방조제다. 남포방조제는 간척지를 만들기 위해 만든 방조제로 바다와 들판을 가르고 있다. 방조제가 높아 바다가 시원스레 보이지는 않지만 바다를 낀 긴 직선 도로를 여유롭게 달리며 주변 풍광을 감상할 수 있는 매력이 있다.

▶ **주소** 충남 보령시 신흑동 남포방조제관리사무소

3 죽도 상화원

남포방조제 중간에 죽도가 있다. 죽도의 모습을 그대로 보전한 채 자연과 조화를 이루는 돌담과 회랑, 그리고 전통 한옥과 빌라 등이 한데 어우러져 있는 작은 섬이다. 섬 전체를 둘러싼 1km 구간의 지붕형 회랑은 세계에서 가장 긴 규모로 날씨와 상관없이 일주를 할 수 있고, 이 회랑을 걷는 것만으로도 상화원의 주요 시설을 감상할 수 있다. 회랑을 따라 곳곳에 꾸며진 해변 연못과 정원 등을 만나면서 시원하게 펼쳐져 있는 멋진 서해바다를 조망할 수 있다. 입장료에는 떡과 차 한 잔 값이 포함돼 있다.

▶**주소** 충남 보령시 남포면 남포방조제로 408-52 ▶**전화** 041-933-4750
▶**홈페이지** www.sanghwawon.com ▶**운영** 4~11월 금·토·일요일 및 법정공휴일 09:00~18:00(입장 마감 17:00) ▶**요금** 7,000원

알고 가요! 자율 관람이긴 하지만 상화원 입구 → 의곡당 → 동굴 쉼터 → 회랑 산책로 → 해변 연못 → 해변 독서실 → 한옥마을 → 초가집 순으로 관람하길 추천한다.

4 무창포해수욕장

서해안의 첫 번째 해수욕장인 무창포해수욕장은 음력 초하루와 보름 전후 간조 시 석대도까지 1.5km에 이르는 바닷길이 S자형으로 열리는 한국판 모세의 기적 '신비의 바닷길'로 유명하다. 해 질 녘 해넘이가 장관인 해변에는 울창한 송림 덕에 해수욕과 산림욕이 동시에 가능한 곳이다. 신비의 바닷길이 열릴 때 해변 주변의 길가는 이른 시간이 아니라면 주차공간을 찾기 어려울 수 있다. 공용주차장을 이용하면 편리하다.

▶**주소** 충남 보령시 웅천읍 열린바다1길 10(무창포해수욕장 번영회 사무실) ▶**전화** 041-936-3561

알고 가요! 바닷길은 매달 보름(음력 15일)과 그믐(음력 1일)을 전후해 겨우 3~4일 열리고, 열리는 시간도 고작 2~3시간에 불과해 미리 바닷물이 열리는 시간을 잘 맞춰야 한다.

5 춘장대해수욕장

서해안에서는 드물게 울창한 해송과 아카시아 나무 숲이 해안을 따라 이어진 해수욕장이다. 길이 2km에 폭 200m의 넓은 백사장이 있는 수심이 얕고 완만하며 파도가 잔잔해 해수욕을 즐기기에 좋다. 물이 빠지고 난 뒤 드러난 갯벌에서는 조개, 낙지 등을 잡으며 생태 체험을 할 수 있다. 백사장 뒤편 해송과 아카시아 나무가 어우러진 울창한 숲에서는 야영과 오토캠핑을 즐길 수 있고 각종 편의 시설이 잘 갖추어져 있다.

▶**주소** 충남 서천군 서면 춘장대길 20 ▶**전화** 041-953-3383

한 걸음 더! 마량리 동백숲

서천 바닷가 언덕 동쪽 자락에 500년 수령 동백나무 80여 그루가 군락을 이루며 자라고 있어 1965년 천연기념물로 지정되었다. 사철 푸르름을 자랑하는 동백은 3월 하순에 꽃을 피우기 시작해 4월에는 절정을 이룬다. 동백 숲 언덕마루에 세워진 동백정에서의 일몰은 빼놓을 수 없는 포인트. 무인도인 오력도 너머로 지는 서해의 낙조는 바라보는 것만으로도 힐링이 된다.

▶**주소** 충남 서천군 서면 마량리 275-48 ▶**전화** 041-952-7999

국립생태원 6

한반도 생태계를 비롯해 열대, 사막, 지중해, 온대, 극지 등 세계 5대 기후와 동식물을 한눈에 관찰하고 체험해 볼 수 있는 체험 여행 공간이다. '에코리움'은 살아 있는 생태전시공간으로 2,400여 종의 동식물이 기후대별 생태계를 최대한 재현한 상태에서 함께 전시돼 있다. 5개 구역으로 구분된 야외 전시공간에서는 우리나라의 대표적인 습지 생태계에서부터 세계의 다양한 식물, 고산에서 자생하는 희귀식물, 우리나라 사슴들의 서식 공간, 연못 생태계 등을 감상할 수 있다.

▸**주소** 충남 서천군 마서면 금강로 1210 ▸**전화** 041-950-5300 ▸**홈페이지** www.nie.re.kr ▸**운영** 09:30~18:00(동절기 ~17:00), 월요일 휴관 ▸**요금** 5,000원

알고 가요! 한산소곡주는 우리 술 가운데 가장 오래된 술로 전해온다. 과거를 보러 한양 가던 선비가 주막에서 맛본 소곡주에 반해 과거도 보지 못한 채 집으로 돌아갔다는 전설도 있다. 한산소곡주는 김, 전어, 박대, 자하젓과 함께 서천 특미 5선 가운데 하나다.

한 걸음 더! 한산모시마을

한산모시전시관, 시연공방, 토속관, 모시매기공방, 전통농기구전시장, 한산모시홍보관 등으로 이루어진 한산모시마을이 있다. 전시관에서는 모시의 역사와 가치를 소개하고, 모시의 수확부터 모시 짜기, 모시로 만든 공예품을 완성하기까지의 과정을 상세히 살펴볼 수 있다. 전수 교육관에서는 미니베틀 체험, 천연염색 체험, 전통부채 만들기 등 다양한 모시 체험 및 교육프로그램도 경험해 볼 수 있다. 한산면에 소재한 70여 개 양조장에서 생산한 한산소곡주를 전시 및 판매하고 직접 맛볼 수 있는 한산소곡주갤러리, 선비복을 입고 3종의 소곡주를 맛보는 향음체험을 할 수 있는 한산소곡주체험장을 추천한다.

▸**주소** 충남 서천군 한산면 충절로 1089,
[한산소곡주갤러리] 충남 서천군 한산면 충절로1173번길 21-1,
[한산소곡주체험장] 충남 서천군 한산면 충절로1173번길 8
▸**전화** 041-951-4100

한 걸음 더! 신성리 갈대밭

약 7만 평 규모의 신성리 갈대밭은 바로 옆 금강 하구의 잔잔한 물결과 어우러져 봄과 여름에는 푸른 물결을, 가을에는 금빛 물결을 이룬다. 금강과 갈대를 한눈에 볼 수 있는 스카이워크가 설치돼 낭만이 한층 더 더해졌다. 스카이워크 위를 걸으며 일렁이는 황금빛 갈대와 금강을 찾아온 겨울철새, 오리들의 군무를 감상하기에는 가을, 겨울이 좋다. 넷플릭스 드라마 '킹덤', 영화 '공동경비구역 JSA'와 드라마 '미안하다, 사랑한다', '추노'도 이곳에서 촬영됐다.

▸**주소** 충남 서천군 한산면 신성리 125-1 ▸**전화** 041-950-4018

알고 가요! 신성리 갈대밭 외에 가을 여행지로 전남 순천 순천만습지, 부산 하단 을숙도철새공원, 경기 안산 안산갈대습지, 전남 강진 강진만생태공원, 전남 해남 고천암갈대밭 등을 추천한다.

충청도

장항 솔숲은 하늘을 가린 울창한 소나무숲이 해안을 따라 이어져 고즈넉한 산책을 즐길 수 있다. 솔숲 사이에 벤치와 원두막이 있어 잠시 앉아 쉬거나 둘러 앉아 시간을 보내기도 좋다. 숲과 바다 사이 백사장은 자동차가 다닐 수 있을 정도로 단단해 바다 풍경을 감상하며 걷기에 힘들지 않다. 주변에 식당이나 위락시설, 방파제도 없이 바다와 백사장만 존재하는 해안 풍경으로 힐링의 시간을 선물한다. 장항송림산림욕장에는 높이 15m, 길이 250m의 장항스카이워크가 있다. 장항 송림을 발아래 두고 해송 숲 위, 탁 트인 하늘과 바다를 걷는 듯한 시원하고 아찔한 재미를 느낄 수 있다.

▶**주소** 충남 서천군 장항읍 송림리 산65 ▶**전화** 041-950-4436

 ## 코스 속 추천 맛집&카페

서산회관
제철 주꾸미를 맛볼 수 있는 식당. 마량포구 동백정 인근에 자리한다.
▶**주소** 충남 서천군 서면 서인로 318 ▶**전화** 041-951-7677

소문난해물칼국수
메뉴는 오직 칼국수와 만두뿐이다. 칼국수를 주문하면 보리밥이 따라 나온다.
▶**주소** 충남 서천군 마서면 장산로855번길 7
▶**전화** 0507-1443-3360

천북굴단지
70여 개의 식당이 모여 있어 굴구이를 비롯해 굴밥, 굴칼국수, 굴찜, 굴회무침 등 다양한 굴 요리를 맛볼 수 있다.
▶**주소** 충남 보령시 천북면 장은리

신성리 갈대밭

마량리 동백숲

구불구불 해안선을 따라 달리는
태안 해안도로

3면이 바다로 둘러싸인 태안의 구불구불한 리아스식 해안의 전체 둘레는 530km. 태(泰)는 크다, 넉넉하다, 편안하고 자유롭다, 통한다는 뜻을 지닌 한자로 태안은 '마음이 편안해지고 자유로워지는 땅'이라는 의미다. 여유·자유·일탈을 상징하는 드라이브 여행에 궁합이 잘 맞는 지명이다. 태안 드라이브 코스는 곳곳에 여유롭게 휴식을 취할 수 있는 크고 작은 해수욕장이 숨어 있고 바다를 곁에 두고 달리는 해안도로도 있다.

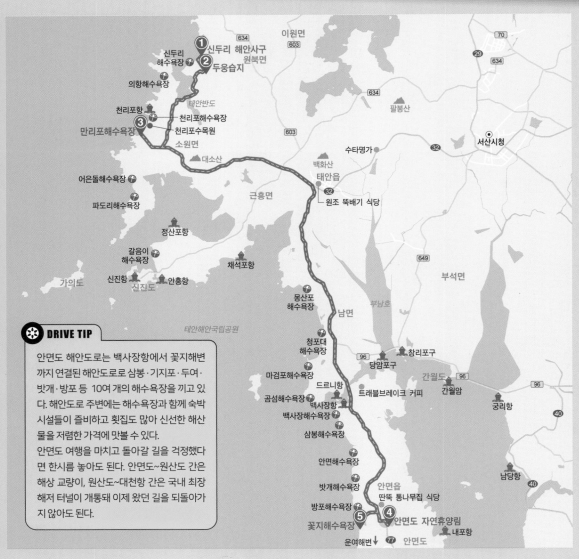

❄ DRIVE TIP

안면도 해안도로는 백사장항에서 꽃지해변까지 연결된 해안도로로 삼봉·기지포·두여·밧개·방포 등 10여 개의 해수욕장을 끼고 있다. 해안도로 주변에는 해수욕장과 함께 숙박시설들이 즐비하고 횟집도 많아 신선한 해산물을 저렴한 가격에 맛볼 수 있다.
안면도 여행을 마치고 돌아갈 길을 걱정했다면 한시름 놓아도 된다. 안면도~원산도 간은 해상 교량이, 원산도~대천항 간은 국내 최장 해저 터널이 개통돼 이제 왔던 길을 되돌아가지 않아도 된다.

코스 순서	신두리 해안사구 ➡ 두웅습지 ➡ 만리포해수욕장 ➡ 안면도자연휴양림 ➡ 꽃지해수욕장
소요 시간	1시간 25분
총 거리	약 66km
이것만은 꼭!	• 태안반도 서쪽 바다에는 삼봉, 기지포, 안면, 두여, 밧개, 두에기, 방포 등 이름만큼 예쁜 해변들이 줄지어 있다. 예쁜 이름만큼 아름다운 일몰을 볼 수 있으니, 해 질 녘에 방문하여 일몰을 만끽해 보자.
코스 팁	• 신두리 해안사구의 모래언덕은 여름에는 초록 풀로 뒤덮인 부분이 더 많다.
	• 꽃지해변을 제외하고는 대부분 한산한 편이니, 깔고 앉을 돗자리와 커피 한잔을 준비해가서 여유를 즐겨보자.

신두리 해안사구 1

한국의 사막으로 불리는 태안 '신두리 해안사구'는 사빈에 쌓인 모래가 바람에 의해 내륙 쪽으로 운반돼 형성된 모래언덕이다. 빙하기 이후 약 1만5,000년 전부터 서서히 형성된 것으로 추정되고 있으며 사구의 원형과 식생이 잘 보존된 북쪽지역 일부는 2001년 천연기념물(제431호)로 지정되었다. 전국 최대 해당화 군락지로 통보리사초, 모래지치, 갯완두, 갯방풍과 같은 희귀식물들이 다양하게 분포되어 있고 사구 웅덩이에 산란을 하는 아무르산개구리, 금개구리 등이 서식한다. 이국적 풍경으로 영화와 드라마, CF, 뮤직비디오 등 작품들의 배경이 되기도 했다.

▶ **주소** 충남 태안군 원북면 신두해변길 201-54 신두리 사구센터(주차는 사구센터 주차장 이용)
▶ **전화** 041-672-0499 ▶ **운영** 사구센터 09:00~18:00, 월요일 휴관

알고 가요! 사구를 보호하기 위해 정해진 출입 시간 내 지정된 생태 탐방로를 이용해야 하고 생태계를 관찰할 수 있는 40분, 60분, 120분 길이의 산책 코스도 마련되어 있다. 신두리 해안사구의 특징과 형성과정, 서식하고 있는 동식물의 생태들을 자세히 알아볼 수 있는 '사구센터'도 들러보면 좋다.

2 두웅습지

보통 사구 지대의 뒤에는 평지나 산지가 있는데 사구 지대와 산지 경계에 담수가 고이면 두웅습지 같은 '사구 배후습지'가 형성된다. 지형적인 의미와 생태적 중요성을 인정받아 2001년 신두리 해안사구와 함께 천연기념물로 지정되었고 2007년 람사르 습지로 등록됐다. 국내에서 람사르 습지로 지정된 곳 가운데 강화 매화마름군락지 다음으로 규모가 작다. 순천이나 우포늪 같은 광활한 풍경을 기대했다가는 실망하기 십상이다. 데크와 흙길로 된 습지 산책로를 한 바퀴 도는 데 15분이면 충분하다. 매일 오전 9시부터 오후 6시까지 해설사가 상주하며 30~60분 동안 두웅습지의 형성 과정과 의미, 습지의 동식물에 대한 해설을 들을 수 있다.

▶ **주소** 충남 태안군 원북면 신두리

만리포해수욕장 3

백사장 길이가 약 2km에 이르는 만리포해수욕장은 서해안을 대표하는 해변이다. 파도가 좋은 날은 미국 캘리포니아만큼 서핑하기에 좋다 하여 '만리포니아'라고 불린다. 경사가 완만하고 물이 깊지 않아 아이들이 놀기 좋고 유명세만큼 해안을 따라 식당과 숙소가 즐비하다. 만리포전망타워에서는 아름다운 서해바다를 한눈에 조망할 수 있으며 해수욕장 오른편에 위치한 '물닭섬' 둘레를 따라 조성된 해안 데크 산책로는 해상 인도교에서 시원한 바닷바람과 밀려오는 파도 소리를 들으며 마치 바다 한가운데를 걷는 기분을 느낄 수 있다.

▶주소 충남 태안군 소원면 모항리 ▶전화 041-672-9662

한 걸음 더! 천리포수목원

우리나라 최초의 사립 수목원으로 1945년 미군 장교로 한국에 왔다가 귀화한 민병갈 박사가 만들었다. 1만6천여 종의 식물이 식재된 수목원은 7개 구역 중 1개 구역을 일반에 공개되어 있다. 수목원 안에서 하룻밤을 머무를 수 있는 숙소가 있다. 해변 산책로가 보이는 낭새섬은 하루에 두 번 물이 빠지면 걸어서 들어갈 수 있다.

▶주소 충남 태안군 소원면 천리포1길 187 천리포수목원
▶전화 041-672-9982 ▶홈페이지 www.chollipo.org
▶운영 09:00~18:00(11~3월 ~17:00), 1시간 전 입장 마감
▶요금 하절기 1만1,000원, 극성수기(4~5월) 1만3,000원

드르니항~백사장항

만리포해수욕장에서 안면도자연휴양림으로 향하는 길에 드르니항과 백사장항이 나온다. 드르니항과 백사장항은 바다를 끼고 마주하는데, 두 항 사이에는 해상 인도교가 설치되어 있다. 해상 인도교는 꽃게 다리를 상징하는 모양으로 드르니항 쪽 다리 입구에는 꽃게, 백사장항 쪽에는 새우 모양 조형물이 세워져 있다. '드르니항'이라는 이름은 우리말 '들르다'에서 유래해 이름 붙여졌고 싱싱한 해산물을 판매하는 횟집거리와 수산시장이 있다.

▶주소 충남 태안군 남면 신온리

안면도자연휴양림 4

77번 국도를 사이에 두고 자연휴양림 구역과 수목원으로 분리되어 있다. 자연휴양림은 15~60분 코스의 4개 산책로가 조성되어 있고 목재 계단과 흙길이 번갈아 나오는 산책로가 낮은 봉우리들을 연결한다. 산자락과 능선을 완만하게 오르내리는 산책로 어디든 '안면송'이라 부르는 수령 100년 내외의 소나무 군락이 가득하다. 휴양림 주차장에서 도로 아래 지하통로로 연결된 수목원은 철쭉원, 야생화원, 외국수원, 동백원 등을 갖춘 정원이다. 입구에서 상록수원을 거쳐 전망대에 이르면 수목원이 한눈에 내려다보인다. 중앙에는 도자기 문양으로 키 작은 나무를 가꾼 청자자수원과 현대그룹 창업주인 고 정주영 회장의 호를 딴 정원 '아산원'이 아늑하게 자리 잡고 있다. 전체를 둘러보는 데에 1시간 정도 걸린다.

▶주소 충남 태안군 안면읍 안면대로 3195-6 안면도자연휴양림
▶전화 041-674-5019 ▶홈페이지 www.anmyonhuyang.go.kr
▶운영 09:00~18:00, 11~2월 09:00~17:00, [숲속의집] 15:00~다음 날 11:00 ▶요금 1,000원(수목원과 휴양림 모두 돌아볼 수 있음)

간척 사업으로 육지와 연결된 안면도 최고의 해수욕장으로 꼽히며, 백사장을 따라 해당화가 지천으로 피어나 '꽃지'라는 어여쁜 이름이 붙여졌다. 할배바위, 할매바위를 배경으로 펼쳐지는 낙조가 아름답기로 유명하다. 썰물 때면 두 섬까지 바닷길이 열려 산책할 수 있고, 바로 옆 갯벌에서는 조개와 게 등을 잡을 수 있다.

▶주소 충남 태안군 안면읍 승언리

5 꽃지해수욕장

알고 가요! 신라 흥덕왕 때인 838년 해상왕 장보고는 안면도에도 기지를 두었는데 기지사령관이었던 승언과 아내 미도는 부부 금실이 유난히 좋았다고 한다. 출정을 나간 승언이 돌아오지 않자 남편을 기다리던 미도는 죽어서 할매바위가 되었고 옆에 있는 바위는 자연스레 할배바위로 불리게 되었다.

한 걸음 더! 운여해변

샛별해수욕장과 장삼포해수욕장 사이에 위치한다. 해안도로가 없어 접근성이 떨어지는 것이 흠이지만 덕분에 한산하다는 장점이 있다. 평소에는 조용한 해변이지만 제방 안쪽 호수처럼 고인 바닷물에 비치는 솔숲이 아름다워 일몰 때 찾는 이가 많다. 운여해변의 위치는 안면도자연휴양림에서 마지막 코스인 꽃지해수욕장으로 향하는 방향과 다르다. 꽃지해수욕장 보다는 한적한 일몰 명소를 가고 싶다면, 운여해변을 추천한다.

▶주소 충남 태안군 고남면 장삼포로 535-57

🍴 코스 속 추천 맛집&카페

딴뚝 통나무집 식당
충남 토종 음식인 게국지는 물론 간장게장, 양념게장, 꽃게찜, 새우장 등을 한꺼번에 맛볼 수 있는 메뉴가 있다.

▶주소 충남 태안군 안면읍 조운막터길 23-22 ▶전화 041-673-1645

원조 뚝배기 식당
게국지와 우럭젓국을 메인으로 하는 식당이다. 전국의 맛집을 소개하는 TV 예능 프로그램인 '맛있는 녀석들'에도 소개된 바 있다..

▶주소 충남 태안군 태안읍 시장5길 18-5
▶전화 041-674-0098

트래블브레이크 커피
아기자기한 야외 인테리어와 야외 베드, 포토존이 있어 인기가 있는 카페다. 브런치 메뉴를 판매하고 애견 동반이 가능하다.

▶주소 충남 태안군 안면읍 등마루1길 125
▶전화 0507-1402-9036

태안반도를 따라 걷는 태안 해변길

태안반도를 따라 걷는 태안 해변길 코스는 2007년 원유 유출 사고 당시 기름을 제거하던 봉사자들이 이동한 길을 따라 만들어졌다. 태안반도와 안면도의 서쪽 해안선을 따라 펼쳐져 있어 국내에서도 손꼽히는 트레킹 코스로, 7개 코스로 구성되어 전체 거리는 약 100km에 이른다.

꾸지나무골, 바람아래, 드르니, 샛별, 꽃지, 운여, 두에기 등 전국에서 해수욕장이 가장 많은 지역인 태안의 해변들은 이름도 예쁘다. 반도의 가장 위 '꾸지나무골'부터 가장 아래에 있는 '바람아래'까지, 어느 것 하나 그냥 지나칠 수 없는 해변이 반도 서쪽 해안선을 따라 줄줄이 이어진다. 태안 해변길은 드넓은 갯벌을 따라 걸으며 아름다운 낙조를 감상할 수 있다는 매력이 있는 길이다.

> **알고 가요!**
> ● 서해의 물때는 매일 시간이 일정하지 않으니 물때표를 참고해야 한다. 전국 바다의 물때 시간은 국립해양조사원(khoa.go.kr) 홈페이지 '스마트 조석예보'에서 확인할 수 있다.
> ● 사진 포인트만 보고 가기 아쉽다면 7코스 '바람길'을 걷다가 낙조를 감상하는 것도 방법이다. 대체로 길이 평탄해서 초보자도 어렵지 않게 길을 걸을 수 있다.

학암포
바라길
신두리
소원길
만리포
파도길
파도리

몽산포
솔모랫길
드르니항
백사장항
노을길
꽃지
샛별길
황포
바람길
영목항

1코스 바라길

- 출발지~도착지 학암포~신두리
- 총 거리 12km
- 소요시간 약 4시간

학암포

먼동해변
먼동전망대

능파사

모재쉼터

신두리사구

신두리

2코스 소원길

- 출발지~도착지 신두리~만리포
- 총 거리 22km
- 소요시간 약 8시간

소근진성

의항항   신두리

의항해변

방근제황토길

백리포전망대

국사봉   천리포
전망대   수목원

만리포

3코스 파도길

- 출발지~도착지 만리포~파도리
- 총 거리 9km
- 소요시간 약 3시간

만리포

모항저수지

파도리

4코스 솔모랫길

- 출발지~도착지 몽산포~드르니항
- 총 거리 16km
- 소요시간 약 4시간

몽산포 탐방안내센터

메밀밭

청포대
별주부전망대

지오랜드

경주식물원

염전

드르니항

5코스 노을길

- 출발지~도착지
백사장항~꽃지해변
- 총 거리 12km
- 소요시간 약 3시간 40분

백사장항

백사장전망대

창청교

두여전망대

방포해변
방포전망대

꽃지

6코스 샛별길

- 출발지~도착지
꽃지해변~황포항
- 총 거리 13km
- 소요시간 약 4시간

꽃지

황포

7코스 바람길

- 출발지~도착지 황포항~영목항
- 총 거리 16km
- 소요시간 약 5시간

황포

영목항

청주~공주~부여 금강길

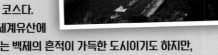

역사유적 탐방과 휴양을 동시에 즐길 수 있는 매력적인 코스다.
부여와 공주의 백제유적지구는 익산과 함께 유네스코 세계유산에
등재됐다. 도시 곳곳에서 단아하고 정갈한 미가 느껴지는 백제의 흔적이 가득한 도시이기도 하지만,
하늘을 날거나 금강의 물줄기를 즐길 수 있는 다양한 액티비티 등 반전매력까지 있는 드라이브 코스다.

코스 순서	상당산성 ➡ 국립현대미술관 청주 ➡ 대청댐 전망대&물문화관 ➡ 공주 공산성 ➡ 공주 무령왕릉&왕릉원 ➡ 부여 낙화암&부소산성
소요 시간	2시간 20분
총 거리	약 124km
이것만은 꼭!	• 청주의 상당산성, 공주의 공산성, 부여의 부소산성을 둘러보고 각기 다른 매력을 느껴보자. • 부여 부소산성 아래 고란사 약수를 마시면 3년씩 젊어진다는 속설이 있다. 밑져야 본전이니 마셔보자.
코스 팁	• 공주는 공산성 앞에, 부여는 부소산성과 구드래나루터 사이에 관광객을 위한 식당과 카페가 몰려 있다. • 역사에 관심이 많은 여행자라면 각 여행지에서 해설을 들으며 여행해 보아도 좋다. • 부여의 하늘을 나는 열기구 투어는 온라인으로 예약 가능하다. 약 40분 정도 백마강 일원을 비행한다. 홈페이지는 www.balloontour.co.kr

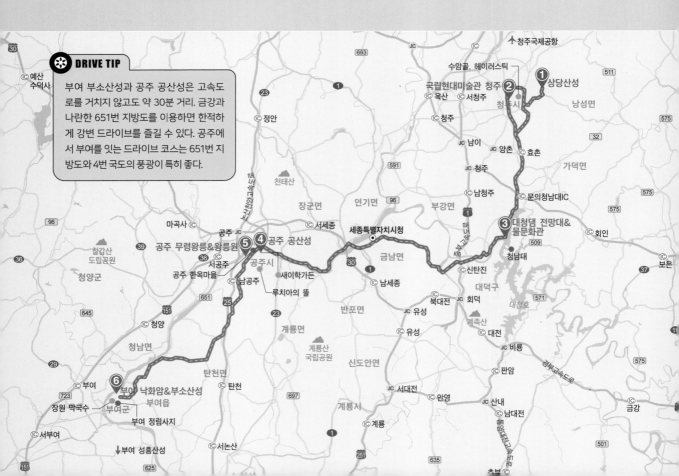

✹ DRIVE TIP

부여 부소산성과 공주 공산성은 고속도로를 거치지 않고도 약 30분 거리. 금강과 나란한 651번 지방도를 이용하면 한적하게 강변 드라이브를 즐길 수 있다. 공주에서 부여를 잇는 드라이브 코스는 651번 지방도와 4번 국도의 풍광이 특히 좋다.

상당산성 1

우리나라에서 원형이 가장 잘 보존된 포곡식 산성으로 조선 중, 후기 석성의 모습을 제대로 볼 수 있는 문화유산이다. 삼국시대 백제가 세웠다는 상당산성은 통일신라 이후 그 가치를 인정받았고 조선시대 임진왜란 이후 한양 방어를 위한 석성으로 대대적으로 보수되었다. 상당산성 공남문 보루에 서면 언덕 아래로 시야가 탁 트인다. 높은 언덕 위 능선을 따라 위풍당당하게 펼쳐진 성곽을 따라 걸으며 봉긋하게 솟은 산 능선 너머로 한눈에 내려다보이는 청주 시내 풍경을 볼 수 있다. 최수종 주연의 드라마 '대조영', 배용준 주연의 '태왕사신기', 소지섭·신현준 주연의 '카인과 아벨'의 촬영지이기도 하다.

▶**주소** 충북 청주시 상당구 용담동·명암동·산성동

알고 가요! 둘레가 4.2km에 이르는 산성 둘레길을 따라 걸을 수 있다. 잔디광장을 지나 공남문(남문)-치성-서남암문-제승당(서장대)-미호문(서문)-진동문(동문)-공남문(남문) 코스로 2시간가량 소요된다.

2 국립현대미술관 청주

국립현대미술관 청주관은 2018년에 개관한 국립현대미술관의 네 번째 분관으로 시내 한복판에 있다. 본격적인 국립 미술품 수장 보존센터의 기능을 하는 국내 최초의 창고형 미술관이기도 하다. 청주관은 5층짜리 옛 연초제조창 창고를 기둥과 벽 등의 골격을 유지하며 수장형 미술관에 맞게 정비했다. 지붕위 파란 물탱크도 옛 창고 건물의 흔적이다. 입구 정면 벽에선 옛 연초제조창 창고가 미술관으로 변신하는 과정을 담은 영상을 상영한다.

▶**주소** 충북 청주시 청원구 상당로 314 ▶**전화** 043-261-1400
▶**운영** 09:00~18:00, 월요일 휴관

한 걸음 더! 수암골

6·25 전쟁 이후 피란민들이 정착한 산비탈 마을 '청주의 마지막 달동네'로 불렸지만, 지금은 벽화마을로 유명해져 SNS에서 핫한 카페들이 곳곳에 들어  서 있다. 아이들이 술래잡기를 하거나, 뛰어노는 모습을 소재로 그린 정감 있는 벽화들이 가득하다. 드라마 '제빵왕 김탁구'의 실제 촬영지로, 마을 초입엔 팔봉제빵점이 남아 있다. 제빵점에선 아직도 드라마에 나온 봉빵, 우동 등을 판매하고 있다.

▶**주소** 충북 청주시 상당구 수동로 15-4

3 대청댐 전망대&물문화관

한 걸음 더! **청남대**

'따뜻한 남쪽의 청와대'라는 뜻을 지닌 청남대는 1983년 개관 이후 2003년 일반에 개방될 때까지 약 20간 대통령의 별장으로 사용됐다. 청남대 본관에서는 대통령 집무실, 침실, 응접실 등을 구경할 수 있다. 청남대의 진짜 매력은 13.5㎞에 이르는 대통령의 산책로로 역대 대통령들이 머리를 식히던 곳인 만큼 조경이 잘 정돈되어 있고 주변 풍경이 수려하다. 청남대 홈페이지에 미리 예약을 하면 차를 타고 들어갈 수 있다. 하루 허용되는 차량은 500대, 당일 예약 및 현장 매표는 허용되지 않는다.
▶ **주소** 충북 청주시 상당구 문의면 청남대길 646 청남대관리사업소
▶ **전화** 043-257-5080 ▶ **홈페이지** chnam.chungbuk.go.kr
▶ **운영** 09:00~18:00(12~1월 ~17:00) ▶ **요금** 6,000원

대청호는 충북 청주와 대전광역시 사이에 위치한 우리나라에서 세 번째로 큰 규모의 호수다. 청주에서 대청댐, 대청댐에서 대전까지 이어지는 도로가 강변도로로 되어 있어 드라이브코스로 더할 나위가 없다. 구불구불한 길을 내달려 대청댐 전망대에 도착하면 탁 트인 호수의 전경을 품을 수 있을뿐더러 주차장에 차를 세운 뒤 시원한 바람을 맞으며 전망대 공원과 공도교 산책도 가능하다. 타이밍이 맞다면 방수 장면을 마주하는 행운을 기대해봐도 좋다.
▶ **주소** 충북 청주시 상당구 문의면 대청호반로 206 현암정휴게소

알고 가요! 대청호를 따라 '대청호 오백리길'이 조성돼 있다. 대전광역시 대덕구 신탄진의 대청댐 아래에서 출발해 충북 옥천과 보은, 청주, 다시 대청댐으로 이어지는 코스로 총 27개 구간이다.
▶ **주소** 충북 청주시 상당구 문의면 대청

공주 공산성 4

백제의 대표적인 성곽으로 신라와 고려, 조선 시대에도 행정과 군사적 요충지로 사용되던 곳이다. 사비로 수도를 옮길 때까지 64년간 백제의 정치, 경제, 문화의 중심 역할을 했던 곳이며 백제의 멸망까지 함께했던 곳이다. 원래는 흙으로 쌓은 토성이었으나 조선시대 석성으로 고쳐 쌓았다. 산성 내에는 당시 왕이 머물던 왕궁지를 비롯해 성벽, 연못, 나무창고, 저장구덩이 등 다양한 유적과 유물이 발견되었고 그 가치를 인정받아 2015년 유네스코 세계유산에 등재되었다. 금강 줄기를 따라 형성된 성곽을 산책하며 공주 시내를 한눈에 감상할 수 있다.
▶ **주소** 충남 공주시 금성동 53-51 ▶ **전화** 041-856-7700 ▶ **운영** 09:00~18:00 ▶ **요금** 3,000원

알고 가요! 왕성을 호위했던 수문병의 근무를 재현한 웅진성 수문병 근무교대식은 매주 토요일과 일요일 오전 11시부터 오후 3시까지 매시 정각 약 20분간 진행된다.

공주 무령왕릉&왕릉원 5

한 걸음 더! 공주 한옥마을

무령왕릉과 국립공주박물관 사이에 개별동 13동 23실과 단체동 6동 37실의 한옥 숙박시설이 있다. 개별동에서는 전통난방인 구들장 체험이 가능하다. 숙박을 하지 않더라도 민속놀이 체험장, 저잣거리, 쉼터, 텃밭, 개울 등이 조화롭게 마을을 이루고 있어 설렁이며 마을을 구경하는 재미가 있다. 운이 좋으면 전통혼례를 볼 수도 있다. 객실에서는 취사가 안 되는 것이 단점이지만 야외취사장(유료)을 이용하거나 한옥마을 내 식당을 이용하면 편리하다.

▶**주소** 충남 공주시 관광단지길 12
▶**전화** 041-840-8900
▶**홈페이지** ww.gongju.go.kr/hanok

무덤의 주인이 백제의 25대 왕인 무령왕이어서 무령왕릉이라고 부른다. 1,400년 이상 그 모습을 드러내지 않았던 무령왕릉은 1971년 7월, 송산리 6호분 내부에 스며드는 유입수를 막기 위한 배수로 공사를 하는 과정에서 그 모습을 드러냈다. 무덤 내부에서는 무령왕과 왕비의 무덤이었음을 알리는 묘지석(墓誌石)과 함께 4,600여 점의 유물이 출토되었고 그중에서 왕과 왕비의 금제관식, 묘지석, 석수 등 12종 17건은 국보로 지정되었고 무령왕릉 관련 유물은 현재 국립공주박물관 1층의 독립공간에 전시되어 있다.

▶**주소** 충남 공주시 금성동 53-51 ▶**전화** 041-856-7700 ▶**운영** 09:00~18:00 ▶**요금** 3,000원

부여 낙화암&부소산성 6

알고 가요!

백마강에는 버스 엔진과 선박 엔진을 함께 장착해 육지와 강을 오가며 육상, 수상 관광을 할 수 있도록 꾸민 수륙 양용 투어버스가 있다. '백제문화단지'를 출발해 진출입로인 백마강 레저파크에서 백마강으로 '입수'한다. 배로 변신한 버스로 부소산 절벽에 자리한 고란사와 낙화암이라 새겨진 암벽 가까이에서 마주할 수 있다. 선박이기도 해 매표 시 승선 신고서 작성이 필요하다.

백제 왕궁터의 후원 역할을 하다가 유사시에 방어를 목적으로 축조됐다. '부소'라는 어원은 백제 시대의 소나무라는 뜻으로 산성을 오르는 길은 소나무 산책로다. 입구 매표소에서 낙화암까지는 1.1km로 경사가 완만해 걷기 좋다. 낙화암 바로 밑에는 고란사가 자리한다. 고란사에는 한 컵 마실 때마다 3년씩 젊어진다는 속설이 있는 약수가 있다. 고란사 바로 아래 선착장과 구드래 나루터 선착장을 오가는 황포돛배(041-835-4689)가 있다.

▶**주소** 충남 공주시 금성동 53-51 ▶**전화** 041-856-7700 ▶**운영** 09:00~18:00 ▶**요금** 2,000원

한 걸음 더! 부여 정림사지

사비시대 수도의 중심 사찰이었던 정림사 옛터로 현재는 국보 9호로 지정된 5층 석탑만 우두커니 서 있다. 석탑은 단 한 번도 해체된 적이 없이 1,500년 전 모습을 그대로 간직하고 있다. 석탑임에도 목탑 형식을 갖추고 습기에 약한 목탑을 보완하기 위해 무너지지 않도록 단단한 화강암을 써 석탑으로 만들었다. 정림사지는 고대 동아시아 평지가람 사찰의 특징을 잘 간직한 세계유산으로 유네스코에 등재되어 있다.

▶주소 충남 부여군 부여읍 정림로 83 ▶전화 041-830-6936
▶운영 09:00~18:00 ▶요금 1,500원

한 걸음 더! 부여 성흥산성

'사랑나무'라 불리는 느티나무를 배경으로 사진을 찍기 위해 늘 붐빈다. 수령이 400년 이상 된 나무 몸통에서 뻗어나간 가지가 절묘하게 절반의 하트 모양을 이루고 있어 사진 두 장을 찍어 돌려 맞붙이면 완벽한 하트가 된다. 나뭇잎이 떨어지고 앙상한 가지만 남은 겨울철에 더욱 선명해져 겨울철 일몰 시간에 찾는다면 금강 위로 펼쳐지는 붉은 노을 속 '인생샷'을 남길 수 있다. 단, 기다림은 피하기 힘들다.

▶주소 충남 부여군 임천면 군사리 외

🍴 코스 속 추천 맛집&카페

헤이러스틱

브런치와 베이커리가 있는 대형카페. 국립현대미술관 앞 잔디밭을 바라보며 브런치를 즐길 수 있다.

▶주소 충북 청주시 청원구 상당로 314 문화제조창C 1층 ▶전화 043-215-2007

장원막국수

메밀막국수와 잡내 없고 부드러운 편육의 조합이 인상적인 곳이다. 부소산성에서 가깝다.

▶주소 충남 부여군 부여읍 나루터로62번길 20 ▶전화 041-835-6561

새이학가든

금강 전망이 한눈에 펼쳐지는 식당. 금강 뷰를 보며 65년 전통의 공주 향토음식인 국밥을 맛볼 수 있다.

▶주소 충남 공주시 금강공원길 15-2 ▶전화 041-855-7080

루치아의 뜰

아담한 골목에 있는 한옥 카페로 다르질링, 아삼퍼스트 등 다양한 홍차와 계절 꽃차 등을 판매한다.

▶주소 충남 공주시 웅진로 145-8 ▶전화 041-855-2233

공주 공산성

루치아의뜰

수암골

부여 성흥산성

도시를 탈출해 자연 속으로, 중부 내륙 드라이브
제천~단양 청풍호반길

충주호는 내륙의 바다로 불리는 우리나라에서 가장 큰 규모의 호수다. 1914년 행정구역 개편으로 제천에 편입되기 전까지 이 일대가 청풍군이었던 탓에 '청풍호'라는 이름이 익숙하다. 충주호는 충주시, 제천시, 단양군에 걸쳐 있어 월악산, 청풍문화재단지, 옥순봉, 구담봉, 도담삼봉 등 유명 관광명소로 이어진다. 자동차 뿐만 아니라 유람선, 케이블카, 스카이워크 등 마음을 사로잡는 아름다운 자연은 물론 이색적인 볼거리와 역동적인 체험까지 다채로운 즐거움이 있다.

코스 순서	청풍호반 케이블카(물태리역) ➡ 옥순봉(옥순대교) ➡ 단양강잔도 ➡ 만천하스카이워크 ➡ 도담삼봉&석문 ➡ 구인사
소요 시간	1시간
총 거리	약 45km
이것만은 꼭!	• 유람선, 카약은 물론 패러글라이딩, 알파인코스터, 모노레일 등 다양한 액티비티가 있는 코스다. 취향에 맞게 골라서 즐겨보자. 꼭 한 가지만 할 수 있다면 패러글라이딩을 추천한다. 예약 전 보험 가입 업체인지 확인은 필수다.
코스 팁	• 일교차가 큰 계절이면 잔잔한 수면 위로 낮게 드리워진 물안개를 볼 수 있다. 신비로운 풍경에 정신이 팔리지 않도록 주의하자.
	• 청풍호반 드라이브 코스는 산자락을 파고든 물길 따라 꼬불꼬불 도로가 이어진다. 안전 운전에 유의하자.
	• 단양 단성면 가산리에서 대잠리에 이르는 10㎞ 구간의 선암계곡은 단양팔경을 찾아보며 드라이브를 즐기는 코스로 인기가 높다.

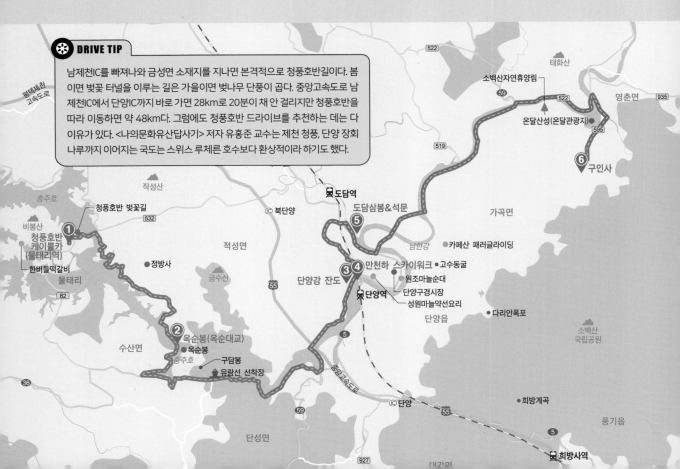

❄ DRIVE TIP

남제천IC를 빠져나와 금성면 소재지를 지나면 본격적으로 청풍호반길이다. 봄이면 벚꽃 터널을 이루는 길은 가을이면 벚나무 단풍이 곱다. 중앙고속도로 남제천IC에서 단양IC까지 바로 가면 28km로 20분이 채 안 걸리지만 청풍호반을 따라 이동하면 약 48km다. 그럼에도 청풍호반 드라이브를 추천하는 데는 다 이유가 있다. <나의문화유산답사기> 저자 유홍준 교수는 제천 청풍, 단양 장회나루까지 이어지는 국도는 스위스 루체른 호수보다 환상적이라 하기도 했다.

청풍호반케이블카(물태리역) 1

한 걸음 더! 정방사

정방사는 제천시 수산면 능강리에 있는 천년 고찰로 신라시대 의상대사가 창건한 사찰이다. 의상대사가 도를 얻은 후 절을 짓기 위해 지팡이를 던지자 이곳에 날아가 꽂혀서 절을 세웠다는 전설이 내려오고 있다. 이끼 가득한 바위를 일주문 삼아 산자락에 들어앉은 절집으로 깎아지른 암벽 아래 법당과 석조관음보살입상 등이 서 있다. 절벽 아래에 마치 제비집처럼 매달린 모양도 놀랍지만 절 앞마당에서 바라보는 월악산과 청풍호의 풍광이 더 압권이다. 한국관광공사가 선정한 '비가 오면 더 볼 만한 풍경·소리'라는 테마 관광지에 선정되기도 했다.
▶**주소** 충북 제천시 수산면 옥순봉로12길 165
▶**전화** 043-647-7399

비봉산(해발 531m)은 봉황새가 알을 품고 있다가 먹이를 구하려고 비상하는 모습과 닮았다고 해서 붙여진 이름이다. 청풍호반 케이블카는 청풍면 물태리에서 비봉산 정상까지 2.3km 구간을 운행한다. 이 물태리역에서 2.3km 떨어진 비봉산 정상(해발 531m)의 비봉산역까지 9분 정도 운행하며 국내에서 유일하게 산과 호수를 동시에 조망하는 코스가 일품이다. 비봉산 정상에 서면 사방이 짙푸른 청풍호로 둘러싸여 있어 마치 남해의 다도해를 바라보는 기분이다. 왜 이곳을 '육지 속의 바다'라 부르는지 실감할 수 있다.

▶**주소** 충북 제천시 청풍면 문화재길 166 ▶**전화** 043-643-7301 ▶**홈페이지** www.cheongpungcablecar.com
▶**운영** [케이블카] 09:30~17:00(운행 마감 17:30), 동절기 09:30~16:00(운행 마감 16:30),
[모노레일] 09:30~16:00(운행 마감 17:30), 동절기 09:30~15:00(운행 마감 16:30)
▶**요금** [케이블카] 1만 8,000원~, [모노레일] 1만 2,000원

알고 가요! 비봉산은 모노레일로도 산 정상에 오를 수 있다. 출발점은 물태리역이 아니라 도곡리역이다. 이곳에서 모노레일을 타고 울창한 참나무 숲을 통과하며 45도 경사를 오르고 내린다. 왕복 50분을 오가는 데 일행들과 두런두런 이야기 나누기 충분한 시간이다. 모노레일은 인터넷으로 예약이 가능하다.

옥순봉(옥순대교) 2

옥순봉은 희고 푸른 바위들이 힘차게 솟아 마치 대나무 싹과 같아 '옥순'이라 이름 붙여졌다. 절벽을 따라서 기암괴석이 이어지고 키 작은 소나무들과 암릉이 조화롭다. 제천이지만 단양팔경에도 속해 있으며 옥순봉 전망대(286m)에서는 호수 너머 금수산과 동쪽으로는 구담봉을 볼 수 있다.

▶**주소** 충북 제천시 수산면 옥순봉로 399 ▶**전화** 043-645-3361

알고 가요! 시원스러운 전망을 보기엔 정상에 오르는 것이 좋겠지만 낮은 높이에도 불구하고 비교적 난이도가 있는 편이다. 장회나루(단양군 단성면)에서 유람선을 타고 물 위에서 구담봉과 옥순봉을 포함해 제비봉, 금수산, 강선대 등 경관을 즐겨보길 추천한다.

제천시

단양강잔도 3

한 걸음 더! **단양구경시장**

단양구경시장은 말 그대로 구경하기 좋은 시장이다. 특별한 음식으로 허기를 달랠 수 있는 곳이기도 하다. 구경시장에서 마늘시장 골목은 놓치지 말아야 할 포인트. 입구에 들어서면 알싸한 마늘향이 훅하고 코끝을 자극하고 마늘가게에서 걸어 놓은 마늘들로 터널을 이룬다. 마늘통닭은 물론 마늘빵과 마늘순대, 마늘만두까지 모두 즉석에서 맛볼 수 있다.

▶ **주소** 충북 단양군
단양읍 도전5길 31
도전리시장

단양을 관통해 흐르는 남한강을 달리 부르는 이름이 단양강이고, 험한 벼랑에 낸 좁은 길을 잔도라 부른다. 남한강변 암벽에 조성된 총 길이 1.2km로 일부 구간의 바닥은 철망이 깔려 있어 발아래로 강물이 보인다. 잔도길은 상진철교 아래에서 시작해 만천하스카이워크 입구까지 이어지고 한 시간이면 왕복이 가능하다. 낭만적인 산책을 즐길 수 있는 데크길로, 일몰 후부터 밤 11시까지 야간조명이 점등돼 밤에도 좋다.

▶ **주소** 충북 단양군 단양읍 상진리

4 만천하스카이워크

남한강 절벽 위에 세워진 전망 시설로 단양의 최고 '핫 플레이스'다. 전망대와 함께 짚와이어, 알파인코스터, 만천하슬라이드, 모노레일 등의 즐길거리도 있다. 원형의 구조물을 따라 전망대에 오르면 소백산, 월악산 등의 명산들이 시원하게 펼쳐진다. 스카이워크 바닥의 일부는 고강도 3중 투명 강화유리로 되어 있어 수십미터 아래가 훤히 내려다보인다.

▶ **주소** 충북 단양군 적성면 옷바위길 10(만천하스카이워크 매표소) ▶ **전화** 043-421-0014
▶ **홈페이지** www.mancheonha.com ▶ **운영** 09:00~18:00, 동절기 10:00~17:00, 1시간 전 매표 마감, 월요일 휴무 ▶ **요금** 4,000원, 짚와이어 3만 원, 알파인코스터 1만8,000원, 모노레일 3,000원, 만천하슬라이드 1만3,000원

알고 가요!
● 만천하스카이워크는 관련 시설 모두가 유료다. 차는 주차장에 두고 셔틀버스를 타고 올라가야 한다. 셔틀버스 요금은 입장료에 포함돼 있다.
● 대기인원에 따라 조기 마감될 수 있다. 인터넷 및 전화 예약은 불가하다.

도담삼봉&석문 5

남한강이 크게 S자로 휘돌아가면서 강 가운데에 봉우리 세
개가 섬처럼 떠 있어 '삼봉(三峰)', 섬이 있는 호수 같다고 하여 '도담(島潭)'이라는
이름이 붙여졌다고 한다. 석회암 카르스트 지형이 만들어낸 원추 모양의 봉우리
로 남한강이 휘돌아 이룬 깊은 못에 크고 높은 장군봉을 중심으로 세 개의 봉우리
가 우뚝 솟아 있다. 가운데에 '삼도정'이라 불리는 육각 정자가 들어서 있는 가장 큰
봉우리가 장군봉(남편봉)으로, 왼쪽이 딸봉, 오른쪽은 아들봉이다.
도담삼봉을 뒤로하고 전망대 왼쪽으로 나 있는 철계단을 따라 산길을 200m 정도
가다 보면 단양팔경의 하나인 석문이 나온다. 석회암 카르스트 지형에 만들어진
자연유산으로 석회동굴이 붕괴되고 남은 동굴 천장의 일부가 마치 구름다리처럼
형성된 것으로 추정된다. 석문 자체도 특이하지만, 석문을 통해 바라보는 남한강
과 건너편 농가의 전경은 마치 사진 프레임을 보는 듯하다.
▸**주소** 충북 단양군 매포읍 삼봉로 644-13

6 구인사

단양강을 따라 구인사로 이어
지는 길은 고즈넉한 풍경을 느
끼기에 더없이 좋다. 법당을 비
롯한 30여 개 동의 거대한 건
물이 계곡 사이의 자연 지형에
그대로 순응하며 웅장하게 들
어서 있다. 도량의 맨 꼭대기
대조사전에서 내려다보는 구
인사는 마치 요새처럼 보인다.
▸**주소** 충북 단양군 영춘면 구인사길 73
▸**전화** 043-423-7100

한 걸음 더! 온달산성(온달 관광지)

고구려와 신라의 전투가 치열하게 치러졌던 격
전지이기도 하지만 온달장군과 평강공주와의 애
틋한 사랑이 전해지는 곳이기도 하다. 온달산성
에 오르면 단양군 영춘면 소재지를 휘돌아 흐르
는 단양강과 넓은 들판을 두고 아기자기하게 모
여 있는 마을의 전경이 한눈에 들어온다.
▸**주소** 충북 단양군 영춘면 온달로 23 ▸**전화** 043-423-8820
▸**운영** 09:00~18:00, 12~2월 09:00~17:00, 마감 1시간 전 입장 마감 ▸**요금** 온달관광지 5,000원

코스 속 추천 맛집&카페

카페산 패러글라이딩
이름 그대로 산 정상에 자리 잡은 카페다. 커피
와 베이커리를 맛보며 남한강과 덕천리 마을의
전경을 시원하게 내려다볼 수 있다. 액티비티
를 즐기는 사람이라면 패러글라이딩을 즐겨 보
아도 좋다.
▸**주소** 충북 단양군 가곡면 두산길 196-86
▸**전화** 010-8288-0868

대산 원조마을순대
허영만의 '식객', TV프로그램 '백반기행'에 소개
된 순대 맛집이다. 단양구경시장 안에 있다.
▸**주소** 충북 단양군 단양읍 도전5길 25
▸**전화** 043-421-5400

성원마늘약선요리
마늘을 활용한 한 상 차림을 맛볼 수 있는 식당
이다. 마늘수육과 한우떡갈비 등이 함께 나온
다.
▸**주소** 충북 단양군 단양읍 삼봉로 59
▸**전화** 043-421-8300

한버들떡갈비
마늘 떡갈비를 맛볼 수 있는 식당이다. 정식을
주문하면 15가지 반찬이 나온다.
▸**주소** 충북 제천시 청풍면 청풍명월로 919
▸**전화** 0507-1493-7861

여주~충주 남한강길

태백 검룡소에서 발원한 물은 협곡처럼 흐르다 영월, 단양, 충주, 여주를 거쳐 남한강이 된다. 강은 단양을 거쳐 충주에 이르러서야 비로소 넓은 들판과 맞닥뜨리며 목가적인 풍경이 되고 강에서 가까워졌다 멀어졌다를 반복하며 유유히 흐르는 강물을 쫓다 보면 어느새 마음도 여유로워진다. 은은한 호수에 낭만과 온기가 더해지는 여행이다.

코스 순서	세종대왕릉(영릉) ➡ 신륵사 ➡ 강천섬 ➡ 비내섬 ➡ 중앙탑사적공원 ➡ 탄금호 무지개길 ➡ 활옥동굴
소요 시간	1시간 50분
총 거리	약 79km
이것만은 꼭!	• 영릉에서 신륵사까지 황포돛배를 타고 여강 위에서 신륵사의 고즈넉한 풍경을 감상해볼 수 있다. 운행시간을 미리 확인하자. • 탄금호 무지개길은 낮보다 밤이 아름답다. 밤에 방문하는 것을 추천한다.
코스 팁	• 강천섬은 취사가 불가능하지만 낮시간의 그늘막 텐트 등은 사용이 가능하다. 야영은 금지다. • 1장의 관람권으로 세종대왕릉과 효종대왕릉 모두 관람이 가능하다. 두 능 간의 거리는 약 700m 정도, 도보 20분 정도 소요된다.

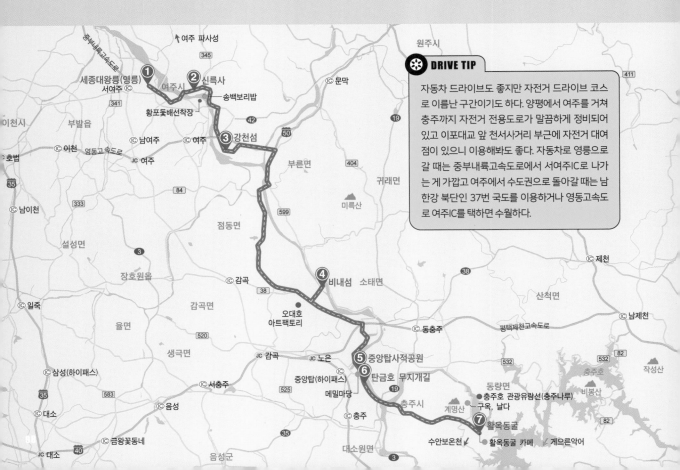

❄ DRIVE TIP

자동차 드라이브도 좋지만 자전거 드라이브 코스로 이름난 구간이기도 하다. 양평에서 여주를 거쳐 충주까지 자전거 전용도로가 말끔하게 정비되어 있고 이포대교 앞 천서사거리 부근에 자전거 대여점이 있으니 이용해봐도 좋다. 자동차로 영릉으로 갈 때는 중부내륙고속도로에서 서여주IC로 나가는 게 가깝고 여주에서 수도권으로 돌아갈 때는 남한강 북단인 37번 국도를 이용하거나 영동고속도로 여주IC를 택하면 수월하다.

세종대왕릉(영릉)

여주 영릉(英陵)은 조선 제4대 임금 세종과 소헌왕후가 잠들어 있는 최초의 합장 릉이다. 합장릉은 한 봉분에 왕과 왕후가 함께 합장된 형태이며 동쪽에는 소헌왕 후가 서쪽에 세종대왕이 묻혀 있다.

세종의 비인 소헌왕후가 승하(세종 28년)하자 당시 헌릉 서쪽에 쌍실의 능을 만 들고 오른쪽 석실은 세종을 위해 만들어 놓았다가 세종 승하 후 합장했다. 이후 영 릉 자리가 불길하다는 이유로 '능을 옮기자'는 주장이 이어지자 1469년(예종 1년) 에 지금의 자리로 이장했다. 세종의 무덤인 영릉(英陵) 동쪽에는 제17대 임금인 효종과 인선왕후의 영릉(寧陵)이 있다. 영릉(寧陵)은 효종대왕이 1659년에 승하 하면서 구리시 동구릉 원릉 자리에 조성됐으나 병풍석에 틈이 생기면서 능 안에 빗물이 스며들 수 있다는 우려에 따라 1673년 지금의 위치로 옮겨졌다. 영릉(寧 陵)에 있는 수령 300년으로 추정되는 회양목은 매우 드물게 크고 모양이 아름다 워 2005년 천연기념물로 지정되기도 했다.

▶ **주소** 경기 여주시 능서면 왕대리 901-3 ▶ **전화** 031-880-4700 ▶ **홈페이지** sejong.cha.go.kr
▶ **운영** 2~5월·9~10월 09:00~18:00(입장 마감 17:00) ▶ **요금** 500원

알고 가요! 이 두 영릉을 영녕릉(英寧陵)이라 부른다. 영릉(英陵)에서 영릉 (寧陵)까지는 '왕의 숲길'이라는 약 700m의 산길을 걸어야 한다. 훗날 정조가 이곳에 와서 효종의 영릉을 참배한 후 이어서 세종의 영릉을 참배했는데, 그때 걸었던 길이었다는 기록에서 '왕의 숲길'이라는 이름이 붙었다.

한 걸음 더! **여주 파사성**

주차장에서 숲길을 따라 30분쯤 오르면 남문터 가 나온다. 성곽을 따라 걸으면 남한강과 여주 일 대가 한눈에 들어온다. 처음에는 충주 방향의 남 녘 물줄기만 보이다가 차츰 북쪽 양평 방향 물줄 기까지 눈에 들어온다. 정상부에선 산이 높지 않 지만 주변에 시야를 가리는 것이 없어 장쾌한 풍 광이 펼쳐진다. 산봉우리 아래 자리 잡은 소박한 들판도 마음을 평온하게 만든다.

파사성은 둘레가 약 1,800m, 마음먹고 걸으면 한 바퀴 도는 데 1시간이 채 안 걸린다. 원래는 성 벽을 따라 걸을 수 있지만 보수 중인 동문터 주변 일부 구간은 '샛길'을 이용해야 한다. 파사성이 있 는 천서리는 막국수로도 유명하다.

▶ **주소** 경기 여주시 대신면 천서리

신륵사 2

드물게 강가에 세워진 절이다. 덕분에 산을 오르거나 힘들게 걷는 수고 없이 사부작 사부작 걸어 닿을 수 있다. 신라 진평왕 때 원효대사가 창건했다는 설이 있고, 고려 우왕 2년(1376)에 고승 나옹선사가 입적하면서 유명한 절이 되었다. 신륵사라는 이름은 신령 신(神)에 굴레 륵(勒)자를 쓰는데 풀이하면 신비로운 굴레라는 뜻으로 고려 우왕 때, 마을에 용의 머리와 말의 몸을 가진 용마가 나타나 사람들에게 고통을 줬는데 이때 나옹화상이 용마에게 신비한 굴레를 씌워 제압시켰다는 전설이 내려온다. 여강이 내려다보이는 정자 강월헌은 나옹선사가 머물던 회암사 거처의 당호를 따 이름 붙였고 강월헌 옆 나옹선사가 입적한 자리에는 삼층석탑이 자리한다.

▶주소 경기 여주시 신륵사길 73 ▶전화 031-885-2505 ▶홈페이지 www.silleuksa.org

강천섬 3

약 50만 평, 축구장 80개 정도를 합쳐 놓은 크기의 강천섬은 강물이 불어날 때만 섬이 되다 4대강 사업을 통해 이제는 오롯이 섬으로 남았다. 1.5km 남짓 떨어진 주차장에서부터 부지런히 걸어 강천교를 지나면 길은 이내 흙길로 모습을 바꾼다. 북쪽 산책로에 조성된 은행나무 길과 남한강이 펼쳐지는 남쪽 산책로를 느긋하게 걸어 보길 추천한다. 산책로를 따라 섬 한 바퀴 돌아본다 해도 3km가 채 되지 않아 넉넉히 잡아도 1시간이면 족하다. 한때는 백패커들의 성지로 유명했으나 현재는 야영, 취사가 금지되어 있다.

▶주소 경기 여주시 강천면 강천리 627

비내섬 4

비내는 갈대가 베어(비어) 낼 정도로 많은 섬이라 붙여진 이름으로 그야말로 갈대섬이다. 사방을 둘러봐도 갈대숲과 강을 배경으로 선 버드나무가 전부다. 30만 평 규모의 넓이에 태고의 풍경을 고이 간직한 덕분에 드라마와 영화의 촬영지로 각광을 받고 있다. 현빈과 손예진이 연기하다 실제 연인으로 발전한 인기 드라마 '사랑의 불시착'도 여기서 찍었다. 비내섬 산책로 2코스는 평지 구간으로 여유롭게 걷기 좋은 길이다.

▶**주소** 충북 충주시 앙성면 조천리 412

한 걸음 더! 오대호 아트팩토리

정크아트를 테마로 한 복합문화공간으로 폐교된 능암초등학교를 리모델링한 곳이다. 생활폐품, 쓰레기, 자동차 엔진이나 휠, 타이어 등을 이용해 만들어진 로봇을 직접 작동시키고 타볼 수도 있다. '작품을 만지지 마시오', '관람선을 넘어가지 마시오' 같은 경고문구들 대신 마음껏 만져보고 움직여보라고 안내한다. 버튼을 누르면 '로보트 태권브이'가 가수 '싸이'의 말춤을 추고 손잡이를 돌리면 피노키오의 코가 늘어난다. 운동장에는 기상천외한 '탈것'들이 한가득이다.

▶**주소** 충북 충주시 앙성면 가곡로 1434 ▶**전화** 043-844-0741 ▶**홈페이지** 5factory.kr ▶**운영** 10:00~18:00(17:30 매표 마감) ▶**요금** 7,000원

중앙탑사적공원 5

중앙탑사적공원은 '중원문화의 꽃' 충주 탑평리 칠층석탑(국보 6호)을 중심으로 탄금호 하류 쪽에 조성된 복합 공원이다. 통일신라의 남쪽 끝과 북쪽 끝에서 한날한시에 각각 출발했던 두 사람이 딱 마주친 자리를 국토의 중앙이라고 생각해 이곳에 칠층석탑을 세웠다고 전해진다. 일대는 야외 조각공원으로 꾸며져 푸른 잔디밭에는 '문화재와 호반 예술의 만남'이라는 테마로 20여 점의 조각작품이 있고 남한강변을 따라 중앙탑과 다양한 예술 작품 등이 펼쳐져 있다.

▶**주소** 충북 충주시 중앙탑면 탑정안길 6 ▶**전화** 043-842-0532

알고 가요! 칠층석탑 앞의 달(月) 모양 조형물은 인생샷 명소. 야간에 조명이 켜지면 영락없는 달이다.

6 탄금호 무지개길

탄금호 무지개길은 탄금호를 따라 조성된 데크길로 중앙탑 사적 공원 바로 앞이다. 2013년 충주세계조정선수권대회 때 TV 중계를 위해 만든 1.4㎞ 길이의 부유식 수변 구조물이 걷기 좋은 산책로가 됐다. 인기 드라마 '사랑의 불시착'과 '빈센조'의 촬영지로 등장하면서 이곳을 찾는 이들이 늘었다. 야간에는 이름처럼 무지갯빛 조명이 켜진다.

▶**주소** 충북 충주시 중앙탑면 탑정안길 6

활옥동굴 6

1919년 일제강점기에 개발된 국내 유일의 활석광산을 재활용한 공간이다. 동굴에 들어서면 일반적인 석회동굴이나 석탄을 채취하던 광산과는 달리 동굴을 이루고 있는 밝은 우윳빛의 백운석 덕분에 밝고 은은한 느낌이다. 동굴 길이만 57km에 이른다지만 현재 개방된 동굴 길이는 1.8km 정도다. 동굴 안에는 와인저장고, 건강테라피 시설 등을 비롯해 다양한 조명작품과 야광벽화, 인터랙티브 아트 등 구석구석 볼거리가 풍성하다. 특히 동굴 호수에서 즐기는 카약 체험은 놓치지 말아야 할 포인트. 바닥이 투명한 카약을 타고 동굴 내부에 형성된 커다란 호수를 돌아볼 수 있다. 카약 아래로 투명한 물속을 유유히 헤엄치는 송어 떼를 보는 재미도 쏠쏠하다.

 알고 가요! 동굴 내부는 평균기온 13도가 유지된다. 겨울에는 외투를 벗어야 할 정도로 따뜻하지만 반팔 차림의 여름철엔 한기가 느껴질 만큼 차다.

▶**주소** 충북 충주시 목벌안길 26 ▶**전화** 043-848-0503 ▶**요금** 1만 원, [보트탑승료] 5,000원

한 걸음 더! 충주호 관광유람선

장회나루에서 유람선을 타면 퇴계 이황 선생이 대나무 죽순처럼 솟았다 하여 이름을 붙인 옥순봉과 바위의 봉우리가 거북이 모습과 닮았다 해서 붙여진 구담봉 등을 손에 잡을 듯 가까이서 감상할 수 있다. 관광선을 이용하는 내내 호수와 강, 바위와 나무, 하늘, 구름 등 주변의 자연을 온몸으로 느낄 수 있다. 달리는 배를 타고 가까이서 바라보는 기암절벽은 한 편의 수묵화 같다.

▸**주소** 충북 충주시 동량면 지등로 882 ▸**전화** 0507-1429-7404
▸**운영** 10:00~17:00 ▸**요금** 1만 7,000원

수안보 온천

다른 온천 지역과는 달리 '원탕'이 없는 수안보 온천은 시에서 온천수를 관리하며 일정한 수질의 온천수를 20여 개 업소에 공급한다. 일대의 숙박시설에는 대부분 온천욕이 가능하고 키즈 풀빌라, 노천탕 등 다양한 형태의 가족탕 등이 있는 프라이빗한 공간이 마련되어 있다. 조선시대 태조 이성계가 피부병을 치료하기 위해 찾았다는 기록이 있으며, 숙종이 휴양을 위해 방문하기도 했다. 지하 250m에서 나오는 자연 용출수는 칼슘, 나트륨, 마그네슘 등 인체에 이로운 각종 광물질을 함유하고 있어 피부에도 좋다.

▸**주소** 충북 충주시 수안보면 물탕2길 17 ▸**전화** 043-846-3605 ▸**홈페이지** www.suanbo.or.kr

 # 코스 속 추천 맛집&카페

활옥동굴 카페
폐광산, 폐공장을 변신시켜 만든 카페로 활옥동굴 옆에 있다.
▸**주소** 충북 충주시 목벌안길 26 ▸**전화** 043-855-0504

송백보리밥
주류를 포함한 음료를 제외하고 보리밥, 만두, 제육볶음이 전부다. TV 프로그램 '수요미식회'에 소개되었다.
▸**주소** 경기 여주시 강천면 강문로 267 ▸**전화** 031-883-1257

메밀마당
중앙탑사적공원 주차장 초입에 자리한 메밀요리 식당이다. 메밀로 만든 막국수와 메밀치킨(프라이드치킨)을 함께 맛볼 수 있다.
▸**주소** 충북 충주시 중앙탑면 중앙탑길 103
▸**전화** 043-855-0283

구옥, 날다
충주댐 근처에 위치해 사계절 내내 카페 앞마당에서 충주호가 내려다보인다. 브런치 메뉴 위주로 판매한다.
▸**주소** 충북 충주시 충주호수로 1016-10
▸**전화** 043-848-5270

게으른악어
도로변 휴게소가 있을 법한 자리를 차지하고 있어 잠깐 차를 세우고 충주호만 바라봐도 좋을 것 같은 위치에 있다. 브런치와 음료를 맛볼 수 있지만 충주호를 바라보며 직접 끓여 먹는 캠핑라면도 맛볼 수 있는 카페다.
▸**주소** 충북 충주시 살미면 월악로 927
▸**전화** 043-724-9009

강원도

철원군

화천군

춘천시

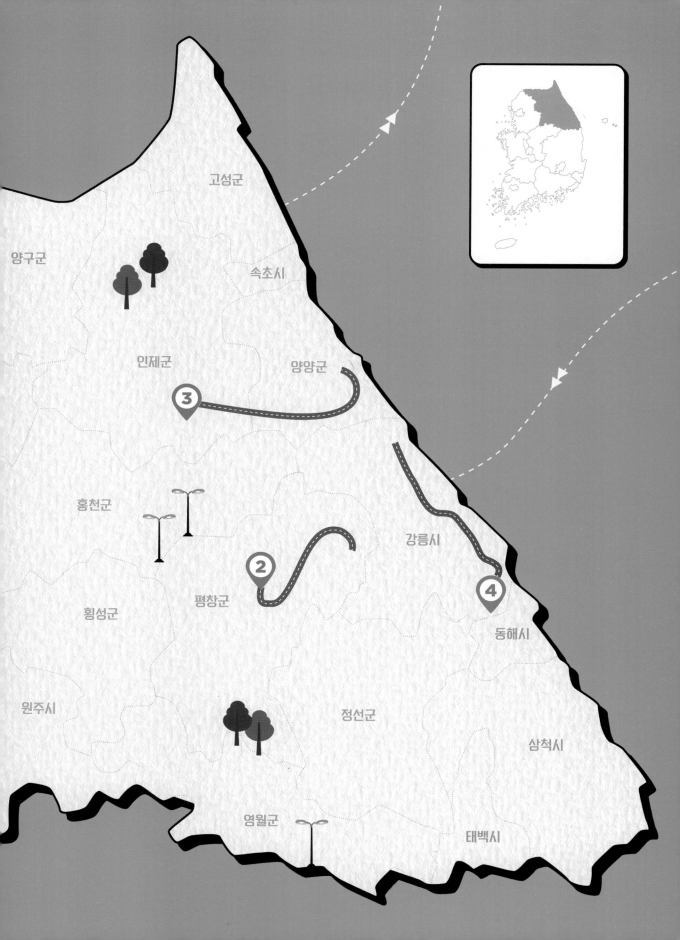

고성군

양구군

속초시

인제군

양양군

③

홍천군

강릉시

②

횡성군

평창군

④

동해시

원주시

정선군

삼척시

영월군

태백시

춘천 호반길

춘천에는 소양호, 춘천호, 의암호에서 피어나는 물안개가 자욱하다. 수도권에서 비교적 가까운 거리에 위치하고 호수와 낭만, 안개라는 몽환적인 분위기 덕분인지 연인들의 데이트 코스로 일찍부터 인기가 높은 곳이다. 그래서일까. 춘천은 청춘의 추억이 묻어 있는 이들에게는 늘 가고 싶은 곳이기도 하다.

코스 순서

강촌레일파크 ➡ 등선폭포 ➡ 애니메이션박물관 ➡ 춘천댐 ➡ 춘천인형극장 ➡ 의암호 인어상

소요 시간

1시간 15분

총 거리

약 48km

이것만은 꼭!

• 아이가 있는 가족이라면 애니메이션박물관에서 머물 시간을 꼼꼼히 체크하자. '구름빵'을 좋아하는 아이라면 시간 가는 줄 모르고 반나절이 훌쩍 지날지도 모른다.

• 춘천에서 즐기는 닭갈비 손맛은 어떨까. 익히 아는 맛이여도 건너뛰지 말고 춘천에서만 먹을 수 있는 불맛을 제대로 느껴 보자.

코스 팁

• 춘천시에서는 체험과 볼거리가 풍부한 박물관 3개(애니메이션박물관, 강원도립화목원, 막국수체험박물관)를 묶어 한 번에 둘러볼 수 있는 자유이용권을 판매하고 있으니 시간이 허락한다면 두루 둘러보기를 추천한다.

• 자전거를 미리 준비해 와서 라이딩을 즐기는 사람도 꽤 보인다. 체력이 허락한다면 도전!

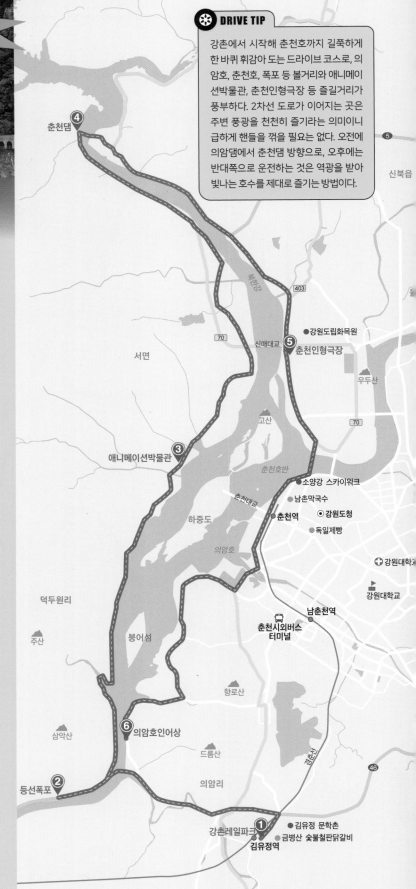

DRIVE TIP

강촌에서 시작해 춘천호까지 길쭉하게 한 바퀴 휘감아 도는 드라이브 코스로, 의암호, 춘천호, 폭포 등 볼거리와 애니메이션박물관, 춘천인형극장 등 즐길거리가 풍부하다. 2차선 도로가 이어지는 곳은 주변 풍광을 천천히 즐기라는 의미이니 급하게 핸들을 꺾을 필요는 없다. 오전에 의암댐에서 춘천댐 방향으로, 오후에는 반대쪽으로 운전하는 것은 역광을 받아 빛나는 호수를 제대로 즐기는 방법이다.

강촌레일파크 ①

김유정역에서 강촌역까지 운행되는데, 2인승과 4인승이 있으니 가족이나 연인끼리 오붓하게 이용할 수 있다. 2인승은 인기가 많아 미리 예약을 하는 것이 좋다. 철로 위에서 시원한 강변 바람을 느끼고, 콘셉트가 다른 터널을 통과할 때는 살짝 사진도 찍어보자. 강촌마을과 김유정역은 셔틀버스가 운행하니 양쪽에 모두 주차가 가능하다. 낮 12~1시 30분까지는 점심 시간으로, 레일바이크를 운행하지 않으니 참고하자.

▶**주소** 강원 춘천시 신동면 김유정로 1383
▶**전화** 033-245-1000 ▶**홈페이지** www.railpark.co.kr
▶**운영** [동절기(11~2월)] 8회 운행, [하절기(3~10월)] 9회 운행, [성수기(5월, 10월)] 10회 운행, 연중무휴
▶**요금** 2인승 3만5,000원, 4인승 4만8,000원

한 걸음 더! 김유정 문학촌

김유정 작가의 고향인 실레마을에 조성된 문학마을이다. 작가의 생가와 기념전시관으로 구성되어 있는데, 작가로서의 삶과 작품세계를 엿볼 수 있다. 문학촌 내에는 외양간, 디딜방아, 연못, 정자 등이 복원되어 있는데, 마을을 걸으면서 곳곳에 숨겨진 김유정 작품(<봄봄>, <동백꽃> 등)의 배경이 된 장소를 찾아내는 재미도 쏠쏠하다.
생가와 기념전시관은 유료로 이용해야 하고, 문학촌 주변에 조성된 다양한 장소는 무료로 이용할 수 있다. 김유정 생가에서 김유정역까지는 약 300m 거리다.

▶**주소** 강원 춘천시 신동면 김유정로 1430-14 ▶**전화** 033-261-4650
▶**홈페이지** www.kimyoujeong.org ▶**운영** 09:30~18:00(동절기 ~17:00), 월요일 휴관
▶**요금** 성인 2,000원

등선폭포 ②

삼악산 입구의 협곡 사이로 흐르는 10m 높이의 폭포. 이곳의 규암(사암 또는 규질암이 변성 작용을 받아 형성된 암석)층은 단단하여 쉽게 풍화되지 않는데, 지각 변동을 받으면 잘게 부서지지 않고 절리를 따라 덩어리째 떨어지다 보니 가파르고 날이 선 협곡이나 폭포가 형성되었다. 북한강변을 따라 도로가 생겨나면서 알려졌는데, 절벽과 기암괴석, 크고 작은 폭포로 장관을 이룬다. 한여름 뙤약볕을 피해 시원함을 즐기기에 좋고, 계곡을 따라 산행을 즐기는 등산객도 꽤 보인다.

▶**주소** 강원 춘천시 서면 덕두원리 ▶**운영** 연중무휴 ▶**요금** 2,000원(유료 입장권 소지자인 경우 춘천사랑상품권 2,000원 제공)

알고 가요! 주차장에서 폭포 입구까지 거리가 조금 있기 때문에, 한여름에는 등선폭포 입구 주차장에 주차하는 것이 좋다. 강촌레일파크에서 등선폭포까지는 약 6분 거리로 가깝다. 먼저 들러서 구경해도 좋고, 마지막 코스인 의암호 인어상을 보고 나서 등선폭포를 들러 춘천을 빠져나가도 좋다.

애니메이션박물관 **3**

애니메이션에 관한 자료를 찾아 수집하고 보관, 전시, 연구하는 박물관의 역할을 수행하고, 애니메이션의 제작 과정과 발달사까지 두루 살펴볼 수 있는 토털 전시관이다.
1층은 전시관, 영사기, 동굴벽화로 꾸며졌고, 상상의 계단을 통해 2층으로 올라가면 각 나라의 애니메이션 경향과 우리나라 애니메이션의 역사를 한눈에 볼 수 있다. 야외 잔디공원에 전시된 조형물 중 마음에 드는 캐릭터의 손을 슬쩍 잡아보는 것은 어떨까. 입장료가 저렴한 편은 아니지만 박물관 내부는 알차게 꾸며져 있으니 아깝다는 생각이 들지는 않을 것이다. 드론 체험관은 아이들에게 특히 인기가 높은 편이다.

▶주소 강원 춘천시 서면 박사로 854 ▶전화 033-245-6470
▶홈페이지 www.animationmuseum.com/Ani/index ▶운영 10:00~18:00, 월요일 휴관(입장 마감 17:00) ▶요금 [입장료] 통합관람권 1인 5,000원

4 춘천댐

1961년에 착공하여 1965년에 완성된 댐으로, 신북면 용산리와 서면 오월리에 걸쳐 있다. 봄에는 신북면 용산리 방면 수자원공사로 들어가는 길에 벚꽃이 흐드러지게 펴서 많은 사람이 찾는다. 꽃구경뿐만 아니라 낚시터에서 잡아 올린 붕어, 쏘가리 등으로 끓여내는 매운탕 맛이 일품이어서 미식 여행으로도 제격이다. 긴 강이 굽이굽이 흘러 만든 계곡의 아름다움과 맑은 호수가 잘 어울려 드라이브 코스로도 더없이 좋다. 내비게이션에 '춘천댐삼거리'를 입력하고 출발하자. 춘천댐이 넓어서 잘못된 길로 접어들 수 있다.

▶주소 강원 춘천시 서면 오월리 ▶홈페이지 춘천문화관광(tour.chuncheon.go.kr) ▶운영 연중무휴

한 걸음 더! 강원도립화목원

식물원, 암석원, 토피어리원 등 30개 주제원으로 구성된 공립수목원이다. 반비식물원에는 선인장이나 다양한 다육식물을 볼 수 있고, 울퉁불퉁 돌멩이 길을 맨발로 걸으며 따라가다 보면 쌓인 피로를 풀 수 있다. 벚나무, 철쭉, 지피식물, 수생식물 등이 화원을 따라 조성되어 있어 언제 방문해도 좋은 기운을 뿜어낸다. 2002년에 화목원 내 산림박물관을 개장하였는데, 5개의 전시실(상시, 기획)과 4D 영상관을 운영 중이다. 도심 속에서 산림 휴양을 즐기고 자연학습을 체험할 수 있는 공간이다.

▶주소 강원 춘천시 신사우동 화목원길 24
▶전화 033-248-6684
▶홈페이지 www.gwpa.kr/index.asp
▶운영 하절기(3~10월) 10:00~18:00, 동절기(11~2월) 10:00~17:00(월요일, 설날, 추석, 매월 첫째 주 월요일 휴관) ▶요금 성인 1,000원, 청소년 700원, 어린이 500원

춘천인형극장 **5**

우리나라에서 인형극과 관련한 색다른 경험을 즐길 수 있는 곳이자, 인형극 축제의 메인 무대가 되는 곳이다. 인형극의 역사, 인형을 만드는 과정, 인형극 관람, 나라별 특색 있는 인형까지 국내외 200여 점의 인형을 볼 수 있다. 그중 우리나라의 '남사당패 꼭두각시놀음 인형'과 프랑스의 전통 손인형 '기뇰'이 유명하다. 인형극을 관람하려면 인터넷이나 전화로 사전 예약을 하는 것이 좋다.

▶주소 강원 춘천시 영서로 3017 ▶전화 033-242-8452
▶홈페이지 www.cocobau.com ▶운영 10:00~18:00(입장 마감 17:30, 월요일 휴관) ▶요금 공연마다 다름

알고 가요!

인형극장은 의암호 수변에 위치하므로 호반으로 이어지는 산책로를 걷거나 자전거를 타고 즐기기에 좋다. 인형극장에서 강원도립화목원까지는 약 500m 거리다.

한 걸음 더! 소양강 스카이워크

2016년에 개장한 스카이워크로, 전체 길이는 174km이고, 바닥이 투명한 유리 부분은 156m에 이른다. 교량 끝부분에는 투명한 원형 광장과 전망대가 설치되어 있고, 유리 바닥에 서서 소양호를 배경으로 기념사진을 찍는 일은 필수 코스다.
원형 광장 맞은편에는 '쏘가리상' 조각상이, 스카이워크 입구에서는 소양2교와 소양강 처녀상이 있다. 일몰 후에는 야경을 즐기려는 사람들로 늘 북적인다.
▶**주소** 강원 춘천시 영서로 2663 ▶**전화** 033-240-1695
▶**운영** 3~10월 10:00~21:00, 11~2월 10:00~18:00
(17:30까지 입장 가능, 연중무휴) ▶**요금** 2,000원

알고 가요! 입장권을 받으면 춘천사랑상품권(2,000원)을 주는데, 춘천 시내의 지정된 곳(전통시장, 소양강 스카이워크 건너편 상가, 춘천시 닭갈비, 막국수 식당, 구봉산 상가 등)에서 자유롭게 사용할 수 있다.

의암호 인어상 6

바위 위에 단아하게 앉은 인어상이 생경하다고 느끼는 사람도 있다. 1971년 콘크리트로 제작된 인어상은 2013년 청동으로 다시 교체되었는데, 호수에 인어가 살았는지는 크게 중요하지 않아 보인다. 안개 낀 의암호를 처연하고 애잔하게 바라보는 인어의 모습만으로도 이곳에 인어가 있어야 할 이유가 있지 않을까. 인어상은 도로 아래쪽에 위치해 있으므로 의암댐 근처에 차를 세워두고 조금 걸어야 한다. 인어상 아래로 데크 길이 있어 내려가기에는 편하다.
▶**주소** 강원 춘천시 신동면 의암리

알고 가요! 의암호 인어상까지 가는 도로는 2차선으로 차폭이 좁고 굽이져 있어 운전에 유의해야 한다. 도로 옆 절벽에서 가끔 낙석이 떨어지기도 했는데, 현재는 그물망으로 잘 막고 있긴 하다. 도로변에 4대 정도 주차할 정도의 공간만 있어 주차장이 좁은 편이다.

코스 속 추천 맛집&카페

남촌막국수
메밀로 만든 막국수 하나로 전국적인 인기를 끄는 향토음식점이다. 아삭한 열무김치와 시원한 동치미로 입맛을 돋우고, 콩고물과 깨소금 팍팍 내린 막국수에 묵은지와 오이를 곁들여 먹다가 육수를 부어 먹어도 좋다. 소박하지만 깊은 맛이 우러난다.
▶**주소** 강원 춘천시 당간지주길 71 ▶**전화** 033-253-6003

금병산 숯불철판닭갈비
닭고기에 야채를 큼직하게 썰어 넣고 고구마나 떡을 곁들여 내는 닭갈비는 춘천뿐만 아니라 전국에서 그 명성이 자자하다. 맛을 결정하는 요인은 결국 주인장의 손맛이 아닐까 싶다. 치즈가 뿌려진 볶음밥을 먹고 싶다면 철판닭갈비를 주문하자.
▶**주소** 강원 춘천시 신동면 금병의숙길 6 ▶**전화** 033-262-4220

독일제빵
1968년에 문을 연 제과점으로 춘천시민의 기억 속에 굳건히 자리한 추억의 장소이기도 하다. 인기 메뉴는 단연 호두가 듬뿍 들어간 수제 호두파이. 냉동실에 넣었다가 꺼내 차갑게 먹어도 맛나다. 고소한 땅콩맛이 일품인 쿠키 같은 마카롱도 맛보자.
▶**주소** 강원 춘천시 중앙로 39 ▶**전화** 033-254-3446

오대산 진고개길

오대산을 넘어가는 진고개길은 물소리와 바람
소리가 여유롭게 들리는 드라이브 코스다. 쪽 뻗은
고속도로를 달리다가 맑은 물과 시원한 바람을
만끽하고 싶을 때는 호젓한 진고개길로 접어들자.
오대산국립공원을 동서로 가르는 이 코스에는
월정사지구와 소금강지구가 있어 사색과 고즈넉한
풍광을 모두 즐길 수 있다. 만점 드라이브 코스로
추켜세워질 만하다. 자연의 소리로도 충분하니
휴대폰은 잠시 옆으로 밀쳐두고 오감을 느껴보자.

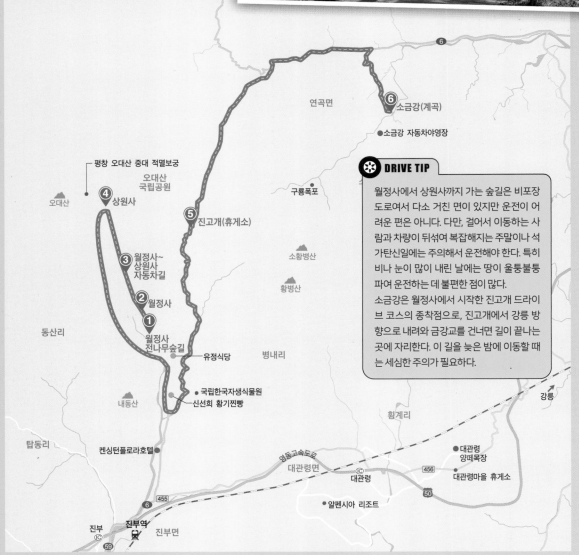

❄ DRIVE TIP

월정사에서 상원사까지 가는 숲길은 비포장
도로로서 다소 거친 면이 있지만 운전이 어
려운 편은 아니다. 다만, 걸어서 이동하는 사
람과 차량이 뒤섞여 복잡해지는 주말이나 석
가탄신일에는 주의해서 운전해야 한다. 특히
비나 눈이 많이 내린 날에는 땅이 울퉁불퉁
파여 운전하는 데 불편한 점이 많다.
소금강은 월정사에서 시작한 진고개 드라이
브 코스의 종착점으로, 진고개에서 강릉 방
향으로 내려와 금강교를 건너면 길이 끝나는
곳에 자리한다. 이 길을 늦은 밤에 이동할 때
는 세심한 주의가 필요하다.

코스 순서	월정사 전나무숲길 ➡ 월정사 ➡ 월정사~상원사 자동차길 ➡ 상원사 ➡ 진고개 ➡ 소금강
소요 시간	2시간
총 거리	약 50km
이것만은 꼭!	• 월정사 주차장에 주차하고 입구로 바로 들어가면 전나무숲길을 놓치게 된다. 순환형 코스로 조성된 전나무숲길을 먼저 둘러보기를 권한다. • 월정사와 상원사에서 오래 머물면 소금강까지 이동하는 데 빠듯하므로, 가능한 한 모든 곳을 둘러보려면 시간 분배를 계획적으로 해야 하고, 일정에 여유가 있다면 코스 내 숙소에서 하룻밤 머물다가 이동하면 된다.
코스 팁	• 한계령 드라이브 길과 진부령 드라이브 길에는 약간 다름이 있다. 한계령을 지나가는 길을 뚱뚱한 뱀이 구불거리는 모습으로 비유하자면, 진부령을 지나가는 길은 마른 뱀이 구불거리는 모습으로 비유할 수 있다. 나선형으로 크게 구불거리느냐, 짧고 자주 구불거리느냐의 차이라고나 할까. 직접 경험해 볼 것을 권한다. • 오대산 진고개길은 코스가 긴 길이다. 이 길을 오롯이 즐기기에도 시간이 빠듯하니, 주변 지역을 둘러볼 만큼 시간이 충분하지 않을지도 모른다.

1 월정사 전나무숲길

일주문부터 금강교까지 이르는 약 1km 남짓 짧은 구간으로, 남양주 광릉수목원, 부안 내소사와 함께 우리나라 3대 전나무숲 중의 하나로 꼽힌다. 100년이 넘는 긴 세월 동안 꼿꼿하게 버텨온 전나무 1,700여 그루는 일상에 지친 이들을 향해 치유의 손길을 내민다. 사계절 어느 때 들러도 상관없으니 한 번은 꼭 걸어보기를 권한다.
▸**주소** 강원 평창군 진부면 오대산로 350-1
▸**운영** 연중무휴 ▸**요금** 성인 5,000원, 청소년 1,500원, 어린이 500원

알고 가요! 전나무숲길은 순환형 코스로 조성되었는데, 소나무숲길은 무장애 탐방로로 휠체어로 이동할 수 있는 데크 길로 되어 있고 전나무숲길은 부드러운 흙길로 되어 있다. 전나무숲길에는 비바람을 맞아 쓰러진 소나무 고사목이 있는데, 수령은 600년이나 된다.

2 월정사

삼국시대 신라의 승려 자장대사가 세운 절로, 대한불교 조계종 제4교구의 본사이자 문수보살이 머무는 성스러운 땅으로 알려져 있다. 월정사 앞마당에 자리한 팔각구층석탑은 석가의 사리를 봉안하기 위해 만든 탑으로 복원 과정에서 탑 내부에서 많은 보물이 발견되기도 했다. 석탑 앞 석조보살좌상은 모조품인데, 진품은 월정사 성보박물관에 보관되어 있다. 월정사 내의 성보박물관은 강원도 남부 60여 개 전통 사찰의 보물을 전시하고 있는 살아 있는 역사 체험장이다.
▸**주소** 강원 평창군 진부면 오대산로 374-8
▸**전화** 033-339-6800 ▸**홈페이지** woljeongsa.org/intro.php
▸**운영** 연중무휴 ▸**요금** 성인 5,000원, 청소년 1,500원, 어린이 500원

월정사~상원사 자동차길 3

월정사에서 상원사로 가는 방법은 크게 두 가지다. 자동차로 숲길을 지나는 방법이 하나이고, 오대천변 숲 사이로 이어진 옛길(천년의 길)을 천천히 걷는 방법이 다른 하나다. 월정사~상원사를 잇는 오대천은 장마철에도 맑은 물이 흘러서 늘 청량하고, 새들의 날갯짓은 고요한 숲길의 여백을 채워준다. 도로가 생기기 전부터 사람들의 왕래가 잦았던 길이었으니, 이 길을 따라 걷다 보면 옛사람들의 정취를 느낄 수 있을 것이다.

> **알고 가요!** 흙길이라 울퉁불퉁하기도 하지만 자연의 소리와 공기를 듬뿍 마시기 위해서라도 창문을 내리고 운전하는 것이 좋다. 나무 사이를 가르며 이동하는 맛은 도심에서의 드라이브와는 또 다른 재미를 선사할 것이다.

상원사 4

적멸보궁은 법당 내에 부처의 불상을 모시는 대신 진신사리를 봉안하는 법당을 일컫는데, 상원사는 통도사, 봉정암, 정암사, 법흥사와 함께 우리나라 5대 적멸보궁에 속한다. 현존하는 가장 오래된 동종(국보 제36호)이 있는 곳이자 세조와 인연이 깊은 절이기도 하다. 세조는 세상에서 가장 아름다운 소리를 내는 종을 찾다가 안동에 있는 동종을 이곳으로 옮겨왔고, 오대산을 찾아 상원사로 오르던 중 오대천 계곡에서 몸을 씻은 후 피부병이 나았다는 전설이 전해지기도 한다. 고양이의 도움을 받아 자객의 위험까지 피했으니, 세조와 상원사 사이는 보통 인연이 아닌 듯하다.

▶**주소** 강원 평창군 진부면 오대산로 1211-14 ▶**전화** 033-332-6666
▶**운영** 연중무휴 ▶**요금** [주차비] 무료

> **알고 가요!** 상원사에서 더 머물고 싶은 사람은 사대암과 적멸보궁까지 둘러보자. 왕복하는 데 1시간 정도 소요되니, 뒤에 일정이 있는 사람은 시간 체크를 하는 게 좋다. 팍팍한 오르막 계단이 줄지어 이어져 있어서 정상에 도달하기까지는 힘이 꽤 드는 편이다. 하지만 적멸보궁까지 오르는 길은 자신의 내면의 소리를 들을 수 있는 귀한 시간이 될 것이다.

자연의 정취를 벗삼아 걷는 오대산 선재길

ZOOM IN

자동차 드라이브의 매력이 쭉 뻗은 도로 위를 시원하게 내달리는 것이라면, 트레킹의 매력은
자연을 벗삼아 천천히 여유롭게 걸을 수 있다는 것이 아닐까. 1960년대 월정사와 상원사를 잇는
지방도로가 뚫리기 전까지 두 곳을 오가기 위해서는 오솔길을 타박타박 걸어야 했다. 현재 그
길은 '옛길(오대산 선재길)'이라는 이름으로 복원되었는데, 일제강점기 시절 일본인이 운영하던
목재회사 터인 '회사거리'에서부터 시작된다. 섶다리를 지나 상원사에 이르는 약 9km 길은
오르막길이 거의 없어 쉽게 걸을 수 있지만, 긴 길을 걸어야 하니 출발 전에 체력을 비축하도록 하자.

· 총 길이   8.5km(왕복 17km)
· 소요 시간   약 2시간 30분

3.4km → 상원사
4.3km
오대산장
300m
섶다리
부도밭
500m
월정사
일주문

강원도

진고개 5

오대산 정상은 비로봉으로 높이 약 1,565m인데, 진고개의 높이가 960m이므로 이곳에서 출발하면 정상까지 좀 더 쉽게 오를 수 있다. 오대산 지구(다섯 봉우리와 주변 사찰로 형성)와 소금강 지구(노인봉을 지나 무릉계곡까지 이어지는 코스)의 출발점으로 많이 활용된다. 월정사에서 진고개까지 오르는 길은 크게 굴곡진 곳 없이 이어지지만, 진고개를 넘어 소금강 입구로 들어가는 길은 구불구불 휘어져 있다. 내비게이션에는 '진고개 휴게소'로 입력하면 된다. 진고개를 내려오거나 올라갈 때 귀가 먹먹해지거나 약한 두통이 올 수도 있으니 이때는 하품을 하거나 침을 꼴깍 삼키는 등 자신만의 방법으로 잘 해결하자.

▶**주소** 강원 평창군 대관령면 병내리

6 소금강

오대산 동쪽 기슭에 자리한 소금강지구는 율곡 이이가 '금강산을 닮은 작은 금강'이라 하여 '소금강'이라 이름 지었다고 한다. 구룡폭포, 연주암, 귀면암 등 기암괴석과 계곡을 둘러싼 풍광이 뛰어나다. 시간 여유가 있다면 소금강분소에서 시작해 구룡폭포(9개의 폭포에 9개의 용이 살았다는 전설이 전해짐)까지 다녀오는 소금강 트레킹을 해보는 것도 좋다. 왕복 3시간 정도의 중급 난이도 코스다.

▶**주소** 강원 강릉시 연곡면 소금강길 464 ▶**전화** 033-661-4161 ▶**운영** 연중무휴

소금강 자동차야영장

소금강 계곡 입구에 위치한 야영장으로, 일반 야영장과 자동차 야영장으로 나눠서 운영한다. 대형 카라반이나 일반 사이트에 텐트를 쳐도 이용 가능하지만, 성수기에는 예약하기가 만만치 않은 곳이다. 하지만 바로 앞에 시원한 계곡물이 흐르고 소금강 산세를 바로 코앞에서 즐길 수 있는 장점이 있으니 여건이 허락한다면 가볍게 캠핑을 즐겨 보자.

▶**주소** 강원 강릉시 연곡면 소금강길 449 ▶**전화** 033-661-4161
▶**홈페이지** 국립공원 예약시스템(reservation.knps.or.kr)
▶**운영** 당일 14:00~익일 13:00 ▶**요금** [이용료] 1만9,000원(자동차 야영장), 4,000원(전기 이용료)

대관령 양떼목장

양떼목장의 능선을 따라 1.2km 산책길이 멋스러운 곳이다. 양 먹이 주기 체험은 입장할 때 받은 매표 티켓과 건초 바구니를 교환하면 할 수 있다. 초원을 따라 넓게 펼쳐진 오름길을 한 바퀴 돌고 내려오는 데는 한 시간이면 충분하다. 출발할 때와 다르게 가슴이 뻥 뚫려 있음을 느낄 것이다. 여름 한낮에는 그늘진 곳을 찾기 어려우니 시간을 잘 맞춰가자.

▶**주소** 강원 평창군 대관령면 대관령마루길 483-32 ▶**전화** 033-335-1966
▶**홈페이지** www.yangtte.co.kr ▶**운영** 09:00~17:00(계절에 따라 달라지므로 미리 확인 요망) ▶**요금** 성인 6,000원, 어린이 4,000원

알고 가요!

대관령에는 대관령 삼양목장, 대관령 양떼목장, 대관령 하늘목장, 대관령 순수 양떼목장, 대관령 아기동물농장 등 양떼목장과 관련한 곳이 5군데이다. 5곳 모두에서 양 먹이 주기 체험을 할 수 있는데, 다양한 동물을 가까이에서 만지기에는 아기동물농장이 제격이다.

 코스 속 추천 맛집&카페

신선희 황기찐빵

20년 전통의 황기 찐빵으로 유명한 곳이다. 팥과 황기를 넣은 찐빵 외에 녹차와 호박을 넣은 찐빵도 판매하니 기호에 맞게 선택할 수 있다. 사장님의 반죽 시간에 따라 각각의 찐빵을 먹을 수 있는 시간이 달라질 수 있다. 식어도 본래 맛을 유지하는 편이라 드라이브하면서 하나씩 집어먹기에도 좋다.

▶**주소** 강원 평창군 진부면 오대산로 91 ▶**전화** 033-334-5127

유정식당

월정사 입구 오대산 먹거리마을에 위치한 유정식당의 주인장은 직접 산에서 나물을 채취해서 음식을 만든다. 두릅, 방풍나물, 곰취 등 각종 산나물과 들나물을 조물조물 무쳐 반찬으로 제공한다. 말린 호박과 된장으로 간을 한 된장국은 짜지 않고 구수하다. 메뉴가 다양해 취향에 맞게 골라 먹는 재미도 있다.

▶**주소** 강원 평창군 진부면 오대산로 112-8 ▶**전화** 033-332-6818

켄싱턴플로라호텔

오대산 국립공원 옆에 자리한 호텔로, 주변에 별다른 유흥지가 없어 조용하게 묵을 수 있는 곳이다. 허브와 꽃을 테마로 하여 오리엔탈가든, 채소가든, 셰프의 정원 등 12개의 테마 정원으로 꾸며져 있다.

▶**주소** 강원 평창군 진부면 진고개로 231 ▶**전화** 033-330-5000

한계령길

인제에서 양양으로 이어지는 한계령길은 강원도의 속살을 만끽할 수 있는 드라이브 코스다.
구불구불 휘어진 길과 울창한 숲, 그 끝에 자리한 바다와 사찰까지 뭐 하나 버릴 것 없이
촘촘하다. 아슬아슬 진땀 운전을 하다가도 탁 트인 풍경을 마주하면 저절로 감탄사가
흘러나온다. 자연이 빚은 절경을 감상하기 위해서는 이 정도 험한 길쯤은 감수해야 한다는
듯이 한계령길은 오랜 세월을 버텨 왔다. 마치 우리 인생처럼 말이다.

안산

강현

설악산
국립공원

① 장수대(휴게소)

내설악광장
휴게소

설악폭포

한계리

소승폭포

남설악

설악산

② 한계령(휴게소)

백암폭포

장승리

용소폭포

오색리

③ 오색약수

논화

가리산리

송어리

코스 순서	장수대 ➡ 한계령 ➡ 오색약수 ➡ 낙산해변 ➡ 낙산사
소요 시간	1시간 10분
총 거리	약 42km
이것만은 꼭!	• 인제에서 남설악을 거쳐 양양까지 이어지는 길은 꽤 험난하니 운전에 특히 주의를 기울여야 한다.
	• 낙산사 해수관음상 주변은 넓은 공원처럼 조성되어 있으니 사진만 찍고 돌아가지 말고 잠깐이라도 쉬었다 가자.
코스 팁	• 휴휴암의 연화법당을 향해 밀려오는 파도는 여느 해안의 파도와 달리 여유로워 보인다. 일상에 지친 마음을 내려놓고 신발과 양말까지 벗은 후 쉬고 또 쉬어보자.

장수대

한국전쟁 당시 설악산 전투에서 산화한 장병들의 넋을 기리기 위해 1959년 육군 제3군 단장인 오덕준 장군의 추진으로 건립하였다. 아름다운 설악산을 배경으로 등산객을 위한 산장으로 사용되다가, 기와 등이 훼손된 이후에는 활용 방안을 찾지 못해 지금은 폐쇄된 상태다. 현재는 산장 주변 일대를 장수대라고 칭한다.

▶**주소** 강원 인제군 북면 설악로 4193 ▶**전화** 033-463-3476
▶**운영** 연중무휴(일출~일몰)

알고 가요! 내비게이션에는 '장수대 휴게소'로 입력하면 된다. 장수대분소에서 한국의 3대 폭포 중 하나인 대승폭포(높이 80m)까지 이어지는 0.9km 길은 장엄한 풍경이 펼쳐지는데, 편도로는 40분 정도 걸린다. 장수대에서 한계령 휴게소까지 이어지는 44번 국도는 2차선 도로인데, 차선을 지키지 않는 운전자도 가끔 있으므로 전방을 잘 주시하며 운전하도록 하자.

ⓒ 북양양
물치항
태봉산
정암해수욕장
설악해수욕장
낙산항
낙산사 템플스테이
⑤
낙산사 • 다래헌
④ 낙산해변
양양읍
남대천 연어생태공원
⑦ 송전해수욕장
• 쏠비치 양양
• 양양송이조각공원
• 수산항
66
⑦
⑦ 양양군청 • 단양면옥
59
JC 양양
범부리
ⓒ 손양
✈ 양양국제공항 ⓒ 동호해수욕장
• 송이밸리 자연휴양림
↘ 하조대, 휴휴암

✳ DRIVE TIP

내설악광장 휴게소에서 차 한잔을 즐기고 출발하는 것도 좋다. 앞으로 이어질 구불구불한 드라이브 길에 멀미가 날지도 모르

고, 마음이 여유로워야 제대로 된 풍경을 가슴에 담을 수 있으니 말이다. 사실 내설악광장 휴게소에서 즐기는 전경은 딱히 도드라지지 않는다. 한숨 쉬어가기 좋은 장소다. 드라이브 중간중간 백미러나 룸미러로 지나온 길을 뒤돌아보는 재미도 쏠쏠하다. 첩첩산중 사이로 모세혈관 같이 자리한 길은 방금 당신이 황홀감을 만끽하며 지나온 길이기 때문이다.

한계령 2

강원 양양군 서면, 인제군 북면, 인제군 기린면 경계에 자리한 1,004m 높이의 고개다. 인제에서는 한계령으로 불리고 양양에서는 오색령으로도 불린다. 옛날에는 양양 사람들이 서울로 갈 때 꼭 넘어야 했던 험한 산길이었지만, 한계령 도로가 개통된 이후 44번 국도 오색령 고갯길은 설악산의 수려한 경관을 감상할 수 있는 최고의 드라이브 코스가 되었다. 한계령 휴게소에서 내려다보는 설악산은 비경이라는 말로도 설명하기 부족할 만큼 멋지다.

▶**주소** 강원 양양군 서면 대청봉길 1 ▶**전화** 033-672-2883 ▶**홈페이지** seorak.knps.or.kr ▶**운영** 연중무휴

알고 가요! 내비게이션에는 '한계령 휴게소'로 입력하면 된다. 인제에서 양양으로 가기 위해서는 꼭 한계령을 넘어야 한다. 다른 방법이 없다. 굽이진 고갯길을 헤엄치듯 운전하다 보면 어느새 탁 트인 양양 바다를 맞이할 것이다. 가수 양희은의 노래 '한계령'이 저절로 생각날지도 모른다. 한계령에는 이 지역을 오가던 옛사람들의 고단함과 애환이 녹아 있다.

3 오색약수

설악산 오색천의 암반에서 분출하는 다량의 철분(철, 마그네슘, 규산 등이 포함)을 함유한 약수로, 하루 분출량은 약 1,500L(주변 환경에 따라 변동)에 달한다. 설악산 정상에 이르는 길목에 위치하고 주변 경관이 수려하여 더욱 유명해진 약수터다. 철분의 영향으로 약간 비린 맛이 나는데, 예민한 사람은 잘 마시지 못한다. 하지만 위장병, 소화불량, 빈혈에 좋다고 소문이 나서 그냥 지나치는 사람은 거의 없다.

▶**주소** 강원 양양군 서면 오색리 ▶**전화** 033-672-2883
▶**홈페이지** seorak.knps.or.kr ▶**운영** 연중무휴

알고 가요! 다른 곳에 비해 주차비가 비싼 편이니, 약수를 한 모금 마시고 1시간 정도 자연탐방로를 걸어보는 것도 좋다. 시간 여유가 있다면 주전계곡과 용소폭포까지 가보아도 좋다.

낙산해변 4

1963년에 개장한 동해안을 대표하는 해변으로, 매년 여름 전국에서 200만 명 이상의 관광객이 다녀간다. 깨끗하고 넓은 백사장은 약 4km 길이로 뻗어 있고, 울창한 송림에서 흘러나오는 향기는 진하고 그윽하다. 설악산에서 흘러내리는 남대천이 하구에 큰 호수를 이루고 있어 담수도 풍부하다. 새해맞이 축제가 열리기도 하지만 천년 고찰 낙산사가 근처에 있어 이곳을 찾는 사람들의 발길이 끊이지 않는다. 낙산도립공원 방향의 이정표를 따라가다 보면 낙산해변이 보인다. 양양을 드러내는 조형물도 있으니 인증 사진도 남겨보자.

▸ **주소** 강원 양양군 강현면 해맞이길 59 ▸ **전화** 033-670-2518
▸ **홈페이지** naksan-beach.co.kr ▸ **운영** 연중무휴(06:00~24:00)

낙산사 5

2005년 화마로 무너져 내렸지만, 현재는 재건되어 예전 모습을 되찾고 있다. 우리나라 대표 관음성지 중 하나로, 양양에서 꼭 찾아가 봐야 할 장소다. 낙산사 안쪽 해안 절벽에는 약 16m 높이의 해수관음상이 아름다운 자태를 드러내며 바다를 바라본다. 해수관음상의 시선은 10리에 달한다고 하는데, 이곳에서 세상 근심을 모두 날려 버릴 수 있을 듯하다. 바다 쪽으로 내려가서 의상대와 홍련암까지 둘러보자. 홍련암은 의상대사가 동굴에서 관음보살을 친견하고 붉은 연꽃을 담았다는 얘기가 전해진다.

▸ **주소** 강원 양양군 강현면 낙산사로 100 ▸ **전화** 033-672-2447
▸ **홈페이지** www.naksansa.or.kr ▸ **운영** 06:00~17:30 ▸ **요금** 성인 4,000원, 중고등생 1,500원, 초등생 1,000원

알고 가요! 낙산사는 관세음보살의 진신사리를 모셔 만든 곳으로 신통함이 뛰어난 사찰로 불자들 사이에서는 유명하다. 종교와 관계없이 작은 소원 하나 정도는 무심히 말해보자. 혹 이루어질지도 모르니까.

🍴 코스 속 추천 맛집&카페

단양면옥

허영만의 만화 <식객>에 소개된 집으로 3대째 전통을 이어오고 있다. 막국수로 유명한 집이지만, 냉면 맛도 일품이다. 함흥회냉면을 먹을 때는 처음에는 비벼서 먹다가 육수를 조금 부어서 먹으면 더 감칠맛이 난다. 육수와 물을 담아낸 주전자의 모습을 보면 단양면옥의 오랜 세월이 느껴진다.

▸ **주소** 강원 양양군 양양읍 남문6길 3 ▸ **전화** 033-671-2227

다래헌

사찰 내에 찻집을 운영하는 곳이 더러 있는데, 낙산사에도 다래헌이라는 찻집이 있다. 기념품 가게에 들어가면 한쪽 코너에서 주문을 받는다. 커피를 포함해서 전통차와 허브차를 판매한다. 은은한 사찰 종소리와 바다의 파도소리를 들으며 쉬기에 적당하다.

▸ **주소** 강원 양양군 강현면 낙산사로 100 ▸ **전화** 033-672-2447

낙산사 템플스테이

낙산사에서는 '나를 찾아서, 꿈을 찾아서, 행복을 찾아서' 템플스테이를 운영한다. 체험형 프로그램인 '파랑새를 찾아서'에선 참선, 발우공양, 108배 등을 수행하는데, 매달 2, 4째 주말(1박 2일)에 운영된다. 휴식형 프로그램인 '꿈, 길 따라서'에선 스님과 차담, 개인 기도를 수행하며 상시 운영된다.

▸ **주소** 강원 양양군 강현면 낙산사로 100 ▸ **전화** 033-672-2416

여기도 가보자, 놓치면 아쉬운 양양 여행 명소

ZOOM IN

🐚 하조대

조선의 개국공신인 하륜과 조준이 이곳에서 잠시 피해서 살았던 곳이어서 이들의 이름을 따서 하조대라 불린다. 절벽 위에는 하조대 현판이 걸린 정자각이 있고, 바닷가 쪽 기암절벽 위에는 애국가에 나온 200년 수령의 소나무가 비스듬히 서 있다. 암석 속에 단단하게 뿌리내린 소나무의 모습이 위풍당당하다. 이 백년송을 배경으로 일출 사진을 찍기 위해 전국에서 많은 인파가 몰려든다. 하조대 인근의 하조대 해수욕장은 낙산해변과 함께 양양의 대표 해수욕장으로 손꼽힌다.

▶**주소** 강원 양양군 현북면 하광정리 ▶**전화** 033-670-2516
▶**운영** 연중무휴(하절기 일출 30분 전~20:00, 동절기 일출 30분 전~17:00) ▶**요금** 무료

🏷️ 알고 가요!

• 시간 여유가 있다면 하조대 둘레길을 걸어보는 것도 좋다. 2019년 조성된 하조대 둘레길은 폭 2m, 길이 200m의 산책로인데, 1구간은 하조대 전망대까지 가는 길이고 2구간은 야자매트로 꾸며진 구간이다. 전망대에는 하조대 해수욕장 방향으로 짧은 스카이워크가 만들어져 있다.

• 주차 공간이 넓지 않고 주차장이라는 표식이 따로 없으니 언덕길에 적당히 주차해야 한다. 하조대 전망대 입구도 마찬가지다. 통행에 불편을 주지 않는 선에서 도로 양옆에 주차하도록 하자.

휴휴암

어리석은 마음, 시기와 질투, 증오와 갈등까지 팔만사천의 번뇌를 내려놓고 쉬고 또 쉬어 가라는 뜻을 가진 사찰이다. 처음에는 묘적전이라는 법당 하나로 세워졌는데, 1999년 바닷가에 누운 부처님 형상의 바위가 발견된 이후 명소로 알려지게 되었다. 100평 남짓한 바위는 연화법당이라 불리는데, 멀리서 바라보면 해수관음상이 연꽃 위에 누워 있고 거북이가 부처를 향해 절을 하는 모양새다. 초입의 화장실 주변에 주차하거나 경사로를 올라 휴휴암의 입구에 주차하면 된다.

▸ **주소** 강원 양양군 현남면 광진2길 3-16 ▸ **전화** 033-671-0093
▸ **홈페이지** huhuam.org ▸ **운영** 연중무휴 ▸ **요금** 무료.

알고 가요!

강원도 3대 미항은 양양 남애항, 강릉 심곡항, 삼척 초곡항이다. 동해안 7번국도를 따라 휴휴암을 거쳐 남애항까지 달려보자. 남애항에서 주문진등대까지는 자동차로 약 15분 걸린다.

강원도

바람 속에서 커피 향을 느끼는
주문진~정동진 해안도로

먹고 마시고 즐기기에 이보다 좋은 곳이 있을까 싶다. 이제 막 사랑을 시작한 연인에게는 더욱 그럴 것이다. 동해의 전망을 가슴에 품고, 은은한 커피 향이 전신을 휘감는 안목해변에서 잠시 쉬었다가, 오늘과 다른 내일의 환한 태양을 맞이할 때, 딱 그 순간을 누군가와 함께한다는 것은 주문진~정동진 드라이브 길이 선사하는 또 다른 선물이다.

❋ DRIVE TIP

주문진~정동진 해안도로를 달리다 남쪽으로 더 내려가면 강릉에서 가장 드라이브하기 좋은 코스인 헌화로를 만날 수 있다. 헌화로는 심곡항에서 금진항까지 이르는 2km 해안도로로, 무너져 내릴 듯한 기암절벽과 바닷가 절경을 배경으로 사진을 찍으려는 관광객들을 심심찮게 볼 수 있다. 헌화로에 얽힌 설화가 재미있다. 신라 성덕왕 때 순정공의 아내인 수로부인이 벼랑에 철쭉꽃이 피어 있는 것을 보고 꺾어 달라고 했는데, 주변 사람은 아무도 나서지 못했다고 한다. 이때 소를 몰고 지나가던 노인이 꽃을 꺾어 노래와 함께 선물했는데, 그 노래에서 기인하여 '헌화로'로 불렸다고 한다.

코스 순서	주문진등대 ➡ 주문진항 ➡ 경포해변 ➡ 안목해변 ➡ 강릉통일공원 ➡ 정동진역
소요 시간	1시간 30분
총 거리	약 42km
이것만은 꼭!	• 강릉을 포함해 강원도 일대에는 한국전쟁 이후 북한의 무장공비 침투가 잦았고, 많은 희생자의 충혼탑이 있기도 하다. 안목해변에서 바다와 커피에 취해 강릉통일공원을 놓칠 수 있는데 한번 방문해 보자. 안목해변보다 고요하고 정취가 있는 곳이다. 넓게 조성된 공원에서는 가족끼리 편하게 쉴 수 있고, 정상에서 바다 조망도 가능하다.
코스 팁	• 운전에 자신이 있는 사람이라면 내비게이션을 끄고, 자신이 없는 사람이라면 무음으로 전환해서 도로를 달려도 좋다. 해안과 가까운 도로로 운전하면 조력자가 없어도 운전하는 데 큰 불편함이 없을 것이다.

1 주문진등대

계단 위에 벽돌을 쌓아올려 만든 흰색 등대로, 높이 13m 등탑 몸체에 남아 있는 총탄 흔적이 한국 전쟁 당시의 참혹한 상황을 짐작케 한다. 가까이 다가가서 등대를 본 사람 중에는 크기가 작아 놀라기도 하는데, 1918년부터 칠흑 같은 어둠 속에서 선박의 길잡이 역할을 해 왔으니 등대의 크기와 기능은 상관 관계가 없어 보인다. 주문진등대에서 조망하는 해안도로와 바다 풍경은 색다른 감상을 준다.

▶ **주소** 강원 강릉시 주문진읍 옛등대길 24-7 ▶ **전화** 033-662-2131
▶ **운영** 동절기 07:00~17:00, 하절기 06:00~18:00, 야간 출입 금지, 연중무휴

주문진항 2

동해는 따뜻한 난류와 차가운 한류가 섞여 좋은 어장을 형성하는데, 주문진항은 동해의 주요 어항 중 하나로 오징어, 양미리, 명태, 청어, 멸치 등이 많이 잡힌다. 드라이브 길에 주문진수산시장도 있으니 함께 들러보자. 주문진항을 끼고 있는 주문진 수산시장에서는 배에서 갓 내려놓은 횟감을 파는 수산물시장, 생선회센터, 건어물시장 등이 모여 있다.

▶ **주소** 강원 강릉시 해안로 1758-22 ▶ **전화** 033-660-3438 ▶ **운영** 연중무휴

알고 가요!
• 어민들이 잡아온 물고기를 경매하는 현장을 보려고 한다면 오전 8시 이전에 도착해야 한다. 일반인은 경매에 참여할 수 없지만 구경하는 것은 얼마든지 가능하다. 흥정에 능한 사람이라면 생선을 낙찰받은 상인들과 협상해서 좋은 가격에 싱싱한 생선을 사는 행운을 누릴 수 있다. 새벽 조업을 나가 생선을 잡아서 항구로 막 들어온 어선 앞에서는 즉석에서 가격이 형성되어 거래가 이루어지기도 한다. 늘 북적이고 활력이 넘치는 곳이다.
• 주문진항 근처는 많은 사람과 자동차, 짐차 등이 오고가는 곳이라 복잡하다. 공용주차장을 이용해서 항구 쪽으로 걸어가는 것이 제일 좋으나, 여의치 않으면 항구 끝까지 가서 눈치껏 주차해야 한다.

3 경포해변

경사가 완만하고 물빛이 옥색이라 '동해'를 떠올릴 때 첫 번째로 손꼽히는 해수욕장이다. 해수욕장이 아닌 해변으로 이름을 바꾼 것은 여름철에만 즐기는 해수욕장이 아니라 사시사철 즐기기 좋은 관광지라는 사실을 알리기 위해서다. 경포해변의 부드러운 모래사장 앞쪽으로는 매력적인 동해가, 뒤쪽으로는 병풍처럼 펼쳐진 4km 길이의 소나무숲이 자리한다. 물, 흙, 모래의 질감 차이를 느끼며 산책하기에도 좋다.

▸주소 강원 강릉시 강문동 산 1-1 ▸전화 033-640-4901
▸운영 연중무휴 ▸요금 [샤워장] 4,000원

알고 가요! 경포해변으로 가기 전에 경포호를 둘러보자. 과거에는 바다였지만, 해안사구로 막혀 자연호수가 형성되었다. 호수가 거울처럼 맑아서 경호라고 불렸으며, 호수 가운데엔 우암 송시열의 글씨가 새겨져 있는 새바위에 월파정이 자리한다.
가까이에 강릉의 대표 문화유산인 경포대가 있고, 경포대 입구에는 자전거 대여소가 있으니 대여해서 경포호 주변을 둘러봐도 좋다. 참소리축음기박물관, 에디슨과학박물관, 손성목영화박물관까지 바로 인근에 있다.

한 걸음 더! 선교장

우리나라 최고의 전통가옥인 선교장은 효령대군 11세손인 무경 이내번에 의해 처음 지어져 10대에 걸쳐 증축되면서 오늘에 이르렀다. 1965년 국가 민속문화재 제5호로 지정되어 그 명성을 이어오고 있다. 99칸의 전형적인 사대부가 주택으로 사랑채 건물의 열화당과 연못가에 지어진 멋스러운 활래정이 특히 알려져 있다. 예전에는 경포호수를 가로질러 배로 다리를 만들어 건넜다고 해서 선교장이라는 이름이 지어졌다고 한다.

▸주소 강원 강릉시 운정길 63 ▸전화 033-648-5303
▸홈페이지 www.gwpa.kr ▸운영 하절기(3~10월)
09:00~18:00/ 동절기(11~2월) 09:00~17:00
▸요금 성인 5,000원, 청소년 3,000원, 어린이 2,000원

안목해변(강릉항) 4

강릉시는 다양한 커피 관련 행사를 개최하여 커피를 단순한 먹을거리에서 문화상품으로 기획하였다. 지금의 안목해변은 커피 해변이라고 해도 과언이 아닐 만큼 산토리니, 애너벨리, 퀸베리 등 다양한 커피 전문점들이 줄지어 들어서 있다. 강릉에서 마시는 진한 커피에는 추억과 낭만에 더해 길게 늘어선 커피 자판기의 멋스러움까지 곁들여 있다. 지금까지 횟집만 바글거리는 항구를 봐왔다면 안목해변은 색다른 경험이 될 것이다. 어선이 정박해 있던 항구에는 멋진 모습의 요트가 그 자리를 대체하고 있다.

▸주소 강원 강릉시 창해로14번길 3 ▸전화 033-660-3887 ▸운영 연중무휴

알고 가요! 강릉항 공용주차장을 이용하기란 하늘의 별따기다. 그래서 대부분의 차량은 커피 가게 앞으로 줄지어 서 있거나 골목 여기저기에 아무렇게나 서 있다. 주차하는 데 기지를 발휘해야 할 곳이다.

강릉통일공원 5

1996년 강릉 무장공비 침투 사건을 계기로 안보 의식을 고취하기 위해 조성한 곳이다. 통일 안보전시관과 함정전시관으로 나누어져 있고, 안보 교육장으로서의 역할을 하고 있다. 육군, 공군, 해군의 군사 장비와 북한 잠수함을 한 곳에서 볼 수 있는 전시공원으로, 전북함과 북한 잠수함은 내부에도 들어갈 수 있으니 시간 여유를 갖고 천천히 둘러보자. 분단된 우리나라의 현실을 직접 느낄 수 있는 곳이기도 하다.

▶**주소** 강원 강릉시 율곡로 1715-38 ▶**전화** 033-640-4469
▶**운영** 09:00~18:00 ▶**요금** 성인 2,500원~3,000원, 청소년 1,500원~2,000원, 어린이 1,000원~1,500원(통일안보전시관은 무료)

알고 가요! 통일안보전시관은 언덕 정상에 있고, 함정전시관은 여기서 2분 정도 떨어진 도로변에 있어서 걷는 것보다 차로 이동하는 것이 낫다. 통일안보전시관을 방문할 때는 중턱에 항일기념공원이 있으니 정상만 다녀오지 말고 이곳도 들러보자.

6 정동진역

정동진역은 1995년 방영된 드라마 '모래시계'로 유명해졌다. 오랜 시간이 흘러도 여전히 젊은 연인들이 찾아와 사진을 찍는 이유는 이곳을 거쳐간 수많은 연인들의 이야기가 숨어 있기 때문이리라. 철길과 해변이 어우러져 만들어낸 풍경이 조화롭다. 바다를 향한 벤치에 앉아 들숨에 바다 냄새를 맡고, 날숨에 일상의 피로를 뱉어 보자. 정동진역과 모래시계 공원 사이는 전동으로 움직이는 레일바이크가 운행된다. 시계탑과 해시계, 시간박물관은 정동진 모래시계 공원에 가야 볼 수 있다.

▶**주소** 강원 강릉시 강동면 정동역길 17 ▶**전화** 033-640-4537

🍴 코스 속 추천 맛집&카페

초당할머니순두부

3대째 이어져 오는 순두부 맛집이다. 순두부를 먼저 맛보고 싱거우면 같이 나온 간장으로 간을 맞추자. 감칠맛이 나는 간장은 밥에 비벼먹어도 좋다. 콩비지는 고춧가루를 약간 섞어서 매콤한 맛이 나고, 무 하나만 들어 있어도 된장국 맛이 구수하다. 물은 셀프서비스이니 당황하지 말자.
▶**주소** 강원 강릉시 초당순두부길 77 ▶**전화** 033-652-2058

초당버거

오픈 주방에서 수제 버거를 만들어낸다. 버거와 맥주, 탄산음료는 이곳에서 주문하고 커피는 1층 초당커피에서 주문하면 된다. 빵은 부드럽고 질긴 느낌 없이 폭신하다. 신선한 야채, 토마토, 파인애플, 베이컨, 고기 패티 등이 잘 어우러져 한 끼 식사로 든든하다. 포장 주문도 가능하다.
▶**주소** 강원 강릉시 초당순두부길 77번길 20
▶**전화** 0507-1312-0948

주문진항&주문진회센터

주문진항과 주문진회센터에서는 신선한 생선이나 해산물을 직접 사서 먹을 수 있다. 동광횟집, 대부수산횟집, 죽도시장 등 주변에 즐비한 식당 중 한 곳을 골라 생선회, 곰칫국, 생선구이 등을 먹어도 좋다.
▶**주소** 강원 강릉시 주문진읍 주문리 일대
▶**전화** 033-662-3639(주문진항)

동해안 7번 국도를 따라 떠나는 식도락 여행

ZOOM IN

부산에서 출발해서 강원도 고성까지 이어지는
7번 국도는 여러 방면에서 유명하다. 부산~울산 구간을
제외하면 일직선으로 동해 바다를 조망하면서 달릴 수
있어서 자동차 드라이브 길로 유명하다. 7번 국도를 따라
걷는 여행객도 생겨났으며, 느리지만 정겨운 시외버스
여행을 즐기는 사람도 꽤 있다. 또 다른 재미는 국도를
따라 즐기는 식도락 여행이다. 바다를 따라 줄지어
이어진 항구에서는 저마다 특색 있는 음식을 내놓는다.

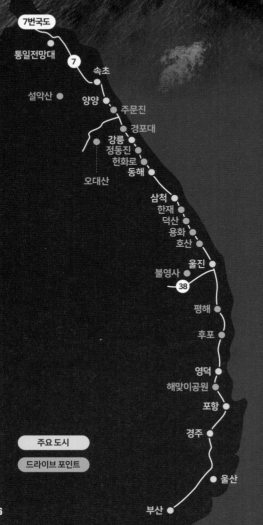

7번국도
통일전망대
7
설악산 · 속초
양양
주문진
경포대
강릉
정동진
헌화로
오대산 · 동해
삼척
한재
덕산
용화
호산
울진
불영사
38
평해
후포
영덕
해맞이공원
포항
경주
울산
부산

주요 도시
드라이브 포인트

곰치

![곰치 사진]

남해에서는 물메기, 서해에서는 물텀벙이라고
불리는 바다 생선으로, 부드러운 속살과 매끄러운
껍질의 질감이 특징이다. 입에서 굴러다니는
미끄덩거리는 느낌을 좋아하지 않는 사람이라도
묵은지를 넣고 푹 끓인 곰칫국을 들이켜면 한겨울
추위가 눈 녹듯 사라질 것이다. 곰칫국의 고향은
삼척이지만, 곰치가 잡히는 어느 항구에서든 한 번은
맛보자.

도루묵

톡톡 터지는 도루묵 알을 맛보기에는 속초만 한 곳이 없고, 10~11월이 제격이다. 속초항 주변으로는 도루묵 요리를 파는 식당이 많다. 살이 잔뜩 오른 도루묵을 양념해서 졸이거나 찌개로 끓이면 도루묵 눈만큼 커진 알이 배에서 톡톡 불거진다.

대게

대게의 원조 마을은 울진에 있고 후포항은 국내 최대 대게잡이 항구이지만, 최근에는 영덕에 그 기세를 살짝 넘겨준 느낌이다. 매년 대게를 잡는 시기에는 울진, 영덕, 포항의 항구에 미식가들의 줄이 끊이지 않는다. 11~5월까지 한여름을 제외하고는 맛난 대게를 맛볼 수 있고, 시가로 판매하기 때문에 푸짐하게 먹으려면 지갑을 통째로 열어야 한다.

과메기

구룡포항 주변에 과메기 거리가 있고, 과메기 박물관까지 있을 정도로 과메기는 포항의 대표 음식으로 자리 잡았다. 비릿한 생선 향을 싫어해서 아예 시도조차 하지 않는 사람이 있을 정도로 호불호가 갈리는 음식이지만, 통통하게 살이 오른 과메기는 오메가3 지방산이 풍부하고 고단백 식품으로 건강에 좋다. 씹을수록 고소한 맛을 느꼈다면 과메기를 제대로 즐겼다고 볼 수 있다.

물회

강릉, 속초, 동해, 포항, 영덕, 경주, 울산까지 항구가 있는 곳에서는 그곳에서 잡히는 생선으로 요리한 물회를 맛볼 수 있다. 오징어, 한치, 광어, 도다리, 전복, 해삼, 각종 잡어까지 지역에 따라 잘 잡히는 생선을 썰어 각종 야채와 함께 그릇에 넣은 후 얼음을 띄우거나 육수를 부어 말아 먹는다. 밥이나 국수까지 말아서 먹으면 일어나는 데 끙 소리가 절로 나올 정도로 배가 부르다.

강원도

127

경상도

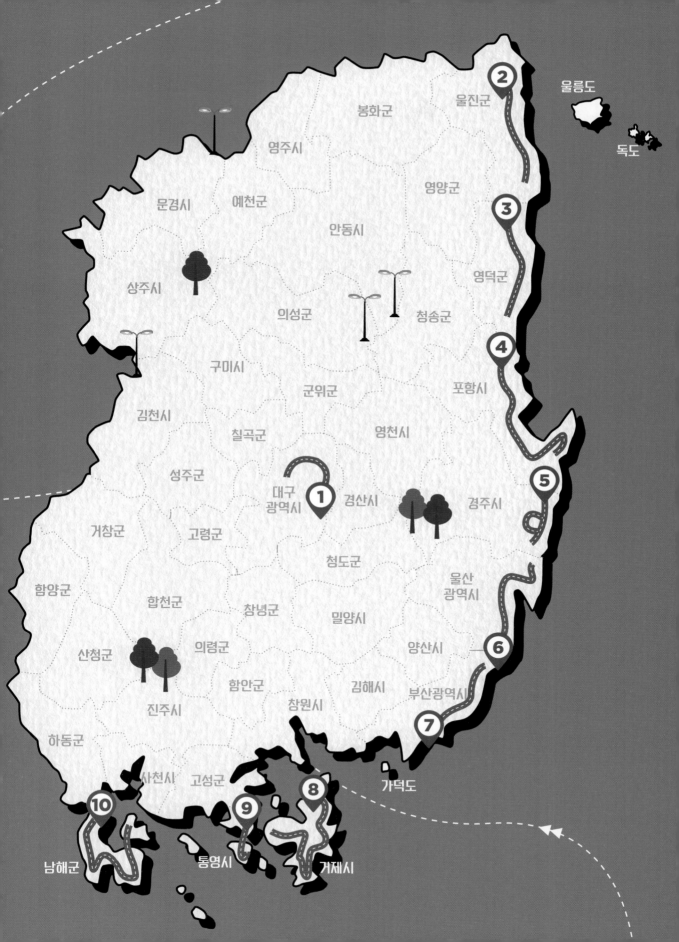

울릉도

독도

② 울진군

봉화군

영주시

영양군

문경시 예천군

안동시

영덕군 ③

상주시 의성군

청송군

④

구미시

군위군

포항시

김천시

칠곡군

영천시

성주군

대구
광역시 ① 경산시

경주시

⑤

거창군 고령군

청도군

울산
광역시

함양군

합천군 창녕군

밀양시

양산시

⑥

산청군 의령군

함안군

김해시

부산광역시

진주시

창원시

⑦

하동군

사천시 고성군

⑧

가덕도

⑨

남해군 ⑩

통영시

거제시

문화유산과 사람 냄새가 진하게 퍼지는

대구 팔공산 순환도로

팔공산은 대구의 대표적인 관광명소로, 동화사, 파계사 등 천년 고찰이 골짜기마다 있고 불상, 탑, 마애불 등 불교문화의 흔적이 곳곳을 휘감고 있다. 봄에는 흩날리는 벚꽃을 보기 위해 사람들이 모이고, 늦가을에는 자식의 시험 합격을 바라는 어머니들의 긴 행렬이 이어진다. 그래서인지 팔공산 순환도로에는 늘 사람이 북적인다.

코스 순서	구암팜스테이체험마을 ➡ 방짜유기박물관 ➡ 동화사 ➡ 대구시민안전테마파크 ➡ 파계사 ➡ 신숭겸장군유적지
소요 시간	1시간
총 거리	약 26km
이것만은 꼭!	• 방짜유기박물관에서 동화사로 이르는 길의 양쪽은 봄철에는 벚나무가 만발하고 여름에는 짙은 녹음이 우거지며 가을에는 단풍나무가 주인이 된다. 벚나무는 앞쪽 라인에서 화려함을 뽐내고, 단풍나무는 뒤쪽 라인에서 울타리를 만들어준다.
코스 팁	• 불로동고분군은 팔공산 순환도로에서 도심 쪽으로 떨어져 있으므로 출발지로 선택하거나 도착지로 선택해도 크게 관계가 없다. 불로동고분군 인근에 불로전통시장이 있으니 함께 들러봐도 좋다.

✹ DRIVE TIP

팔공산 순환도로만 한 바퀴 도는 데는 긴 시간이 필요하지 않고 도로의 상태도 좋은 편이다. 이 길에는 벚나무, 은행나무, 단풍나무 등 가로수가 줄지어 있어 운치를 더한다. 게다가 크게 굽이지는 길도 없으므로 팔공산 산세의 아름다움을 즐기면서 운전하기에 좋다.

구암팜스테이체험마을 1

구암마을은 밤나무가 많아 자연경관이 뛰어나고 도심 근교에 있어 접근성이 좋다. 전형적인 시골 마을에서 동물체험, 곤충체험, 주말농장체험, 전통음식체험 등 계절별로 다양한 체험을 즐길 수 있고, 농산물 가꾸기와 열매 수확 등을 체험하면서 농촌 생활의 재미난 추억을 만들 수 있다.

▶ **주소** 대구광역시 동구 미대동 512-1 ▶ **전화** 053-984-5273
▶ **홈페이지** www.gooam.com ▶ **운영** 연중무휴

> **알고 가요!** 구암팜스테이체험마을과 불로동고분군 중 시간이 맞는 곳에 먼저 들러도 괜찮다. 팔공산 순환도로는 방짜유기박물관에서 시작된다고 보아도 무방하다.

2 방짜유기박물관

방짜유기란 구리와 주석을 78:22의 비율로 녹여 만든 놋쇠 덩어리를 불에 달구어 가며 망치로 두드려 형태를 만든 유기다. 방짜유기박물관은 이러한 방짜유기를 전승, 보존하고 우수성을 홍보하기 위해 만든 박물관으로, 유기장 이봉주 선생이 평생 수집, 제작한 방짜유기 275종 1,489점을 전시 중이다. 유기의 역사, 종류, 제작과정 등에 대해 체계적으로 이해할 수 있고, 식기류, 제기류, 각종 생활용품류 등 방짜기법으로 제작된 전시물을 둘러볼 수 있는 좋은 기회다.

> **알고 가요!** 박물관으로 들어가는 파군재삼거리에서부터 본격적인 팔공산 순환도로가 시작된다. 가을이면 길을 따라 자리한 은행나무가 긴 터널을 이루어 노란 물결이 넘실거린다.

▶ **주소** 대구광역시 동구 도장길 29 ▶ **전화** 053-606-6171
▶ **홈페이지** artcenter.daegu.go.kr/bangjja ▶ **운영** 4~10월 10:00~19:00, 11~3월 10:00~18:00, 매주 월요일, 1월 1일, 설·추석 당일은 휴관
▶ **요금** 무료

동화사 3

> **알고 가요!** 동화사 주차장은 크게 두 군데로, 봉황문 주차장(통일약사여래대불 방향)과 동화문 주차장(대웅전 방향)이 있다. 두 주차장은 서로 연결되어 있지 않으니, 관람 순서를 먼저 정하고 주차하는 것이 좋다.

493년에 극달 화상이 창건한 유서 깊은 신라 고찰로 팔공산 도학동 골짜기에 위치해 있다. 대한불교 조계종 제9교구 본사이자 팔공산을 대표하는 사찰이다. 경내에는 대웅전과 통일약사여래대불이 자리하고 금당암, 당간지주(보물 제254호), 석조부도(보물 제601호), 마애불좌상(보물 제243호), 국제관광 선체험관 등이 자리해 있다. 마애불좌상 앞에는 가족의 안녕과 건강을 비는 불자들의 기도가 늘 이어진다. 1992년 완성된 통일약사여래대불은 108명의 석공들이 약 7개월에 걸쳐 만들었다. 대웅전으로 들어서기 전 봉서루 앞에 봉황이 알을 품고 있는 듯한 구조물이 있는데, 알을 만지며 소원을 빌면 모든 소원이 이루어진다는 이야기가 전해진다.

▶ **주소** 대구광역시 동구 동화사 1길 1 ▶ **전화** 053-981-6406 ▶ **홈페이지** www.donghwasa.net ▶ **운영** 연중무휴 ▶ **요금** 성인 2,500원, 청소년 1,500원, 어린이 1,000원

한 걸음 더! **팔공산 케이블카**

케이블카를 이용하는 동안 팔공산의 아름답고 장쾌한 산세를 조망할 수 있고, 사계절에 따라 변화하는 대구 시가지의 모습까지 지켜볼 수 있다. 동화집단시설지구에서 820m 산봉우리까지 1.2km 구간을 운행하며, 총 24대의 케이블카가 약 40초 간격으로 자동 순환한다.

정상에는 식음료를 판매하는 휴게소, 전망대, 사랑의 열쇠고리 채우기, 사랑을 맹세하는 사랑터널 등이 있고, 정상 봉우리는 비로동 제천단, 갓바위 부처님과 함께 기복신앙의 명소로 소문나 있다. 동화사, 수태골 방향으로 등산로도 열려 있다.

▶ **주소** 대구광역시 동구 팔공산로 185길 51 ▶ **전화** 053-982-8803 ▶ **홈페이지** www.palgongcablecar.com ▶ **운영** 11~2월 09:30~17:00, 3월 · 9~10월 09:30~18:00, 4월 09:30~18:20, 5~8월 09:30~18:50, 매주 월요일 휴무, 기상상황에 따라 운행을 중단할 수 있음. ▶ **요금** (왕복) 성인 1만1,000원, 경로 9,000원, 어린이 6,000원/ (편도) 성인 7,500원, 경로 6,000원, 어린이 4,000원

대구시민안전테마파크 4

2003년 대구 지하철 참사 이후 시민 안전을 도모하기 위해 만든 테마파크다. 시민들이 각종 안전사고 유발요인에 따라 대응하는 요령을 생동감 있는 체험교육을 통해 느낄 수 있는 교육공간이다. 지하철, 풍수해, 지진, 산악사고 등 생활 속 재난에 대비한 안전교육을 실시하고, 영상물 상영, 지하철 탈출 체험, 재해 체험, 재난 대처 교육 체험 등 다양한 체험공간이 마련되어 있다.

▶ **주소** 대구광역시 동구 팔공산로 1155 ▶ **전화** 053-980-7777 ▶ **홈페이지** www.daegu.go.kr/safe119/index.do ▶ **운영** 09:00~18:00(매주 월요일, 명절 당일은 휴관) ▶ **요금** 무료 ※체험 예약은 yeyak.daegu.go.kr(6세 이상, 12세 이하 어린이는 성인 보호자 동반)

파계사 5

대한불교 조계종 제9교구 본사인 동화사의 말사로 804년 심지왕사가 창건한 고찰이다. 원통전 꼭대기에는 청기와가 얹혀져 있는데, 이 절은 영조의 출생과 관련한 설화가 전해지고 있다. 숙종의 부탁을 받은 현응대사는 농산과 함께 백일기도를 하였고, 기도가 끝나는 날 농산이 숙빈 최씨에게 현몽하였으며 이렇게 태어난 아들이 훗날 영조였다고 한다. 1979년 목조관음보살좌상(보물 제992호)을 금칠할 때 불상에서 나온 영조의 어의가 이 설화의 신빙성을 더해준다.

▶ **주소** 대구광역시 동구 파계로 741 ▶ **전화** 053-984-4550 ▶ **운영** 연중무휴
▶ **요금** 성인 1,500원, 청소년 900원, 어린이 500원

신숭겸장군유적지 6

신숭겸 장군은 고려의 개국공신으로 927년 공산전투에서 왕건과 옷을 바꿔 입고 장렬히 싸우다 전사한 인물이다. 고려 태조 왕건은 전쟁이 끝난 후 장군의 죽음을 애도하기 위해 지묘사를 세우고 명복을 빌었다. 고려 멸망 이후 지묘사는 폐사되었으나 1607년 경상도 관찰사 유영순이 폐사된 지묘사 자리에 표충단(순절단), 표충사, 충렬비를 건립하여 공의 혼을 위로하고 충절을 추모하였다. 신숭겸 장군이 전사한 자리가 이곳, 유적지의 표충단이 있는 곳이다.

▶ **주소** 대구광역시 동구 신숭겸길 17 ▶ **전화** 053-981-6407
▶ **운영** 10:00~17:00 ▶ **요금** 무료

한 걸음 더! 불로동고분군

불로동 일대 야산에 외형적인 형태를 잘 갖추고 있는 214기의 고분군으로, 삼국시대에 조성된 것으로 추정된다. 이 지역 토착 지배 세력의 분묘로 추정하고 있으며, 1978년 우리나라 고분군으로서는 최초로 국가지정문화재인 사적 제262호로 지정되었다. 유물의 대부분은 도굴되어 확인이 어렵지만, 고대 사회의 일면을 엿볼 수 있다는 점에서 의미가 깊다.

▶ **주소** 대구광역시 동구 불로동 산 335 ▶ **전화** 053-985-6408
▶ **요금** 무료

🍴 코스 속 추천 맛집&숙소

고집 센 그집 갈비탕

진한 사골이 우러나는 옛날식 갈비탕 집이다. 고기는 푹 삶아 야들야들해서 가위로 자르지 않아도 쉽게 뜯어진다. 탕에는 후추를 3번 정도 톡톡 뿌린다고 하니, 후추 향을 좋아하지 않는 사람은 주인장에게 미리 말해서 양을 조절하도록 하자. 아삭한 깍두기는 입안에 남은 기름기를 개운하게 제거해 준다.

▶ **주소** 대구광역시 동구 불로동 24길 1(대구불로점) ▶ **전화** 053-981-0053

TITF(티아이티에프)

매장에서 반죽, 숙성해서 굽는 즉시 판매하므로 카페 안은 고소한 빵 냄새로 가득하다. 아몬드 크림 식빵과 티라미수를 커피와 함께 맛보자. 진한 커피 향과 달콤한 빵이 어우러져 행복한 미소가 절로 번진다. 다양한 종류의 차를 시음할 수 있어 좋다. 카페는 넓은 갤러리 공간으로 꾸며져 있고, 통유리를 통해 보이는 팔공산 경치는 그림을 보는 듯한 착각을 일으킨다.

▶ **주소** 대구광역시 동구 팔공산로 1169 ▶ **전화** 053-985-7755

팔공산 온천관광호텔

팔공산도립공원 내에 자리한 온천호텔로 지역 최초의 노천온천이다. 지하 687m에서 솟아나는 염화나트륨 성분이 우세한 약알칼리 온천수로, 온천으로는 우수한 편이다. 산행을 마치고 오는 등산객도 종종 보이지만, 지역 주민들이 오랫동안 이용해 온 온천이기도 하다.

▶ **주소** 대구광역시 동구 팔공산로 185길 11 ▶ **전화** 053-985-8080

울진 관동팔경길

강원도 동해안(대관령)에 있는 여덟 곳의 명승지를 관동팔경이라고 하는데, 이 중 망양정과 월송정은 현재 행정구역상으로는 울진에 속해 있다. 울진 관동팔경 드라이브 길은 동해안을 따라 거의 직선으로 뻗은 도로로, 해안 쪽에서는 시원한 파도 소리가 들리고 도심 쪽에서는 옛이야기가 흘러나온다. 원조 대게의 명성을 잃은 울진이지만, 아름다운 자연 풍경은 그대로 간직하고 있다.

코스 순서

망양정 ➡ 기성망양해변(옛 망양정) ➡ 구산어촌체험휴양마을 ➡ 월송정 ➡ 후포 등기산공원

소요 시간

1시간 10분

총 거리

약 44km

이것만은 꼭!

- 2차선 도로는 갓길의 여유가 없어 쭉 뻗은 도로를 아무런 생각 없이 달리다 보면 중앙선을 침범하거나 내비게이션에서 계속 경고 음성이 울릴 것이다. 늘 안전에 유의하자.
- 드라이브 길에 펼쳐진 해변은 여러 군데다. 자신의 취향에 맞는 곳을 골라 쉬어가는 재미도 제법 괜찮다. 동해라고 해서 모두 다 같은 바다는 아니니까.

코스 팁

- 불영사 계곡길을 통과한 후 망양정에서 후포항까지 가는 7번 국도를 달리면 계곡 드라이브와 해안 드라이브를 함께 만끽할 수 있다. 숲, 강, 바다를 모두 즐길 수 있는 최적의 코스이기도 하다.

✳ DRIVE TIP

울진은 수도권에서 멀리 떨어져 있어서인지, 원시 자연이 오롯이 살아 숨 쉬고, 삼림욕, 해수욕, 온천욕이 가능한 천혜의 지역이다. 동해의 여러 드라이브 길 중에서 가장 조용하고 사색적인 길이 아닐까 싶다. 울진군 남면에서 평해읍까지 이동하는 동안 도심이나 계곡으로 빠져나가는 길이 잘 마련되어 있으니, 심심하거나 지루할 때는 살짝 옆길로 눈길을 돌려도 괜찮다.

1 망양정

산란철에 회귀하는 은어 떼를 구경할 수 있어 '은어다리'라는 이름이 붙여졌다. 은어를 형상화한 두 조형물이 마주 보고 있으며, 밤에는 찬란한 은어 불빛을 내뿜는다. 주변에 넓은 공터가 조성되어 있어 캠핑을 즐기려는 사람들이 많이 모여든다.

▶**주소** 경북 울진군 근남면 수산리 178-2

울진왕피천공원(엑스포공원)

2005년과 2009년 2회에 걸쳐 울진세계친환경농업엑스포가 개최되었던 곳이 청정공원으로 탈바꿈되었다. 왕피천과 동해 바다가 만든 20여만 평의 대지 위에 우리나라 대자연의 모습을 축소하여 옮겨놓은 듯하다. 전시관 중 울진아쿠아리움과 울진곤충여행관은 특히 아이들이 좋아하는 곳이다. 빼놓지 말고 둘러보도록 하자. 산림유전자보호림으로 지정된 소나무(수령 200년 이상인 소나무는 570그루 정도) 1,700여 그루가 자생하고 있다. 왕피천공원 주변으로 케이블카가 운행 중이다.

▶**주소** 경북 울진군 근남면 수산리 17 ▶**전화** 054-789-5500
▶**홈페이지** www.uljin.go.kr/expo/index.uljin ▶**운영** [전시관] 09:00~17:00(11~3월)/ 09:00~18:00(4~10월)/ 매주 월요일 정기 휴관 ▶**요금** 전시관에 따라 다름(성인 4,000~7,000원, 청소년 3,000~6,000원, 어린이 2,000~5,000원)

울창한 소나무 숲길을 200m 정도 오르면 보이는 정자가 망양정이다. 조선시대 숙종은 관동팔경 중 망양정 경치를 최고로 인정하여 '관동제일루'라는 현판을 하사했고, 정철은 <관동별곡>에서 망양정 절경에 대한 글을 남겼다. 정자 위에 올라 망양정해변을 우두커니 쳐다보면 불영사 계곡에서 흘러온 왕피천과 바다가 만나는 장면이 펼쳐진다. 지금의 망양정은 옛 문인들이 칭송하던 그 자리가 아니다. 원래 망양정은 현재 있는 곳에서 15km 떨어진 기성면 망양리에 있었다. 내비게이션에 '망양정해수욕장'으로 입력하면 찾을 수 있다.

▶**주소** 경북 울진군 근남면 산포리 ▶**운영** 연중무휴

기성망양해변(옛 망양정) 2

울진에는 두 개의 망양해변이 있는데, 현재 망양정이 있는 산포리 망양정해변과 망양정 옛터가 있는 기성망양해변이 그것이다. 기성면 망양리의 야트막한 언덕을 올라가면 소나무 숲 사이로 복원된 옛 망양정을 볼 수 있다. 아담하고 소담한 망양정에 비해 파도 소리가 유난히 크게 들린다. 마치 망양정의 옛이야기는 지나간 세월에 묻고 현재의 풍경을 즐기라고 말하는 듯하다.

▶**주소** 경북 울진군 기성면 망양리 ▶**전화** 054-785-6393 ▶**운영** 연중무휴

알고 가요! 내비게이션에 '망양정 옛터'로 입력하고 주차하면 된다. 기성망양해변은 조용하고 운치 있으며 캠핑장도 운영하고 있다. 기성망양해변에서 망양정 옛터까지는 자동차로 2분 정도 걸린다. 해변에서 잠깐 즐긴 후 망양정 옛터로 오르는 것을 권한다.

경상도

한 걸음 더! 해월헌

조선시대 중기 문신이었던 해월 황여일이 세운 별당이다. 1985년 경북 문화재자료 제161호로 지정되었다. 처음 위치는 사동리 산꼭대기에 있었으나 평해 황씨 후손들이 지금의 위치로 옮겨 세웠다. 평해황씨 해월종택은 전체적인 주택의 배치로 상류 주택의 특성을 살펴볼 수 있는 귀중한 건축물이다.

▶주소 경북 울진군 기성면 해월헌길 59
▶전화 054-782-1501

2006년 어촌체험관광마을 조성 사업으로 이루어진 마을이다. 시끌벅적한 포구보다 정겨운 포구를 찾는다면 이곳이 제격일 것이다. 구산마을의 자랑은 마을 안쪽으로 아담하게 지은 대풍헌이다. 대풍헌은 조선시대에 울릉도와 독도를 지키던 수토사들이 사용하던 숙소로, '바람을 기다리는 집'이라는 뜻이다. 울릉도 수토역사전시관을 둘러보면 조선시대 울진의 대풍헌과 울릉의 대풍감을 오가며 국토를 수호하기 위해 인내의 시간을 가졌던 수토사의 활약을 알 수 있다. 구산항 앞에 독도 조형물이 괜히 세워져 있는 것이 아니다. 내비게이션에 '대풍헌'으로 입력하면 된다. 근처에 구산항과 구산해변이 있으니 시간 여유가 있다면 함께 둘러보자.

▶주소 [대풍헌]경북 울진군 기성면 구산리 ▶요금 무료

월송정 4

고려 시대 창건된 월송정은 강원도에서 시작된 관동팔경 여행의 마지막 장소다. 바다, 백사장, 울창한 솔숲, 정자가 어우러져 한 폭의 그림을 만들어낸다. 신라 시대 영랑, 술랑, 남속, 안양 등 네 화랑이 소나무 숲속에서 달을 즐겼다는 얘기도 전해진다. 월송정의 소나무와 동해 바다를 배경으로 솟아오르는 일출 사진을 찍기 위해 북새통을 이루기도 한다. 정자에서 느끼는 동해 바람과 솔숲 향기는 오래도록 가슴에 남을 것이다.

▶주소 경북 울진군 평해읍 월송정로 517 ▶전화 054-782-1501 ▶운영 연중무휴

알고 가요! 야트막한 백사장에 위치해서 망양정처럼 탁 트인 전망을 선사하지는 못하지만, 2층 정자에 올라 동해에서 불어오는 바람을 맞으면 싱그럽기 그지없다.

한 걸음 더! 황금대게공원

바다목장 해상공원 낚시터 근처에 위치한 공원으로, 울진의 상징인 대게 조형물이 자리한다. 후포수산물유통센터 뒤쪽 도로를 따라 올라가면 평해읍 거일리에 울진대게원조마을(거일마을)이 있는데, 지금은 과거의 명성만 남아 있다. 그래서인지 대게공원에는 커다란 대게의 모습과 대게잡이 하는 어부의 모습을 한 조형물이 설치되어 있다. 울진은 붉은 대게(일명 홍게)의 주 생산지로, 국내 전체 어획량의 절반 이상을 차지하고 있다.

▶주소 경북 울진군 기성면 망양로 277 ▶전화 054-789-6903

후포 등기산공원 5

후포 등대가 있는 언덕으로, 옛날에는 봉화가 있던 자리였다고 한다. 지금은 등기산으로 불리지만 예전에는 등대가 있다고 해서 '등대산'으로 불린 적도 있다. 지중해 느낌의 조형물뿐만 아니라 다양한 등대 조형물이 설치되어 있어 후포항을 배경으로 사진을 찍으려는 사람들이 많다.

등기산 스카이워크는 총 길이 135m로 우리나라에서 최장 길이를 자랑한다. 유리 바닥 아래에서 넘실대는 파도를 보고 있으면 나도 모르게 무릎을 살짝 구부리게 된다. 등기산공원 아래 해변에 주차하고 등기산공원을 구경한 다음 스카이워크를 걸어보자. 해변도로를 따라 주차한 곳까지 되돌아오는 데 3분 정도 걸린다.

▶주소 경북 울진군 후포면 등기산길 40 ▶운영 [스카이워크] 09:00~18:00(기상 상태에 따라 개방 제한) ▶요금 무료

한 걸음 더! 후포항

관동팔경길은 월송정에서 끝나지만, 후포항까지 드라이브를 즐겨보기를 권한다. 후포항은 울진군에서 가장 규모가 큰 항구로 동해안 최대의 방파제를 품고 있다. 울릉도로 들어가는 정기 여객선이 출항하는 곳이고, 우리나라에서 연안산 대게를 가장 많이 잡는 곳이기도 해서 해마다 대게철이 되면 전국에서 모여든 인파로 장사진을 이룬다.

▶주소 경북 울진군 후포면 후포리 ▶전화 1644-9605 ▶운영 연중무휴

알고 가요! 후포항은 영덕 강구항에 밀려 대게 전문점의 명성을 넘겨주긴 했지만, 축산항, 구룡포항, 죽변항과 함께 국내 5대 대게 항으로 손꼽힌다. 울진의 대게는 속살이 쫄깃하고 담백하면서 맛까지 좋다.

코스 속 추천 맛집&숙소

불영사식당

불영사 초입에 위치한 산채비빔밥 전문점이다. 쌉싸름한 향취를 풍기는 산나물을 먹으면 저절로 건강해지는 느낌이다. 주인장은 산채비빔밥을 내어주면서 고추장을 조금만 넣으란다. 나물의 맛이 짜지 않은데 장을 조금만 넣으라는 것을 보니 산나물의 향기를 제대로 느끼라는 의미인 듯하다.

▶주소 경북 울진군 금강송면 불영사길 13 ▶전화 054-783-1130

이게대게 왕비천점

울진에서 지정한 향토요리 전문점으로, 게를 이용해 다양한 요리를 제공한다. 게 내장이 들어간 대게돌솥밥 맛은 다른 곳에서 맛보기 어렵다. 내장이 들어가서 자칫 비릴 수 있는데 그렇지 않다. 오이와 양파는 초절임으로, 고추는 장아찌로 제공한다. 정갈한 반찬은 눈으로 보기에도 맛나다.

▶주소 경북 울진군 근남면 불영계곡로 3630 ▶전화 054-787-8383

망양정횟집

회를 먹으려는 손님보다 해물칼국수를 찾는 손님이 더 많다. 묵직하고 시원한 칼국수 국물 맛이 일품인데, 미역과 청양고추를 듬뿍 넣은 것이 신의 한 수 같다. 당근, 대파, 양파, 고추 등 야채와 홍합, 가리비, 조개 해산물이 잘 어우러져 칼국수의 밀가루 맛이 전혀 나지 않는다. 기본 주문은 2인분부터이다.

▶주소 경북 울진군 근남면 산포4리 716-5 ▶전화 054-783-0430

울진대게빵

후포항 근처에서 판매하는 대게 모양의 빵으로, 호두와 블루베리 두 가지 맛이 있다. 몸통 부분에는 팥이, 다리 부분에는 호두와 블루베리 알갱이가 각각 들어 있다. 약간 퍽퍽한 느낌이 든다면, 커피와 곁들여서 먹어보자. 잘못 잡으면 대게 다리가 톡 부러진다.

▶주소 경북 울진군 후포면 울진대게로 163-1 ▶전화 054-788-7677

경상도

아름다운 계곡을 따라 달리는 불영사 계곡길

ZOOM IN

사랑바위를 시작으로 불영사를 지나 불영사계곡을 만나는 36번 도로는 아름다운 계곡을 따라 드라이브를 즐기기 좋은 코스다. 울창한 숲 사이로 굽이굽이 꺾어진 산길을 따라 달리면서 자연스레 창문을 열고 청량한 산 공기를 마시게 된다. 한계령이나 진부령 고개를 넘은 사람이라면 이 길이 다소 심심하다고 느낄 수도 있는데, 두 곳에서 웅장하고 스펙터클한 드라이브를 즐겼다면, 불영사계곡을 따라 달리는 이 길은 코스마다 아기자기한 분위기를 선사해 색다른 드라이브 매력을 느낄 수 있다.

코스 1
사랑바위

코스 2
불영사

금강송휴게소(사랑바위휴게소)에 주차하고 데크 길을 따라 아래로 내려가면 남녀가 껴안고 있는 모습의 바위가 보인다. 약초를 구하려다가 떨어져 죽은 남매의 전설이 전해지는 곳인데, '사랑바위'라 이름 붙인 것이 약간 기묘하다.

▶**주소** 경북 울진군 금강송면 삼근리

신라시대 의상대사가 창건한 천년 고찰로, 비구니 스님의 수행 사찰이다. 응진전은 가장 오래된 전각이고, 대웅보전 앞에 건물을 떠받치고 있는 듯한 거북이의 모습이 인상적이다. 멀리 산 위에 세워진 부처바위가 연못에 비치면서 불영사라는 이름을 얻었다. 부처바위까지는 찾는 사람이 많지 않고 길이 험해서 현재는 막혀 있다.

▶**주소** 경북 울진군 금강송면 하원리 산 34 ▶**전화** 054-783-5004 ▶**요금** 2,000원

코스 4
망양정

코스 3
불영사 계곡(선유정)

총 길이 15km에 이르는 계곡으로, 불영사 입구에서 민물고기생태체험관까지 이어지는 9km 구간은 구불구불한 산길의 연속이다. 계곡의 굴곡과 도로의 곡선이 묘한 평행선을 이뤄 운전하는 재미가 있다. 선유정과 불영정이라는 정자 위에서 시원한 계곡 바람을 맞아보고 풍경을 즐겨보자.

▶**주소** 경북 울진군 울진읍 대흥리 산 183-25(선유정)

울진 앞바다 앞 언덕 위에 자리한 작은 정자. 관동팔경 가운데 가장 경치가 좋다고 알려진 명소로, 조선시대 숙종을 비롯해 송강 정철 등 옛 문인들이 망양정에서 바라본 경치를 극찬했다고 한다. 오죽하면 이름마저 望洋亭(큰 바다를 바라보는 정자)일까. 고려 말 세워진 망양정은 본래 현재의 자리가 아닌 좀 떨어진 곳에 세워졌었다. 옛 망양정은 시간이 지나면서 파손되었고 1858년(철종9년)에 지금의 자리에 새로 지어졌다. 망양정에 앉아 시원하게 펼쳐진 동해안의 절경을 바라보고 있노라면, 절로 속이 뻥 뚫리는 느낌이 든다. 자세한 정보는 P.135 참고.

▶**주소** 경북 울진군 근남면 산포리 • **운영** 연중무휴

푸른 바다와 물비늘이 찬란한
영덕 블루로드 해안도로

대게공원에서 고래불해수욕장까지는
크고 작은 항구와 어촌마을이 퐁당퐁당
이어져 있는 드라이브 길이면서 총 길이
약 64.1km의 걷기 길로 유명한 영덕
블루로드다. 특히 산길과 해안 길을 넘나드는
장사해수욕장에서 고래불해수욕장까지의
2차선 도로는 영덕을 오롯이 느낄 수 있는
비경 길이다. 창문을 내리면 바닷바람과 물
파도를 한 손에 움켜쥘 듯하다. 이곳에서는
잠시 차를 멈춰도 좋다.

코스 순서
장사해수욕장 ➡ 삼사해상공원 ➡ 강구항 ➡
영덕해맞이공원 ➡ 축산항 ➡ 고래불해수욕장

소요 시간
1시간 20분

총 거리
약 51km

이것만은 꼭!
• 영덕해맞이공원 정상에서 드넓은 영덕 바다를
  한눈에 조망해 보자. 창포말등대만 보고
  뒤돌아서지 말고 아래쪽 데크 길로 내려가면
  둘레길을 걸을 수 있다.

• 드라이브 코스 길에 있는 대게 집은 어느
  곳에 들러도 맛이 좋다. 대게를 사서 장사하는
  가게가 있고, 직접 잡은 대게로 장사하는
  선주집이 있으니 각자 취향대로 들어가면 된다.

코스 팁
• S자로 급격하게 꺾이는 커브 길에서는 속도를
  늦추도록 한다. 창문을 열고 바다와 인접한
  도로를 운전할 때 세찬 파도가 내부로 들이칠
  수 있다.

• 동해는 변화무쌍하니, '이곳이다!' 싶은 곳을
  발견하면 천천히 운전하거나 잠시 차를
  세워두고 쉬어도 좋다. 조금 전 봤던 풍경이
  바람에 금방 날아가 버린다.

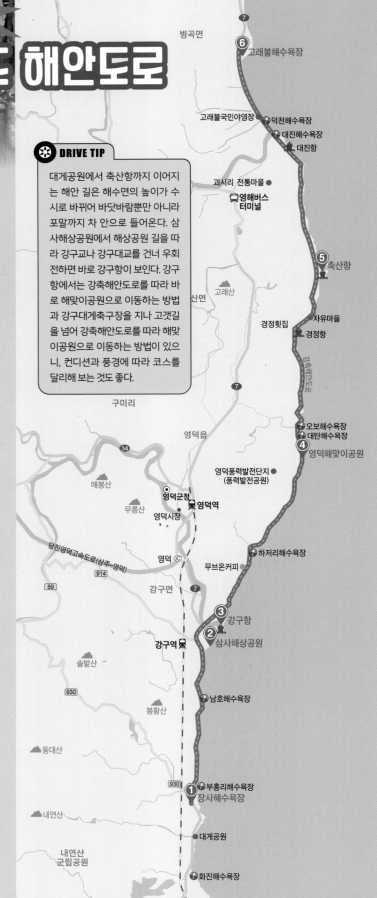

✷ **DRIVE TIP**

대게공원에서 축산항까지 이어지는 해안 길은 해수면의 높이가 수시로 바뀌어 바닷바람뿐만 아니라 포말까지 차 안으로 들어온다. 삼사해상공원에서 해상공원 길을 따라 강구교나 강구대교를 건너 우회전하면 바로 강구항이 보인다. 강구항에서는 강축해안도로를 따라 바로 해맞이공원으로 이동하는 방법과 강구대게축구장을 지나 고갯길을 넘어 강축해안도로를 따라 해맞이공원으로 이동하는 방법이 있으니, 컨디션과 풍경에 따라 코스를 달리해 보는 것도 좋다.

장사해수욕장 1

900m에 이르는 긴 백사장으로 유명하다. 모래밭에 서서 탁 트인 바다를 가슴으로 안아보고, 뒤돌아서 우거진 소나무 숲의 향기를 맡아보자. 영덕 바다만의 매력을 오롯이 느낄 수 있을 것이다.

▶**주소** 경북 영덕군 남정면 장사리 ▶**전화** 054-732-5214 ▶**운영** 연중무휴

알고 가요! 영덕 블루로드 해안도로는 길이가 꽤 긴 드라이브 길이다. 남쪽에서 북쪽으로 또는 북쪽에서 남쪽으로 이동할 때 대게공원을 코스에 포함해도 좋고 그렇지 않아도 괜찮다. 대게공원은 영덕 블루로드의 최남단 시작점이 되는 곳이다. 정면에서 보이는 대게누리 조형물은 주변 경관과 이질감 없이 잘 어우러져 있다. 규모가 큰 편은 아니지만, 공원 입구에 포토존이 설치되어 있어 기념 촬영을 하기에 좋다.

▶**주소** 경북 영덕군 남정면 부경리 301-1

---

2 삼사해상공원

매년 해맞이 행사와 제야의 타종 행사가 열리는 곳이다. 이곳에는 망향탑, 경북대종, 공연장, 폭포 등 볼거리가 많고, 주변에 음식점이 즐비하여 먹을거리도 풍부하다. 종각 아래로 긴 산책로가 이어져 있어 짙은 동해를 다양한 각도에서 즐길 수 있다.

▶**주소** 경북 영덕군 강구면 해상공원길 120-7 ▶**전화** 054-730-6398 ▶**운영** 연중무휴

강구항 3

11월부터 이듬해 4~5월까지 이어지는 대게철에는 3km의 대게 거리 입구부터 차량으로 몸살을 앓는 곳이다. 드라마 '그대 그리고 나'의 배경이 되어 더욱 유명해진 곳으로, 해파랑공원의 벽면에는 드라마 장면이 파노라마로 펼쳐져 있다. 강구항으로 들어가려면 강구교와 강구대교를 이용하면 되는데, 대게가 한창 잡히는 시기의 주말에는 주변 상가를 방문하는 사람과 다리를 건너려는 사람들로 몸살을 앓는다.

▶**주소** 경북 영덕군 강구면 강구리 ▶**운영** 연중무휴

경상도

영덕해맞이공원 4

해안에서 볼 수 있는 것을 하나라도 놓치기 싫다면 이곳, 영덕해맞이공원을 둘러보자. 항구, 포구, 백사장, 절벽, 등대까지 모든 볼거리가 집약되어 있으니 말이다. 창포말등대에 서면 눈앞에서 갈매기가 춤추는 모습을 볼 수 있고, 넘실대는 파도 소리를 음악처럼 들을 수 있다. 해안가로 내려가면 야생화 산책길 끝에서 약속바위를 만난다.

▶**주소** 경북 영덕군 영덕읍 대탄리 ▶**전화** 054-730-7052 ▶**운영** 연중무휴

알고 가요! 영덕해맞이공원에는 주차장이 두 군데 있다. 해맞이공원 표지석과 가까운 주차장은 제1주차장이고, 창포말등대 방향과 가까운 주차장은 제2주차장이다. 표지석과 창포말등대 사이는 둘레길로 연결되어 있다.

한 걸음 더! 영덕풍력발전단지(풍력발전공원)

날개 길이 약 41m, 높이 약 80m에 이르는 발전기들이 바다가 내려다보이는 언덕 위에 자리하여 이채로운 풍경을 제공한다. 이곳 정상부의 전망대에서 발전기를 배경으로 일출이나 일몰을 찍으려고 멀리서 사람들이 몰려온다. 발전기들 앞에 서면 규모에 압도 당해 날개 돌아가는 소음이 들리지 않을 정도다.

말등대에서 횡단보도를 건너 오르막을 오르면 풍력발전단지로 바로 갈 수 있다. 차량은 한 대 정도 지나갈 수 있는 좁은 길이다.

▶**주소** 경북 영덕군 영덕읍 해맞이길 247
▶**전화** 054-734-5871

한 걸음 더! 차유마을

해맞이공원에서 축산항으로 가는 길에 조용히 자리한 어촌체험마을로, 해양수산부가 선정한 '아름다운 어촌마을' 중 하나다. 대게 맛이 전국에서 가장 좋기로 유명해서 일찍부터 대게의 원조 마을로 유명하다. 대부분의 마을 주민이 어업에 종사해서 직접 잡은 대게를 판매한다.

▶**주소** 경북 영덕군 축산면 차유길 2 ▶**전화** 010-9231-9881
▶**운영** 평일 09:00~18:00(평일), 토요일 09:00~13:00,
일요일 및 공휴일 18:00~21:00

한 걸음 더! 괴시리 전통마을

고려 후기 문인인 목은 이색의 생가터와 기념관이 있는 전통마을이다. 영양 남씨 괴시파 종택을 비롯하여 고가옥 30여 호가 남아 있어 골목을 걸을 때마다 곳곳에 밴 운치를 느끼기에 좋다. 골목 끝에서 오르막길을 오르면 이색 기념관이 있으니 꼭 들러보자.

▶**주소** 경북 영덕군 영해면 호지마을1길 16-1
▶**전화** 054-730-6114 ▶**운영** 연중무휴

5 축산항

영덕군에서 2대 어항 중 하나로 꼽힌다. 강구항이 북적이는 도시와 같다면, 축산항은 조용하고 아늑한 시골 마을과 같다. 근처 대소산 봉수대에 오르면 멀리 축산항과 방파제, 죽도산이 그림같이 펼쳐져 있다

▶**주소** 경북 영덕군 축산면 축산항길 33 ▶**운영** 연중무휴

 알고 가요! 강구항에서 축산항에 이르는 강축해안도로는 아름다운 드라이브 길로 손꼽힌다. 청정한 바다와 소박한 어촌 마을을 모두 품고 있는 것이 이 길의 특징이기도 하다. 강축해안도로는 블루로드 구간 중 A 코스(약 17.5km)와 B 코스(약 15km)가 포함되는데, 도보로 걷는다면 약 11시간이 걸리는 대장정이다.

고래불해수욕장 6

고려 말 목은 이색이 고래가 물을 뿜으며 놀고 있는 모습을 보고 지은 이름이 '고래불'이다. 바닷물이 깨끗하고 경사가 완만하여 가족 여행지로 인기가 높다. 곳곳에 사진 찍기 좋은 조형물들이 설치되어 있으니 푸른 바다와 어우러진 낭만에 취해 보자.

▶**주소** 경북 영덕군 병곡면 병곡리 ▶**전화** 054-730-7802 ▶**운영** 연중무휴

 알고 가요! 고래불해수욕장에는 주차장이 총 3곳 있다. 병곡지구주차장으로 들어가면 입구의 조형물을 볼 수 있고, 영리지구 주차장으로 들어가면 강과 바다가 만나는 갈대밭을 볼 수 있다.

코스 속 추천 맛집&숙소

경정횟집

보송보송 얼음에 싸여 나오는 물회 한 그릇이면 한여름 뙤약볕이 두렵지 않다. 매콤하고 새콤하고 달콤한 물회가 입안에서 사르르 녹는다. 숟가락으로 살살 양념을 풀고 오이, 당근, 회 등을 섞은 다음 소면을 넣어 먹다가 밥을 말아서 먹으면 된다. 김가루와 깨소금이 적당해서 잡어, 오징어, 쥐치의 맛을 제대로 느낄 것이다.

▶**주소** 경북 영덕군 축산면 영덕대게로 175 ▶**전화** 054-734-1768

무브온 커피

바다를 바라보면서 한적하게 커피를 마시기에 좋은 장소다. 루프톱에는 따로 자리가 마련되어 있지 않으나 탁 트인 영덕 바다를 조망하기에 괜찮다. 2층에서 바다를 바라보는 자리는 인기가 높다. 커피 맛은 호불호가 갈리지만 카페에서 바라보는 풍경은 예술이다.

▶**주소** 경북 영덕군 강구면 영덕대게로 411 ▶**전화** 0507-1392-4600

고래불국민야영장

축산항에서 고래불해수욕장으로 가는 해안가에 위치한 캠핑장이다. 동물 캐릭터 모양의 임대형 카라반부터 오토캠핑까지 두루두루 이용할 수 있다. 인기 캠핑장이어서 예약하기 어려운데, 금요일을 포함해서 2박 3일을 예약하면 성공할 확률이 높다.

▶**주소** 경북 영덕군 병곡면 고래불로 68
▶**전화** 054-734-6220 ▶**요금** 3~5만 원(오토캠핑장, 텐트 사이트, 카라반 이용에 따라, 평일/주말에 따라 다름)

사람 냄새 묻어나는 사투리가 터지는 곳
포항 호미곶 해안도로

일출과 과메기를 찾아 떠나는 여행. 거기에 드라마 촬영 장소와 대중가요 속 '영일만 친구'는 덤이다. 철강발전의 초석을 다진 포스코는 한밤에도 불빛이 꺼지지 않는다. 해와 달의 설화와 죽도시장의 사람 이야기를 싣고 신나게 달려보고 싶지 않은가. 동해 어느 도시보다 포항에서 마주하는 바닷바람은 시끌벅적한 활력을 갖추고 있다.

DRIVE TIP

남쪽에서 북쪽으로 올라가도 좋고, 북쪽에서 남쪽으로 내려와도 좋다. 호미곶 해안도로 곳곳에는 전국적으로 또는 지역 사람들이 좋아하는 일출과 일몰 포인트가 많고, 아기자기한 조형물이 많이 설치되어 있다. 영일만을 중심으로 U자로 휘어지는 해안도로는 시간이 허락한다면 왕복으로 다녀보자. 잔잔한 물길을 오른쪽 시선에 두느냐, 왼쪽 시선에 두느냐에 따라 바다를 가슴으로 품는 양까지 달라질지도 모른다.

코스 순서	화진해수욕장 ➡ 환호해맞이공원 ➡ 죽도시장 ➡ 연오랑세오녀 테마공원 ➡ 호미곶 ➡ 구룡포항
소요 시간	2시간
총 거리	약 74km
이것만은 꼭!	• 포항은 포스코, 과메기, 호미곶으로 대표되는 지역이라고도 볼 수 있다. 포스코와 호미곶은 드라이브 코스에 포함되어 있으니 과메기의 맛까지 경험하면 포항의 속살까지 여행한 것이다. 다른 지역과 포항에서 나는 과메기 맛의 차이를 느껴보는 것도 여행의 색다른 재미일지도 모른다.
코스 팁	• 곶(串)은 육지가 바다 쪽으로 튀어나온 곳이고, 만(灣)은 바다가 육지 쪽으로 굽어 들어온 곳이다. 호미곶과 영일만 도로를 운전할 때 곶과 만의 모양을 떠올리면서 운전하면 포항만의 다채로움을 느낄 것이다.

1 화진해수욕장

포항시에서 북쪽으로 20km 떨어진 끝자락에 위치한 해수욕장으로 백사장 길이는 약 400m, 폭은 100m, 평균 수심은 약 1.5m로 아담한 편이다. 옥색 바다는 깨끗하고 주변으로 나무가 많아 풍광이 좋다. 편의시설이 다양하고 깔끔해서 가족 단위 피서객도 많은 편이다. 곳곳에 아기자기한 조형물이 많아 사진 찍기에 좋고, 캠핑지로서의 인기도 높다.

▶ **주소** 경북 포항시 북구 송라면 ▶ **전화** 054-262-5437 ▶ **운영** 연중무휴

알고 가요! 해수욕장의 샤워장이 북적인다면 인근(해수욕장 입구 편의점 등)에 있는 샤워시설을 이용해도 된다. 시간당 요금을 책정하니 가격이 저렴한 편은 아니다. 시간 여유가 있으면 경북 3경 중 하나인 보경사까지 들러보는 것도 좋다. 보경사 12폭포는 화진해수욕장에서 가까운 거리에 있다.

한 걸음 더! 이가리 닻 전망대

이가리 간이해변 인근에 닻을 연상시키는 전망대다. 높이 10m, 길이 102m로 바다를 향해 시원하게 뻗은 전망대에서 포항의 바다를 한눈에 담을 수 있다. 드라마 촬영지로 유명해졌고, 입구의 솔숲에는 닻 모양의 조형물이 설치되어 있다. 전망대 입구에 솔숲이 자리해 있어 주차 시설이 따로 없다. 솔숲 주변이 좁지만 이곳에 눈치껏 주차해야 한다.

▶ **주소** 경북 포항시 북구 청하면 이가리 산 67-3 이가리간이해수욕장 인근 ▶ **전화** 054-270-3204 ▶ **운영** 9~5월 09:00~18:00, 6~8월 09:00~20:00

환호해맞이공원 2

포항은 하나로 만족하지 못하는 도시다. 환호해맞이공원만 보더라도 알 수 있다. 공원을 다양한 테마(과학, 해양, 문화, 체육)로 구성하여 조성했고, 과학박물관, 전망대 야외공연장, 인공폭포, 바람개비동산, 해변전망광장, 전통놀이마당, 게이트볼장, 포항시립미술관 등 시설물을 열거하기에도 바쁘다. 문화시설들이 가득해서 볼거리와 즐길거리가 충분하다.

▶ **주소** 경북 포항시 북구 환호동 347 ▶ **전화** 054-270-5561 ▶ **운영** 연중무휴

알고 가요! 공원 정상부에 위치한 전망대까지 올라가보자. 정상에서 내려다보면 포항 영일만이 한눈에 담긴다.

한 걸음 더! **영일대 해수욕장**

인천에 월미도, 부산에 광안리가 있다면 포항에는 영일대 해수욕장이 있다. 예전에는 주로 해수욕장으로 이용됐으나, 해변을 따라 각종 위락시설이 들어서고 횟집과 레스토랑 등 음식점이 모여들면서 밤늦게까지 해수욕과 포스코 야경을 즐기려는 사람들로 북적인다.

▶**주소** 경북 포항시 북구 두호동 685-1
▶**전화** 054-270-2114

3 죽도시장

포항은 섬과 섬 사이를 매립해서 만든 도시이기 때문에 동네 이름에 '도'자가 많이 들어간다. 대나무가 많이 자라던 섬이라는 뜻의 '죽도'시장은 포항을 대표하는 재래시장이다. 신선한 회와 칼칼한 물회, 임금님의 진상품이었던 과메기 전문점들이 즐비하다. 2000년에 화재를 겪고 난 후 내부에 아케이드를 설치해서 비가 오는 날에도 편하고 깔끔하게 쇼핑을 즐길 수 있다. 이곳에서 대게를 먹으려면 후한 값을 치러야 하니, 가성비와 신선도가 높은 음식을 먹을 것을 추천한다.

시장은 제 갈 길 바쁜 사람들이 모인 곳이다. 오토바이가 갑자기 옆을 지나가거나 수레 짐차가 정신없이 지나가기도 한다. 도로변에 주차하면 벌금을 내야 하니 마음 편하게 유료주차장을 이용하자.

▶**주소** 경북 포항시 북구 죽도시장13길 13 포항수산종합어시장 ▶**전화** 054-247-3776 ▶**운영** 연중무휴

4 연오랑세오녀 테마공원

연오랑세오녀 전설이 흐르는 곳으로, 포항 12경 중 하나다. 신라 제8대 아달라왕 4년(157)에 연오와 세오가 일본으로 넘어가자 신라의 해와 달이 빛을 잃었다고 한다. 그 소식을 들은 세오는 직접 짠 비단을 신라로 보냈고 이것으로 제사를 지내자 다시 해와 달이 빛을 회복했다고 한다. 세오녀가 짠 비단을 보관했던 창고인 귀비고(전시관)를 운영한다. 영일만을 조망할 수 있는 일월대, 연오랑세오녀가 타고 갔을 법한 거북바위, 한국뜰, 일본뜰, 신라마을 등 다양한 시설이 조성되어 있다.

▶**주소** 경북 포항시 남구 동해면 호미로 3012 ▶**전화** 054-289-7951 ▶**홈페이지** phcf.or.kr
▶**운영** 09:00~18:00(월요일, 1월 1일, 설날, 추석 당일은 휴무)

한 걸음 더! **국립등대박물관**

사라져가는 등대의 역사와 가치를 보존하기 위해 1985년 처음 세워졌다. 몇 차례 이름이 바뀌고 확장 과정을 거쳐 현재 모습을 갖추게 되었다. 우리나라 등대 역사와 발달사, 해양산업 발전사, 각종 해양수산 자료, 등대원들의 생활과 각종 유물 등을 한눈에 볼 수 있는 국내 유일의 등대박물관이다. 야외전시장 옆에 호미곶등대가 꼿꼿이 서 있다.

▶**주소** 경북 포항시 남구 호미곶면 해맞이로150번길 20
▶**전화** 054-284-4857 ▶**홈페이지** www.lighthouse-museum.or.kr ▶**운영** 09:00~17:00(관람 종료 30분 전까지 입장 마감) 1월 1일, 설날, 추석, 매주 월요일 휴관) ▶**요금** 무료

 알고 가요! 연오랑세오녀 테마공원은 산 정상부에 위치해 있어 여기까지 이르는 길은 폭이 좁고 휘어지는 2차선 도로로 되어 있다. 바다 풍경을 보느라 중앙선을 침범하는 일이 없도록 하자.

5 호미곶

'호랑이 꼬리'라는 의미의 호미곶은 우리나라에서 가장 먼저 해가 뜨는 곳이다. 동해안 지도를 보면 톡 튀어나온 부분이 있는데, 이곳이 호미곶이다. 2000년 새천년 해맞이 행사 때부터 전국적으로 유명한 관광지가 되었는데, 현재는 대한민국에서 일출 사진을 찍기 위해 가장 많은 사람이 모이는 곳이 되었다. 바다에는 오른손 모양의 조형물이, 호미곶 해맞이광장에는 왼손 모양의 조형물이 있는데 둘을 합쳐 '상생의 손'이라고 부른다.

▸ **주소** 경북 포항시 남구 호미곶면 대보리
▸ **전화** 054-270-5855 ▸ **운영** 연중무휴

알고 가요!
31번 국도를 타면 호미곶을 돌아 구룡포에 이르는 영일만 해안도로를 만난다. 한계령처럼 구불구불하지는 않고 적당한 굴곡을 즐길 수 있다. 자연과 파도가 만들어낸 해안 절경을 즐기며 드라이브를 만끽하자.

한 걸음 더! 까꾸리계 독수리바위

까꾸리는 갈고리의 방언으로, 파도가 심한 날이면 갈고리로 긁어모을 만큼 청어가 많이 잡혀서 생긴 이름이다. 독수리바위는 새가 날개를 접고 앉은 형태로 생긴 바위다. 호미곶 해맞이광장에서 해안 끝을 따라 난 작은 길을 가면 만날 수 있다. 호미곶의 꼭짓점에 해당하기 때문에 바다에서 뜨는 해와 바다로 지는 해를 모두 볼 수 있는 유일한 장소다. 바위 앞까지만 갈 수 있고, 독수리바위 전망대에서 조망이 가능하다.

구룡포항 6

영덕은 대게, 울산은 고래, 울릉도는 오징어, 그럼 구룡포는? 바로 과메기다. 구룡포항은 포항 시내에서 남쪽으로 26km 정도 떨어진 곳에 있는 어항으로, 수산업 중심지이자 근해어업 발달지다. 과메기 고장에 어울리게 청어, 정어리, 꽁치 등이 많이 잡히고, 오징어나 대게도 타 지역에 견주어 뒤처지지 않을 만큼 잡힌다. 구룡포해수욕장은 반달 모양으로 길이 400m, 폭 50m 정도로 여름철 피서객들의 좋은 휴식처가 되고 있다.

▸ **주소** 경북 포항시 남구 구룡포읍 호미로 222-1 ▸ **전화** 054-276-2806

알고 가요!
청어나 꽁치를 얼렸다 녹였다를 반복하면서 건조해 말린 생선이 과메기이다. 청어의 눈을 꼬챙이로 꿰어서 유래한 말(관목 → 과메기)이다. 푸른빛을 띠고 윤기가 날수록 싱싱하다고 보면 된다. 과메기를 김, 배추, 상추, 김치, 깻잎 등으로 싸고 그 안에 쪽파, 마늘, 미역, 고추 등을 초고추장에 찍어 먹는다. 비릿함이 고소함으로 느껴질 때면 진정한 과메기 맛을 즐기는 경지에 올랐다고 볼 수 있다.

한 걸음 더! 구룡포 일본인 가옥거리

일제강점기 때 일본인이 구룡포로 대거 들어오면서 형성된 곳으로, 구룡포우체국 옆 골목에 있다. 일본인들은 바다가 내려다보이는 뒷산에 공원을 꾸미고 비석에 그들의 이름을 새겼는데, 해방 이후 구룡포 시민들이 시멘트를 발라 기록을 모두 덮고 비석을 거꾸로 돌려 그곳에 구룡포 유공자들의 이름을 새겼다고 한다. 현재는 복원 공사를 거쳐 구룡포 근대역사관으로 개관했다.

▸ **주소** 경북 포항시 남구 구룡포읍 구룡포길 153-1 ▸ **전화** 054-276-9605
▸ **운영** [구룡포 근대역사관] 10:00~17:30, 월요일 휴관

🍴 코스 속 추천 맛집&숙소

해구식당
죽도시장 부근에 있는 과메기 전문점. 매장에서 먹을 수는 없고, 포장이나 택배만 가능하다. 꽁치 과메기와 청어 과메기를 판매하는데, 청어는 11월 중순 이후 출하되는 편이다.
▸ **주소** 경북 포항시 북구 중앙상가2길 18
▸ **전화** 054-247-5801

까꾸네 모리국수
구룡포항 부근에서 모리국수로 소문난 곳으로, 좁은 골목 안쪽으로 들어가야 찾을 수 있다. 모리국수는 갖은 양념과 면을 넣어 칼칼하게 끓여낸 잡어 칼국수로, 구룡포에서 잡은 싱싱한 생선, 홍합, 콩나물 등을 넣어 푸짐하다. 2인분 이상 주문이 가능하다.
▸ **주소** 경북 포항시 남구 구룡포읍 호미로 239-13
▸ **전화** 054-276-2298

영일대 해수욕장 일대 숙소
호텔, 모텔 등 숙박시설도 다양하고 대부분 깨끗한 편이다. 각종 위락시설이 있어 낮보다 밤의 풍경이 더 황홀하다.
▸ **주소** 경북 포항시 북구 두호동 685-1 일대 ▸ **요금** 3~20만 원 (시기에 따라 달라짐)

유성이 바다에 동동 떨어지는
경주 감포해안길

경주 동쪽 해안을 따라 운전하다 보면 바다에 마치 바위 운석이 떨어진 듯한 풍경이 자주 보인다. 크고 웅장한 바위만 멋이겠는가. 이처럼 작고 아기자기한 바위들이 해안을 이루다 보니 절로 운전할 맛이 나고 걸어볼 맛이 난다. 신라의 역사와 문화까지 품고 있는 이 길을 여행해 보자.

✵ DRIVE TIP

감포해안길은 경주 동쪽 해안을 따라 이어지는 약 14km 정도 되는 해안도로다. 크게 굴곡지거나 좁은 차선이 이어지지 않아 운전하는 데 어려움은 없는 길이다. 하지만 감포깍지길 5코스는 해안도로만큼 만만하지는 않다. 2차선 좁은 도로로 마을을 통과하고 산길을 올라가거나 내려가야 하므로 꺾어지는 길에서는 운전에 유의해야 한다.

알고 가요! 감포깍지길 5코스

전촌항에서 전촌항으로 순환하는 코스. 숲길과 마을길을 통과하는 코스로, 해안에서 느끼지 못한 사람 냄새와 솔숲 향기까지 즐길 수 있다.

코스 순서	오류고아라해변 ➡ 감포항 ➡ 전촌항&전촌 용굴 ➡ (감포깍지길 5코스) ➡ 나정고운모래해변 ➡
	감은사지 ➡ 문무대왕릉
소요 시간	1시간 5분
총 거리	약 29km
이것만은 꼭!	• 이곳이 이견대?' 라고 슥 지나치지 말고 잠시 먼 동해 바다를 감상하는 시간을 가져보는 것도 좋다.
	• 감포 해안길에는 여러 항구와 해수욕장이 나란히 줄지어 있다. 각 항구마다 숨겨진 이야기를 찾아보자.
코스 팁	• 해안길로만 드라이브를 즐겨도 좋고, 감포깍지길로 들어서서 골굴사까지 다녀오는 코스도 좋다.
	숲길, 마을길, 해안길을 모두 경험하는 코스다.

오류고아라해변 1

백사장 길이 약 1km, 수심 약 1.5m의 해수욕장으로, 모래가 부드러워 모래찜질로 유명한 해수욕장이다. 소나무숲이 넓게 조성되어 있고 오류캠핑장(경주시 시설관리공단에서 운영)이 있어 야영을 즐기려는 사람이 좋아하는 해수욕장 중 하나다. 지역상으로는 경주에 위치하지만 지리적으로 포항과 멀지 않다.

▶주소 경북 경주시 감포읍 ▶전화 054-779-6325 ▶운영 연중무휴

2 감포항

경주 동해에서 활력이 넘치는 항구로 재래시장과 횟집이 많아 인근 주민들이 자주 찾는 곳이다. 감포항 주변으로 크고 작은 항구와 아름다운 해변이 많다. 방파제에 서 있는 등대는 감은사지 3층석탑을 음각화해서 만들었다.

▶주소 경북 경주시 감포읍 감포리

한 걸음 더! 연동항

감포읍의 여러 항구 중 어촌체험마을로 유명한 곳이다. 갯벌체험, 무인도체험 및 바다낚시 등으로 연간 2만 명 이상이 찾는 경주 내 명소에 속한다. 7~9월에는 스노클링 체험을 즐기려는 사람들이 많이 찾기도 한다. 체험비와 샤워장 이용비는 별도이니 미리 확인하고 가자. 내비게이션에 '연동어촌체험마을'을 입력하면 바로 찾을 수 있다. 주차는 마을 내에 하면 된다.

▶주소 경북 경주시 감포읍 연동길 38-1
▶전화 054-776-0129 ▶홈페이지 www.연동어촌체험마을.kr

한 걸음 더! 송대말등대

감포항 인근 송대말(소나무가 펼쳐진 끝자락)에 있는 등대로, 1955년에 무인등대로 설치했다가 1964년에 유인등대로 전환했다. 원래 모습은 백색의 원형 등대였으나, 신라시대 문무왕을 기리기 위해 감은사지 3층 석탑의 모습으로 만들었다. 문무대왕릉, 양남주상절리와 함께 경주 동해안의 일출과 일몰 명소로 손꼽힌다. 등대 입구의 솔밭 여기저기에 주차하는 편이다. 따로 주차장이 마련되어 있지 않다.

▶주소 경북 경주시 감포읍 척사길 18-94
▶전화 054-744-3233 ▶운영 09:00~18:00

경상도

3 전촌항&전촌 용굴

감포항에 비하면 작은 항구지만, 전촌 용굴을 찾는 관광객으로 유명해진 곳이다. 전촌 용굴은 파도와 시간이 만들어 낸 해식동굴로, 전촌항 인근의 해안가에서 사룡굴과 단용굴 두 곳을 만날 수 있다. 사룡굴에는 동서남북의 방위를 지키는 네 마리의 용이 살았고, 단용굴에는 감포 마을을 지키는 용이 살았다는 전설이 전해진다. 동굴의 형태를 배경으로 일출과 일몰 인증샷을 남기려는 사람들로 북적인다.

▶**주소** 경북 경주시 감포읍 전촌리(전촌항), 경북 경주시 감포읍 장진길 39(전촌 용굴)

알고 가요! 감포항과 전촌항 사이는 걷기길이 조성되어 있어 아름다운 해안가를 따라 걷기를 즐기는 사람들이 많이 보인다. 전촌항 공용주차장에서 전촌 용굴로 가는 해안가 데크 길이 조성되어 있다. 사룡굴까지는 10분 정도 걸리고, 사룡굴에서 단용굴까지는 3분(약 270m 거리) 내외다. 사룡굴과 단용굴까지는 해안가 바위길이라 뾰족하고 거친 면이 많아 걷기가 불편하므로 편한 신발을 신는 것이 좋다. 용굴 입구로는 바닷물이 들어왔다 나가므로 인증샷을 찍으려는 사람은 슬리퍼를 따로 준비해서 가는 것도 방법이다.

나정고운모래해변 4

백사장이 넓고 모래가 부드러운 청정한 바다로 알려져 있다. 해변 이름만 들어도 모래 상태가 어떨지 짐작이 가능하다. 주변 바닷물을 이용하여 온천을 즐길 수 있는 해수탕이 가까이 있어 가족 단위의 관광객도 많이 찾는다. 강과 바다가 만나는 곳에서 일출과 일몰 광경을 지켜보기가 좋다.

▶**주소** 경북 경주시 감포읍 동해안로 1915 ▶**전화** 054-779-6325 ▶**운영** 연중무휴

한 걸음 더! 골굴사

선무도 수행도량으로 유명하고, 신라시대 고승인 원효대사가 열반했다고 추정되는 곳이다. 골굴암의 주존불(마애여래좌상)은 암벽 약 4m 높이에 새겨져 있어, 이곳에 가기 위해서는 가파른 계단을 가로지르며 올라가야 한다. 주존불에 이르는 길 중간에 있는 여궁과 남근 바위 앞에서 기도를 하면 자손을 얻는다는 말이 전해진다. 골굴암의 암석에는 크고 작은 구멍들이 수없이 뚫려 있는데, 이것을 타포니라고 한다. 타포니를 활용하여 큰 곳에는 석실, 작은 곳에는 작은 불상을 안치한 모습도 인상적이다. 드라이브 팁으로 감포깍길 5코스로 운전하다가 골굴사를 방문하는 것을 권한다. 여기까지 이르는 길은 2차선 좁은 산길로 오르막과 내리막이 반복되지만 숲이 울창해서 아름답다. 특히 가을에는 골굴암 본존불에서 내려다보는 풍경이 감탄을 자아낸다.

▶**주소** 경북 경주시 양북면 기림로 101-5
▶**전화** 054-744-1689

알고 가요! 해안가에 조미미가 부른 '바다가 육지라면'의 노래비가 세워져 있어 의아해할지도 모른다. 이 노래의 배경이 된 곳이 나정리로, 바로 작사가 정귀문의 고향이기 때문이다.

감은사지 5

신라의 옛 절터다. 신라 문무왕은 시시때때로 쳐들어오는 왜구를 불력의 힘으로 물리치기 위해 감은사를 지었다. 감은사는 동서로 두 탑을 세우고, 석탑 사이의 중심에는 중문과 금당, 강당을 세웠다. 문무왕은 감은사의 완성을 지켜보지 못했으나, 부왕의 명복을 비는 마음으로 그의 아들인 신문왕이 그 뜻을 이어받아 절을 완공하였다.

▶**주소** 경북 경주시 문무대왕면 용당리 17 ▶**운영** 연중무휴

한 걸음 더! 이견대

신라 문무왕이 용으로 변한 모습을 보인 곳이자, 그의 아들 신문왕이 보물 만파식적을 얻었다는 곳이다. 1970년대 신라 유물의 발굴 작업에서 드러난 초석을 근거하여 새로 지은 건물이다. 옛날 사람들은 이견대에 올라 저 멀리 동해 바다를 지키는 대왕암이 무사한지를 지켜봤을 것이다. 대왕암 가는 길의 오른쪽에 자리한다. 주변에 버스가 주차할 수 있는 공간이 있긴 하지만 주차장으로 들어가고 나가는 길이 좁고 불편하므로 오고가는 차를 잘 지켜보며 운전해야 한다.

▶**주소** 경북 경주시 감포읍 대본리

알고 가요!

경주 감은사지를 둘러보는 것은 옛 신라의 흔적을 찾는 과정이고, 익산 미륵사지를 둘러보는 것은 옛 백제의 흔적을 찾는 과정이라고도 볼 수 있다. 두 지역을 여행할 때 옛 절터와 석탑을 비교해 보는 재미를 느껴보자.

문무대왕릉 6

신라 문무왕의 수중릉으로, 사적 제158호로 지정되었다. 삼국사기에는 문무왕이 죽은 후에도 바다의 용이 되어 나라를 지키고자 하니 화장하여 동해에 장사를 지내라는 말이 전해진다. 이런 문무왕의 뜻을 받들어 신문왕이 바다의 큰 바위 위에 장사를 지내고 그 바위를 대왕암이라고 불렀다. 큰 바위 위로 넓적한 거북 모양의 돌이 덮여 있는데, 이 안에 문무왕의 유골이 묻혀 있을 것으로 추측된다. 육지에서 약 200m 떨어진 가까운 바다에 있다.

▶**주소** 경북 경주시 문무대왕면 봉길리 30-1 ▶**전화** 054-779-8743 ▶**운영** 연중무휴

🍴 코스 속 추천 맛집&카페

명성회센터
감포항에서 운영하는 횟집으로, 싱싱한 회와 대게, 회덮밥, 아구탕, 복어탕 등을 판매한다. 회덮밥 속 횟감은 주로 가자미와 히라스를 사용한다. 회덮밥을 주문할 때는 1인용 매운탕도 곁들여 주어 푸짐한 한 상차림이 나온다.

▶**주소** 경북 경주시 감포읍 감포로2길 107 ▶**전화** 054-775-4913

돌고래횟집
물회로 유명하지만, 자리에서 바라보는 동해 풍경이 멋진 곳이기도 하다. 오징어, 낙지, 회, 각종 야채를 푸짐하게 얹은 물회 한 그릇이면 한 여름 더위와 답답한 속이 뻥 뚫린다. 매운 고추를 섞은 육수가 곁들여지면 물회의 맛이 한층 살아난다. 소면과 밥까지 제공되니 한상 가득하다.

▶**주소** 경북 경주시 감포읍 동해안로 1888-10
▶**전화** 054-744-3507

감포 카페 이견대
이견대 바로 인근에 위치한 카페로, 주인장이 직접 로스팅한 커피와 케이크, 쿠키 등을 판매한다. 동해 바다를 가까이에서 볼 수 있어 전망도 좋다. 시그너처 케이크는 티라미수로, 치즈맛이 가득하고 단단한 맛이 느껴진다. 호두파이는 단맛과 계피향이 강하지 않아 커피와 곁들여 먹기에도 안성맞춤이다.

▶**주소** 경북 경주시 감포읍 동해안로 1488
▶**전화** 054-777-1333

자동차와 사람이 장단을 맞추는 길
울산 31번 국도 해안길

울산에는 이름만 대면 아는 기업체가 여럿 들어서 있다. 그래서인지 항구에서는 고기잡이 어선의 불빛보다 공장의 굴뚝, 거대한 크레인, 파이프라인 등을 더 자주 본다. 울산은 경북 해안 지역의 지질 지형을 품고 있고, 신라시대부터 이어져 온 역사와 문화가 남아 있는가 하면, 우리가 밥벌이 하는 생생한 산업 현장까지 보여준다. 이곳에서는 우리가 사는 현실 세계를 여행할 수 있다.

코스 순서

강동 몽돌해변 ➡ 당사해양낚시공원 ➡ 주전 몽돌해변 ➡ 대왕암공원 ➡ 울산대교 전망대 ➡ 간절곶

소요 시간

2시간 15분

총 거리

약 64km

이것만은 꼭!

• 당사해양낚시공원을 낚시하는 사람만 가는 곳이라고 생각한다면 착각일 수 있다. 탁 트인 바다를 가까이에서 만날 수 있는 곳 중 하나이니 선입견을 갖지 말고 들러보자.

• 울산 앞바다의 몽돌 해변 자갈과 남해의 몽돌 해변 자갈을 비교하는 재미도 여행의 즐거움 중 하나다.

코스 팁

• 울산대교 전망대에서 보는 전망과 주전봉수대에서 보는 전경에는 조금 차이가 있다. 전망대에서는 더 멀리, 360도로 회전하면서 울산 시내를 조망할 수 있다면, 주전봉수대에서는 바닷바람을 바로 맞으면서 울산의 상징과 같은 울산현대중공업의 위용을 지켜볼 수 있다.

✳ DRIVE TIP

울산 해안길은 영덕이나 포항의 해안드라이브 길과는 조금 다른 맛이 있다. 영덕과 포항의 드라이브 길에서는 바람과 파도, 굽이진 도로를 감상하는 재미가 있다면, 울산의 드라이브 길에서는 산업도시의 명성에 걸맞게 현대중공업, 현대자동차, 현대미포조선, 석유화학단지 등 산업체를 양옆에 끼고 마치 로봇 도시를 운전하는 재미가 있다. 도심에서의 운전이라 길이 막히거나 교통 신호가 복잡하다는 단점이 있기는 하다.

강동 몽돌해변 **1**

한 걸음 더! 강동화암주상절리

화암마을 해변에 있는 주상절리로, 2003년 울산광역시 기념물 제42호로 지정되었다. 약 2,000만 년 전에 생성된 절리로 추정되고, 동해안 주상절리 중 용암 주상절리로는 가장 오래된 것이어서 학술적 가치가 높다. 해안을 따라 200m 정도 펼쳐져 있고, 해안가 근처 바위섬에서도 절리를 볼 수 있다.

▶**주소** 울산광역시 북구 산하동 952-1 ▶**전화** 052-229-2000
▶**요금** 무료

울산 북구 신명동과 그 주변으로 자리한 아름다운 해변이다. 콩알 정도 크기에서 주먹 정도 크기까지 다양한 몽돌이 깔려 있고 바위와 어울리는 옥색 바다 풍경을 즐기기 위해 많은 사람들이 찾는다. 해변 맞은편으로 강동중앙공원이 있고, 해변 주변으로 텐트를 설치할 수 있어 야영을 즐기는 사람이 많다.

▶**주소** 울산광역시 북구 동해안로 1598 ▶**전화** 052-241-7753 ▶**운영** 연중무휴

알고 가요! 주상절리는 마그마가 분출한 후 굳어져 생긴 단면이 육각형 또는 삼각형인 기둥 모양 바위들이 수직 방향으로 겹쳐진 지형이다. 강동화암주상절리는 지표면과 평행하거나 수직 또는 경사가 진 형태 등 다양한 형태와 방향으로 발달한 지형이다.

한 걸음 더! 어물동 마애여래좌상

방바위라 불리는 큰 바위에 본존불(약사불)이 새겨져 있고, 양옆으로 일광보살과 월광보살을 높게 돋을새김한 통일신라시대 작품이다. 본존불은 높이 5.2m, 어깨폭이 2.9m나 된다. 본존불은 목의 삼도가 뚜렷하고 어깨가 당당한 통일신라시대의 조각 기법을 잘 보여준다. 본존불 양옆의 보살은 원통형 관을 쓰고 있는데, 여기에 해와 달이 새겨져 있어서 일광보살과 월광보살임을 알 수 있다.

▶**주소** 울산광역시 북구 어물동 산 121

당사해양낚시공원 **2**

알고 가요! 암벽으로 오르는 길의 입구에는 아그락 돌 할매가 있다. 돌을 밀거나 당기면 소원이 이루어질 때 돌의 움직임이 무거워지고 작은 돌이 아그락 돌 할매에 달라붙어 움직이지 않는다고 한다. 재미 삼아 한번 해보자.

직접 잡은 고기를 공급하고 판매할 수 있는 직판장으로, 저렴하고 맛있는 회를 먹을 수 있는 곳이다. 바닥은 철망과 부분부분 유리망으로 되어 있어 길의 끝까지 걸어가는 동안 온몸이 움찔거린다. 다리 밑에서 파도가 출렁거려 흡사 출렁다리를 걷는 듯하다. 길 끝에는 바위 아래로 내려가는 계단이 있고, 이 바위에서도 낚시를 할 수 있다. 탁 트인 바다의 시원함과 짜릿함까지 제공하니, 입장료가 크게 아깝지 않다. 특히 당사해양낚시공원이 있는 당사항부터 주전 몽돌해변까지 가는 해안가에는 해식 바위들이 즐비하여 운전하는 동안 지루하지 않은 풍경을 선사한다.

▶**주소** 울산광역시 북구 용바위 1길 58 ▶**운영** 하절기(4~10월) 08:00~22:00, 동절기(11~3월) 09:00~21:00 ▶**요금** [낚시 이용료] 성인 1만 원, 청소년 5,000원, [공원 입장료] 성인 1,000원, 청소년 500원, [주차료] 무료

3 주전 몽돌해변

알고 가요! 주전해변은 남목에서 산허리를 따라 들어가는데 해안선이 아름다워 드라이브 코스로 인기가 높다. 낚시공원에서 주전 몽돌해변까지의 담벼락에는 아기자기한 벽화가 그려져 있어 눈으로 감상하다 보면 다음 코스까지 금방 도달한다.

한 걸음 더! **주전봉수대**

조선 세조 때 세워진 것을 원통형 석축으로 복원한 것으로, 시지정 기념물 제3호다. 봉호산 정상에 자리하며 낮에는 연기로, 밤에는 햇불로 교신했다. 봉수대 정상에서 저 멀리 보이는 웅장한 공장지대는 울산현대중공업이다. 울산현대중공업은 조선 사업을 시작한 이래 세계에서 가장 많은 선박을 건조한 회사다. 입구 표지판에서 봉수대까지는 약 1.75km로, 한 차가 지나갈 동안 다른 차는 옆으로 비켜줘야 하는 외길이다. 좁은 산길은 아니지만 노면이 거친 편이다.

▸**주소** 울산광역시 동구 주전동 산 192-2 ▸**운영** 연중무휴

하얗게 부서지는 파도와 몽돌이 어우러지는 풍경 때문에 연인들과 가족 단위 관광객이 즐겨 찾는 곳이다. 동해안을 따라 1.5km 해안에 지름 3~6cm 크기의 새알 같은 동글동글한 자갈이 길게 깔려 있다. 파도가 쳐서 만들어낸 몽돌 소리는 은은하고 잔잔해서 벤치나 자갈바닥에 앉아 멍하게 듣고 가는 사람들이 종종 보인다.

▸**주소** 울산광역시 동구 동해안로 692 ▸**전화** 052-209-3355 ▸**운영** 연중무휴

대왕암공원 **4**

대왕암공원은 수령 100년 정도인 소나무 1만5천여 그루가 심어져 있어 산책하는 동안 힐링을 받을 수 있다. 대왕암의 모습은 하늘로 용솟음치는 용의 모습을 갖추고 있다. 하얀색 바위와 짙푸른색 바다가 대비되어 장관을 이루고, 간절곶과 함께 일출 사진을 찍기 위해 많은 사람이 모여든다. 대왕암공원은 울기등대(동해안 최초의 등대), 슬도, 소리체험관, 미르놀이터 등 다양한 시설을 즐기는 재미가 있는 곳이다.

▸**주소** 울산광역시 동구 등대로 140 일대 ▸**전화** 052-233-7716
▸**홈페이지** daewangam.donggu.ulsan.kr ▸**운영** 연중무휴

알고 가요! 대왕암공원 산책길은 크게 4가지다. 전설바위길은 약 30분, 송림길은 약 20분, 사계절길은 약 13분, 바닷가길은 약 40분 소요된다.

울산대교 전망대 5

울산대교는 2015년에 개통한 국내 최장이자 동양에서 3번째로 긴 단경간 현수교이다. 지상 4층, 높이 약 63m인 울산대교 전망대에서는 울산대교와 울산만, 울산의 산업단지(자동차, 석유화학, 중공업 등)를 두루 조망할 수 있다. 1층에는 AR/VR 체험관과 영상관이 있고, 2층은 야외테라스, 3층은 전망대, 4층은 옥외 전망대다. 밤에는 산업단지와 울산대교의 환상적인 빛이 펼쳐진다.

▸**주소** 울산광역시 동구 봉수로 155-1 ▸**전화** 052-209-3345
▸**홈페이지** www.donggu.ulsan.kr/tour ▸**운영** 09:00~21:00(매주 둘째·넷째 주 월요일, 설·추석 당일 휴관) ▸**요금** 무료(관람소요시간 약 30분)

6 간절곶

한반도에서 가장 먼저 해가 뜨는 명소로, 포항 호미곶보다 1분 빨리, 강릉 정동진보다 5분 빨리 해돋이가 시작된다. 매년 1월 1일에는 해맞이 축제가 열린다. 공원 주변으로 해안 산책로가 펼쳐져 있고, 동해안의 아름다운 절경과 풍차, 간절곶 소망우체통, 간절곶등대 등 상징적인 건물을 배경으로 사진을 찍기 좋은 장소가 곳곳에 많다.

▸**주소** 울산광역시 울주군 서생면 간절곶 1길 39-2 ▸**전화** 052-204-0331

🍴 코스 속 추천 맛집&카페

해마지

주전 몽돌해변 바로 맞은편에 자리한 전복 전문점이다. 전복돌솥밥, 전복해물뚝배기, 전복물회, 전복버터구이 등 전 메뉴가 전복으로 구성되었다. 시원함이 당길 때는 전복물회를, 뜨끈함이 당길 때는 전복돌솥밥이 제격이다. 전복 살이 통통하게 올라 식감도 좋다.

▸**주소** 울산광역시 동구 동해안로 671 ▸**전화** 052-235-2857

대왕암공원 주변 음식점

대왕암공원을 두루 둘러보려면 반나절은 족히 걸린다. 배가 출출할 수 있으니 공원 입구의 카페나 어묵 가게에서 간단히 요기하거나 군것질거리를 사서 걷는 게 좋다. 프랜차이즈 카페도 있으니 입맛에 맞는 곳을 고르면 된다.

▸**주소** 울산광역시 동구 등대로 140 일대
▸**전화** 052-233-7716

카페 소망우체통빵

간절한 소망을 원한다면 소망우체통빵 카페에서 여행을 기념하는 것은 어떨까. 카페 내부의 소망나무에는 전국에서 찾아온 사람들의 소망이 담긴 메모가 걸려 있으니 소망 하나쯤 걸어두고 와도 좋다. 간절곶 기념비 모양의 빵은 앙증맞고, 버터 향이 은은하게 묻어 있어 맛도 좋다.

▸**주소** 울산광역시 울주군 서생면 간절곶 1길 1 ▸**전화** 052-237-7609

부산 해운대~기장 해안도로

해녀들이 직접 물질을 하는 작은 항구에서 시작된 여행은 어느 순간 도심 속 빌딩을 지나고 이국적인 언덕과 모래사장을 지난다 싶으면 좁은 골목길을 지나 해맞이공원까지 이어진다. 부산 동부해안도로의 드라이브 길은 짧은 편이지만, 길 위에서 펼쳐지는 사람 이야기와 자연 풍광은 끝을 알 수 없이 길게 이어진다. 부산에서는 참으로 다양한 풍경과 표정을 만날 수 있다.

❄ DRIVE TIP

부산 지역의 바다는 따뜻한 구로시오 해류에서 갈라진 동한 난류가 북상한다. 어쩌면 해류 방향을 따라 해운대에서 기장 방향으로 여행하는 드라이브 코스가 자연스러울지도 모른다. 하지만 연어가 강을 거슬러 올라가는 것처럼 방향을 바꿔서 여행해 보는 것도 괜찮다. 방향이 달라지면 여행지에서 느끼는 내 시선도 달라지는 법이니까.

코스 순서	기장 대변항 ➡ 해동 용궁사 ➡ 청사포 ➡ 해운대해수욕장 ➡ 동백섬 ➡ 오륙도 해맞이공원
소요 시간	1시간 35분
총 거리	약 36km
이것만은 꼭!	• 광안대교는 2층 복층 구조로 되어 있는데, 상판은 해운대에서 용호동 방향이고 하판은 용호동에서 해운대 방향이다. • 해안도로를 달리다가 오륙도 해맞이공원 쪽으로 들어가면 도심 운전이 혼잡해서 운전하는 데 애를 먹는 경우가 발생할 수 있다. 차선이 좁고 차도가 복잡하니 옆 차의 운행과 보조를 맞춰 운전하자.
코스 팁	• 기장 대변항에서 출발해 해운대까지가 일반적 코스이지만, 해운대까지의 드라이브 길이 아쉽다면 광안대교를 지나 오륙도까지 냅다 달려보자. 광안대교를 통과할 때 두 볼을 때리는 바닷바람의 짠맛을 느껴봐야 제대로 된 부산 여행을 즐긴 것이다.

기장 대변항 1

이곳에서 생산되는 멸치는 전국 멸치 생산량의 60%를 차지하고 지방질이 풍부하고 꼬독꼬독한 식감으로 품질이 우수하다. 말린 미역도 맛이 좋아 인기 상품이다. 봄과 가을에 멸치잡이가 한창인데, 그물에 걸린 멸치를 터는 은빛 물결을 보기 위해 전국에서 사람들이 몰려들어 소란스럽다. 활기찬 멸치 철이 지나면 조용한 편인데, 이때는 진한 바다 냄새를 제대로 맡을 수 있다.

▸주소 부산광역시 기장군 기장읍 기장해안로
▸전화 051-709-4501 ▸운영 연중무휴

알고 가요! 대변항에서 남쪽으로 내려가면 바다를 끼고 형성된 해안 마을인 연화리 해녀촌이 나온다. 해녀들이 물질하여 직접 잡아 올린 싱싱한 해산물로 한 상 가득 차려낸 해산물 밥상이 일품이다. 고소한 전복죽은 아이들도 좋아하는 추천 메뉴다.

한 걸음 더! **오랑대공원**

옛날 기장으로 유배 온 친구를 만나기 위해 5명의 선비가 이곳에 와서 술을 마시고 즐겼다 하여 이름 붙여졌다. 오광대 끝에는 해광사에서 지은 용왕단이 서 있어 운치를 더한다. 봄에는 주변에 지천으로 피는 유채꽃과 일출, 파도를 배경으로 사진을 남기려는 사람들이 많아 바위가 비좁다.

▸주소 부산광역시 기장군 기장읍 기장해안로 340-41
▸운영 연중무휴 ▸요금 무료

해동 용궁사 2

대웅보전 뒤로는 소나무 숲이, 앞으로는 탁 트인 바다를 조망할 수 있는 해동 용궁사는 우리나라에서 바다와 가장 가까이 있는 관음성지이자 불심이 깊은 사찰로 유명하다. 위태로워 보이는 바위 위에 우뚝 솟은 자태가 고고하다. 절의 이름은 보문사였다가 1976년 정암스님이 용을 타고 승천하는 관음보살의 꿈을 꾼 후 이름을 해동 용궁사로 바꾸었다.

사람 키를 훌쩍 넘는 12지신상을 지나면 108 장수계단 입구에 '득남불'이라는 표식이 있는데, 시선을 내리면 포대화상이 배를 내밀고 있다. 석불의 코와 배, 손은 사람들의 손때가 묻어 반질거린다. 누구나 소원 하나쯤은 들어준다고 하니, 길 따라 자리한 석불에 소원을 말해보자.

▶ **주소** 부산광역시 기장군 기장읍 용궁길 86 ▶ **전화** 051-722-7744
▶ **홈페이지** www.yongkungsa.or.kr ▶ **운영** 05:00~일몰까지 ▶ **요금** 무료

알고 가요! 해동 용궁사로 들어가는 길에는 울퉁불퉁한 바위가 많으니, 편한 신발을 준비하자. 부도전 앞의 샛길을 통과하면 일출암이라 새겨진 넓은 암반이 나오는데, 이곳에서는 용궁사의 전경이 한눈에 보인다.

한 걸음 더! **국립수산과학원 수산과학관**

수산생물의 소중함과 해양생물 자원보전의 중요성을 알리기 위해 1997년 개관한 과학관이다. 선박전시관, 야외체험 수족관, 바다체험실, 아라누리 전망대, 해안산책로 등 실내와 야외에서 즐길 수 있는 프로그램이 다채롭다. 바다를 주제로 구성한 블록 전시와 미니 수족관은 특히 아이들이 좋아하는 포인트다. 관람객은 해마분수광장 쪽으로 진입해서 바로 보이는 과학관으로 들어가면 된다. 수산과학관 뒤쪽의 쪽문을 통과하면 해동 용궁사와 산책길(갈맷길)로 연결되어 있다. 차로 이동해도 5분 내외이다.

▶ **주소** 부산광역시 기장군 기장읍 기장해안로 216
▶ **전화** 051-720-3061

송정해수욕장

백사장이 넓고 조용해서 한적한 바다를 원하는 지역 주민들이 찾는 곳이다. 백사장 뒤쪽으로 소나무 숲이 우거져 있다. 수온이 높고 바람과 파도가 적당해서 서핑을 즐기는 사람들의 성지로 불리고 있다. 송정해수욕장 동쪽에 자리한 죽도공원 정상에서 바라보는 해변 풍경은 장관이다. '해운대 해변열차'는 미포에서 송정역까지 운행하는 열차로, 내부는 바다를 바라보는 한 방향의 객실로 이루어져 있어 좌석에 상관없이 누구나 바다 풍경을 즐길 수 있다.

▶ **주소** 부산광역시 해운대구 송정동 712-2 ▶ **전화** 051-749-5800

청사포 **3**

원래 이름은 '푸른 뱀'을 뜻하는 청사였는데, 뱀을 선호하지 않는 정서 때문인지 '푸른 모래'를 뜻하는 청사로 지명의 한자를 바꿨다. 하지만 한자 뜻에 큰 의미를 부여할 필요가 없어 보인다. 청사포는 고즈넉한 포구에서 풍기는 경관 자체가 아름답다. 횟집을 포함하여 조개구이집과 붕장어(아나고) 구이집이 몰려있고, 질 좋은 미역을 원한다면 청사포에서 구매해도 손해 보지 않는 장사다. 다릿돌 전망대에서 바라보는 쌍둥이등대와 청사포 해안 모습은 그림 같다.

▶**주소** 부산광역시 해운대구 중1동 ▶**전화** 051-749-4000 ▶**운영** 연중무휴

한 걸음 더! **달맞이동산**

해운대해수욕장과 송정해수욕장 사이의 와우산 중턱에 있는 고갯길로, 달맞이길, 달맞이공원, 달맞이동산 등으로 불리지만 부산 시민들에게는 '달맞이고개' 또는 '달맞이언덕'이라는 지명이 더 익숙하다. 고갯길 꼭대기에서는 동해와 남해 모두를 조망할 수 있는데, '해월정'이라는 정자에서는 일출과 월출을 한 자리에서 볼 수 있다. 맛집과 카페가 줄지어 있고 연인들의 데이트 코스로 첫손가락에 꼽힌다. 달맞이동산 주변은 길이 좁고 주차할 곳을 찾기가 어려워 주말에는 주차 대란이 일어난다.

▶**주소** 부산광역시 해운대구 달맞이길 190 ▶**전화** 051-749-5700
▶**요금** 해월정 주차장 이용시 주차료 있음

한 걸음 더! **김성종 추리문학관**

달맞이고개에서 '추리문학관' 이정표를 따라 걸어가면 나온다. 주변 카페와 맛집에 질리고, 바다 풍경과 솔숲 향기를 어느 정도 맡았다 싶을 때 생각나는 곳이다. 1992년 추리소설가 김성종 작가가 사재를 들여 개관한 도서관이다. 입장료가 저렴한 편은 아니지만, 무료 음료를 받고 무제한으로 추리소설을 읽을 수 있는 장점이 있다. 3층에서 바라보는 청사포 바다의 운치를 입장료와 바꿨다고 생각하면 충분할지도 모른다.

▶**주소** 부산광역시 해운대구 달맞이길 117번 나길 111
▶**전화** 051-743-0480 ▶**운영** 09:00~18:30, 명절 휴관
▶**요금** 성인 5,000원, 중고생 4,000원, 초등학생 3,000원

해운대해수욕장 4

더 이상의 설명이 필요 없는 해수욕장이지만 부산을 설명할 때 이곳이 빠지면 뭔가 서운하다. 여름에는 백사장에 알알이 박힌 파라솔이 그 인기를 증명한다. 평균 수심은 1m, 평균 수온은 약 22.6도로, 수심이 얕고 수온이 따뜻하여 사시사철 전국에서 가장 많은 인파가 찾는 인기 해수욕장이다. 사계절 각종 페스티벌이 개최되고, 국내뿐만 아니라 국제적인 관광 명소로 외국인도 많이 찾는다.

▶**주소** 부산광역시 해운대구 우동 ▶**전화** 051-749-7601 ▶**홈페이지** sunnfun.haeundae.go.kr
▶**운영** 연중무휴 ▶**요금** 무료(파라솔, 튜브, 비치베드, 구명조끼 등 피서용품 이용료는 업체 사정에 따라 변동됨)

> **알고 가요!** 백사장 뒤쪽으로 공용주차장이 있는데, 주말에는 주차장으로 들어가는 일조차 버겁다. 동백섬과 해운대해수욕장까지는 해파랑길로 연결되어 있으니, 동백섬 주차장에 주차하고 해운대해수욕장까지 걷는 것도 방법이다.

5 동백섬

동백나무와 소나무 숲이 울창한 곳이자 2005년 부산에서 개최된 APEC 정상회담 장소(누리마루)로 유명세를 알렸다. 원래는 섬이었으나 오랜 시간 퇴적 작용이 이루어지면서 육지와 연결되어 현재는 이름만 '섬'으로 남았다. 섬 안에는 동백공원이 있고, 동쪽 바위에는 신라 말기의 유학자 최치원이 쓴 '해운대(海雲臺)'라는 글씨가 새겨져 있다. 누리마루는 한국 전통 건축 양식인 정자를 본뜬 모습으로, 독창적인 디자인이 돋보인다. 참고로 누리는 '세계', 마루는 '정상'을 뜻하는 순우리말이다. 전통 단청을 입힌 로비 천장과 석굴암 천장을 모티브로 한 회의장 등 한국 전통 양식을 구석구석에서 찾아볼 수 있다.

▶**주소** 부산광역시 해운대구 우동 710-1 ▶**전화** 051-749-7621 ▶**운영** 연중무휴(누리마루 APEC 하우스는 09:00~17:00 운영)

> **알고 가요!** 동백섬을 한 바퀴 도는 데는 30분 정도 걸린다. 이 산책로는 지역 주민에게는 가벼운 걷기 코스로 인기가 높고, 한밤에는 연인들의 데이트 장소로 유명하다.

6 오륙도 해맞이공원

해운대에서 바다를 바라봤을 때 오른쪽 끝에 떠 있는 섬이 오륙도다. 섬의 개수가 다섯 개인지 여섯 개인지에 대한 의견이 분분한데, 밀물과 썰물에 따라 달라진다고도 하고 바라보는 위치에 따라 달라진다고도 한다. 봄에는 지천으로 수선화 꽃밭을 이루어 사람이 반, 꽃이 반이다. 오륙도 주변은 국가지질공원으로 지정되어 있으며 지질학적 가치가 높다. 해안절벽에는 스카이워크 전망대가 있어 짜릿한 풍광을 즐길 수 있고, 이기대까지 길게 해파랑길이 이어져 있다.

▶**주소** 부산광역시
남구 용호동
산 197-5
▶**운영** 연중무휴

알고 가요! 용호동 초입에서 오륙도까지 이르는 도로는 노면이 울퉁불퉁하고 맨홀과 배수구 뚜껑이 군데군데 있어 꽤 덜컹거린다. 특히 주말에는 도로 양옆에 주차된 차와 등산객의 차까지 합세해서 북새통을 이룬다.

코스 속 추천 맛집&카페

금수복국

시원하고 깔끔한 맛을 내는 전통 복국집이다. 고급 요리에 속했던 복국을 적당한 가격에 즐길 수 있게 뚝배기에 내놓은 원조집이라 할 수 있다. 탕, 튀김, 찜, 수육, 무침, 물회 등 복어를 재료로 메뉴가 다양하다. 언제 찾아가도 늘 시원한 국물 맛을 맛볼 수 있어 좋다.

▶**주소** 부산광역시 해운대구 중동1로 43번길 23 ▶**전화** 051-742-3600

용호낙지(본점)

동네 산책을 나왔다가 배고프면 들렀던 음식점이지만, 현재는 전국적으로 체인점을 보유하고 있다. 보글보글 끓을 때까지 냄비 뚜껑을 닫고 기다려야 제대로 우려낸 낙지, 곱창, 새우의 맛을 느낄 수 있다. 밥 위에 낙지를 한 국자 떠서 올리고 콩나물, 부추, 김가루 등을 넣어 슥슥 비벼 먹으면 된다.

▶**주소** 부산광역시 남구 동명로 145번길 74 ▶**전화** 051-622-5132

문토스트

소스를 바른 빵 위에 양배추를 넣은 따끈한 계란 지단을 올리고 그 위에 주 메뉴(치즈, 새우, 바비큐 등)를 올려서 반을 접어 내놓는다. 한 번 주문에 토스트 두 조각을 받으니 횡재한 느낌이다. 치즈가 흘러넘치는 모차렐라 치즈 토스트를 맛보자. 한 끼 식사로도 손색이 없다. 본점인 송정점의 오픈 시간은 오후 2시이니 미리 확인해 두자.

▶**주소** 부산광역시 해운대구 송정해변로 16 ▶**전화** 010-4559-4559

옵스

손 위에 올려놓아야 할 크기의 슈크림 빵이 인기 메뉴고, 케이크, 파이, 명란바게트 등 다양한 종류의 빵을 판다. 커스터드 크림을 꽉 채운 슈크림 빵은 진한 바닐라향이 느껴지며 달달하지만 느끼하지는 않

다. 냉동실에 살짝 얼리면 겉은 바삭하고 속은 촉촉하면서 부드러운 아이스크림 빵이 된다.

▶**주소** 부산광역시 남구 용호동 176-30, LG메트로시티 상가 1005-111
▶**전화** 051-612-1970

경상도

거제도 일주도로

푸른 바다와 알알이 박힌 섬을 곁눈질하는

우리나라에서 제주도 다음으로 큰 섬, 꼬불거리는 리아스식 해안선을 가진
섬, 넓고 큰 섬 안에 올망졸망한 작은 섬을 거느린 섬. 바로 거제도다.
해안선의 길이는 무려 386km에 달한다. 바닷바람을 맞으며 파도에
가려진 작은 섬을 찾아가다 보면 어느새 거제도를 한 바퀴 돌게 된다.

✳ DRIVE TIP

거제도 여행은 1018번 지방도를 따라 간다고
생각하면 된다. 거제도 해안도로 구석구석을
여행할 수 있는 필수 번호니 머릿속에 꼭 입력
해 두자. 운전에 자신이 없다면 문화관광농원,
죽림해변 등 거제도의 서쪽 해안에 위치한 지
명을 입력해서 드라이브하는 방법도 괜찮다.

코스 순서	맹종죽 테마파크 ➡ 장승포항 ➡ 학동몽돌해변 ➡ 바람의 언덕 ➡ 여차몽돌해변 ➡ 명사해수욕장 ➡ 신거제대교
소요 시간	3시간 25분
총 거리	약 113km
이것만은 꼭!	• 거제도는 10개의 유인도, 52개의 무인도, 13개의 해수욕장을 보유한 큰 섬이다. 하루 여행이 아쉽다면 유람선 코스나 외도나 해금강 등 섬 여행까지 계획해 보는 것도 좋다. • 거제를 지나는 관문에 있는 통영타워휴게소에서 여유 있게 차 한 잔 마시면서 지난 여행을 돌아보는 여유를 가져보자.
코스 팁	• 거제도에는 드라이브 명소가 여럿 있다. 여차~홍포 해안도로, 학동~해금강 해안도로 등은 계절에 관계없이 아름다운 풍광을 드러낸다.

맹종죽 테마파크 1

1926년 신용우 씨가 일본을 다녀온 후 3주의 맹종죽을 성동마을 자기 집 앞에 심게 된 것이 시초가 되었다. 우리나라 전체 맹종죽 가운데 80% 이상이 이곳에서 자라고 있는데, 거제 맹종죽은 중국이 원산지다. 높이 약 10~20m, 지름 약 20cm 정도로 보통 대나무보다 둘레가 굵다. 껍질에 흑갈색의 반점이 있으며 윤기가 적고 매우 단단한 것이 특징이다. 대숲을 통과하는 동안 모기나 벌레에 종종 물리기도 하니, 가능하면 긴 옷을 준비하는 것이 좋다.

▶**주소** 경남 거제시 하청면 거제북로 700 ▶**전화** 055-637-0067
▶**홈페이지** www.maengjongjuk.co.kr ▶**운영** 하절기 09:00~18:00, 동절기 09:00~17:30, 연중무휴 ▶**요금** 성인 3,000원, 청소년 2,000원, 어린이 1,500원

2 장승포항

1889년 이후 일본 어민들이 들어와 마을을 이루었고, 1930년 어항과 무역항으로 발전하기 시작했으며 1965년 개항장으로 지정되었다. 장승포항의 발전은 인근 옥포조선소의 발전과 함께 했다. 부산과 장승포 간에 쾌속선이 운항되고 있고, 1971년 거제대교가 개통된 후 육상교통과도 쉽게 연결되었다. 교통의 발전과 외도, 해금강, 한려수도 해상 관광 유람선을 이용할 수 있는 장승포유람선 터미널이 함께 있고 횟집을 비롯한 음식점들이 많아 관광객들이 늘 찾는 곳이다.

▶**주소** 경남 거제시 장승로 138 ▶**전화** 055-681-6565 ▶**운영** 연중무휴

한 걸음 더! 구조라해수욕장

모래가 곱고 수심이 완만하며 수온이 적당하여 해수욕을 즐기는 사람들에게 인기가 높다. 스쿠버 다이빙, 제트스키 등 해양 레포츠를 즐길 수 있고, 멸치, 미역 등 특산품을 파는 상점과 횟집 등이 늘어서 있다. 구조라항에서는 내도, 외도, 해금강 등을 관광할 수 있는 유람선이 운영된다.

▶**주소** 경남 거제시 일운면 구조라리 500-1 ▶**전화** 055-639-3000
▶**운영** 연중무휴

공곶이

바다를 향해 튀어나온 지형이 마치 '궁둥이' 같다고 해서 붙여진 이름이다. 동백이나 목련 등 다양한 꽃나무가 있지만, 봄에 피는 노란 수산화꽃밭으로 유명하다. 공곶이에 이르는 길은 탐방로로 조성되어 있는데, 계단이 가파르고 좁아서 걷기에 편한 곳은 아니다. 마을의 중심을 지나 해안가 쪽에 몽돌해변이 넓게 펼쳐져 있으니 이곳의 경치까지 즐기고 오면 좋다. 공곶이로 들어서는 계단 입구 앞에 예구선착장이 있으니 이곳에 주차하면 된다.

▶**주소** 경남 거제시 일운면 와현리 ▶**운영** 연중무휴

3 학동몽돌해변

한 걸음 더! 신선대

전국에는 신선이 놀다 간 곳이 여럿 있는데, 바람의 언덕으로 가는 큰길에서 해금강 테마박물관 옆의 길로 눈길을 돌리면 바다 위에 다소곳이 세워진 멋들어진 바위인 신선대를 만날 수 있다. 신선이 놀다 간 자리라고 불릴 정도이니 경치는 말할 필요가 없다. 기암괴석 위의 전망대에 오르면 저 멀리 펼쳐진 다도해 풍경이 그림 같다.

▶ **주소** 경남 거제시 남부면 갈곶리 산 21-23
▶ **전화** 055-639-3196 ▶ **운영** 연중무휴

학이 날아오르는 모습과 비슷하게 생긴 지형이라고 하여 이름 붙여진 해변으로, 길이 약 1.2km, 폭 약 50m로 몽돌이 넓게 깔려 있다. 해안을 따라 3km에 걸쳐 천연기념물 제255호인 동백림이 펼쳐져 있고, 세계 최대 규모의 팔색조 번식지로도 유명한 곳이다. 파도가 스치고 지나가며 남기는 몽돌 소리는 마른 가슴에 촉촉한 울림을 선사한다. 여타 해변의 몽돌 소리와 어떤 차이가 있는지 꼭 한 번 느껴보자.

▶ **주소** 경남 거제시 동부면 거제대로 946 ▶ **전화** 055-635-7862 ▶ **운영** 연중무휴

알고 가요! 구조라해수욕장에서 학동몽돌해변에 이르는 길가의 한쪽에는 송림이 우거져 있고, 다른 쪽에는 학동리 동백나무가 군락을 이루고 있어 환상적인 숲길이 펼쳐진다. 여기에 햇살과 바람이 더해지면 동화 속 마을로 진입하는 황홀감마저 느껴질지도 모른다. 다만 여기는 2차선 도로 위라는 점! 운전은 늘 조심하는 것이 좋다.

4 바람의 언덕

외도나 해금강 관광을 하기 위해 도장포 유람선선착장에 도착하면, 위쪽으로 넓게 펼쳐진 잔디 언덕과 풍차가 보이는데 이곳이 바람의 언덕이다. 조용한 민둥산 언덕이었는데 여러 드라마에 소개되면서 유명세를 떨치고 있다. 나무 산책로를 따라 언덕을 오르다 보면 무자비한 바람이 얼굴을 때린다. 괜히 바람의 언덕이 아니다. 이런 해풍의 영향으로 이곳에서 자라는 식물들은 키가 작은 편이다. 정상 부근에 위치한 풍차를 배경으로 바다 쪽을 돌아보면 남해의 멋진 풍경이 한 손에 잡힐 듯하다.

▶ **주소** 경남 거제시 남부면 갈곶리 산 14-47 ▶ **운영** 연중무휴

여차몽돌해변 5

거제시 다포마을의 고개를 넘으면 아담하게 자리한 해변으로, 앞바다에 점점이 떠 있는 8개의 작은 섬을 바라보고 지킨다고 하여 '여차'라는 지명이 생겼다고 한다. 길이 약 700m, 폭 약 30m로 규모는 작은 편이지만 흑진주빛 몽돌과 정감 있는 포구, 푸르고 깨끗한 바다는 평화로운 어촌 마을 그대로다. 여기에 8개의 작은 섬까지 더해져 한 폭의 그림을 완성한다.

▶ **주소** 경남 거제시 남부면 여차길 22 ▶ **전화** 055-639-3000 ▶ **운영** 연중무휴

6 명사해수욕장

알고 가요! 명사해수욕장을 지나면 작은 해변이 줄줄이 이어지는데, 1018번 지방도 표지판을 따라 이동하면 거제도의 서쪽 해안선을 따라 신거제대교에 이른다. 내비게이션에 다음 여행지를 입력하면 읍내로를 따라 거제도 중심부를 통과하게 되므로, 해안 풍경을 더 즐기려면 해안가 1018번 지방도를 따라가도록 하자.

백사장 길이는 약 350m, 폭은 약 30m로 모래사장이 깨끗하고 바닷물이 맑아 '명사'라고 이름 붙여졌다. 백사장 뒤로 울창하게 자리한 송림과 넓게 펼쳐진 모래사장 덕분에 가족 피서지로 인기가 높다. 뿐만 아니라 주변에는 볼락, 감성돔, 쥐치 등이 많이 잡히는 대병대도와 소병대도가 있고, 유람선을 타면 홍포, 여차, 해금강, 매물도, 한산도, 비진도를 관광할 수 있다.

▶**주소** 경남 거제시 남부면 저구리 ▶**전화** 055-639-3000 ▶**운영** 연중무휴

한 걸음 더! 거제 포로수용소 유적공원

한국전쟁 당시 포로수용소의 처참했던 기존 유적지의 잔해에 영상실, 전시실 등을 추가하여 공원화한 곳이다. 탱크전시관, 6·25역사관, 포로생활관, 포로생포관, 포로폭동관, 유적박물관, 철모광장 등 다양한 전시실을 둘러볼 수 있다. 찌그러진 철모에 생긴 총알 구멍을 통해 치열했던 한국전쟁 당시의 긴박함을 짐작할 만하다. 드라이브 길에서는 조금 벗어나 있지만, 아이와 함께 여행 중이라면 한 번쯤 들러 봄직한 곳이다.

▶**주소** 경남 거제시 계룡로 61 ▶**전화** 055-639-0625
▶**홈페이지** www.gmdc.co.kr ▶**운영** 하절기 09:00~18:00, 동절기 09:00~17:00, 넷째 주 월요일·설날·추석 당일 휴관
▶**요금** 성인 7,000원, 청소년 5,000원, 어린이 3,000원

신거제대교 7

거제시 사등면 덕호리와 통영시 용남면 장평리를 잇는 연륙교로, 이 다리를 통과하면 통영이다. 총 길이는 약 940m, 폭 20m의 왕복 4차선 다리다. 거제대교가 교통량을 소화하기 힘들어져 1999년 신거제대교가 개통되었고, 이후부터 거제대교는 구거제대교로 불리게 되었다. 두 다리는 견내량 해협 아래위 쪽으로 나란히 서 있으면서 거제를 들고나는 사람들의 안녕을 살피고 있다.

▶**주소** 경남 거제시 사등면 덕호리 ▶**운영** 연중무휴

🍴 코스 속 추천 맛집&숙소

예이제 게장백반

간장게장이든 양념게장이든 비리지 않고 살이 꽉 차서 먹음직스럽다. 짭조름한 게딱지에 슥슥 비면 밥 한 공기는 눈 깜빡할 사이에 사라진다. 반찬으로 제공되는 간장새우도 살이 통통하고 고추장아찌는 톡 쏘는 매운맛이 느껴져 뒷맛이 깔끔하다.

▶**주소** 경남 거제시 장승로 101-1 ▶**전화** 055-681-1445

바람의 핫도그

거제 9미로 유명한 핫도그로, 소시지는 일반 핫도그보다 크고 풍미가 좋다. 마늘빵에 다양한 맛의 토핑과 소스가 곁들여져 있어 잘 어우러진 맛이 난다. 커피와 먹으면 한 끼 식사로도 손색이 없다.

▶**주소** 경남 거제시 남부면 다대5길 13 ▶**전화** 0507-1437-1169

혜원식당

장승포항 도로변에 자리한 작은 식당으로, 신선한 해산물로 요리한 해물찜이 유명하다. 매콤하면서 감칠맛이 느껴지는 양념에 홍합, 새우, 가리비, 낙지 등 갖가지 해산물이 한 데 어울려 푸짐하게 나온다. 오픈 시간은 오전 8시이지만, 주인장의 건강 상태에 따라 변동되니 출발 전에 상황을 체크하는 게 좋다.

▶**주소** 경남 거제시 장승로 121-2 ▶**전화** 0507-1400-5021

경상도

통영 미륵도 일주도로

통영 여행은 통영중앙시장에서부터 시작된다.
펄떡거리면서 활기찬 중앙시장은 통영에 항구가 있다는
사실을 새삼 일깨워준다. 사람 냄새 풍기는 시골벅적함은
통영대교나 충무교를 건너 미륵도에 다다르면 겉으로는
멋진 드라이브 길을 내어주고, 내면은 고요하고 잔잔한
자연풍광을 선물한다.

✳ DRIVE TIP

통영 여행의 핵심은 1021번 지방도인데, 풍
화일주로, 산양일주로가 포함된다. 풍화일
주로는 길이 매우 협소하고 간헐적으로 보
이는 외길을 맞닥뜨리면 이러지도 저러지
도 못하는 신세가 된다. 운전에 자신이 없다
면 풍화일주로는 다음 기회로 미뤄도 괜찮
다. 산양일주로를 드라이브 하는 맛도 스릴
있고 역동적이며 매력적이다.

코스 순서	동피랑벽화마을 ➡ 당포성지 ➡ 달아공원 ➡ 통영수산과학관 ➡ 통영해저터널
소요 시간	1시간 5분
총 거리	약 35km
이것만은 꼭!	• 달아공원에서 일몰을 배경으로 추억 사진을 남겨보자. 날이 흐리거나 구름이 많으면 지는 해를 배경으로 여러 섬의 실루엣을 찍는 일이 생각보다 쉽지 않다. 통영을 다시 찾아야 하는 이유를 여기에서 찾으면 된다.
코스 팁	• 중앙시장이나 서호시장에서 볼거리와 먹을거리를 채우고, 미륵도에서는 운전에만 집중해 보자. 상하좌우로 굴곡진 길을 운전하면서 주변 풍경을 감상하기에는 시간이 부족할지도 모른다.

동피랑벽화마을

'동쪽 벼랑'이라는 뜻을 지닌 동피랑벽화마을은 마을 벽에 그려진 벽화 덕택에 전국적으로 유명하다. 통영중앙시장 뒤쪽 언덕에 자리한 마을 곳곳의 구불구불한 언덕 벽은 물고기, 사람, 새, 꽃 등 다양하고 아기자기한 그림으로 채워져 있다. 조선시대 삼도수군통제영의 동포루가 있던 곳을 복원하여 벽화 마을로 탈바꿈시켰다. 주말에는 전국에서 몰려온 관광객으로 시끌벅적하다.

▶**주소** 경남 통영시 동피랑1길 6-18 ▶**전화** 055-649-2263 ▶**운영** 연중무휴

알고 가요! 동피랑벽화마을에도 주차가 가능하지만 골목길이 넓은 편이 아니니 공용주차장을 이용하는 게 낫다. 주말에는 관광객의 물결과 주민 차량, 방문객 차량으로 매우 혼잡하다. 공영주차장 이용 시 주차비는 10분마다 400원씩 추가, 1일 최대 6,000원.

한 걸음 더! 동피랑벽화마을과 함께 둘러보면 좋은 여행지

충렬사

충무공 이순신을 기리기 위해 세워진 사당으로, 일제강점기 때 서원철폐령에도 불구하고 유일하게 존속된 정통 사당이다. 위패를 모시고 제사를 지내는 사당 외에도 동재, 서재, 숭무당, 경충재, 강한루가 자리한다. 유물전시관에는 명나라 신종황제가 내린 여덟 가지 선물인 통영충렬사팔사품(보물 제440호)과 정조가 발간한 <충무공전서>와 <어제사제문>이 전시되어 있다.

▶**주소** 경남 통영시 여황로 251 ▶**전화** 055-645-3229 ▶**홈페이지** tycr.kr
▶**운영** 09:00~18:00, 연중무휴 ▶**요금** 성인 1,000원, 청소년 700원, 어린이 500원

삼도수군통제영(세병관)

1603년 선조 36년에 만들어져 1895년 고종 32년까지 292년 동안 경상, 전라, 충청의 삼도수군을 지휘하던 본영으로, 조선 해상 요충의 총사령부로서의 역할을 톡톡히 했던 곳이다. 임진왜란 당시 초대 통제사로 임명된 이순신의 한산도 진영이 최초의 통제영이었다. 통제영의 중앙에는 현존하는 목조 건물 가운데 가장 큰 규모를 자랑하는 세병관(국보 제305호)이 자리한다.

▶**주소** 경남 통영시 세병로 27 ▶**전화** 055-645-3805 ▶**운영** 09:00~18:00, 연중무휴 ▶**요금** 성인 3,000원, 청소년 2,000원, 어린이 1,000원

서피랑마을

동피랑벽화마을의 정상에는 동포루가 자리하고, 서피랑마을의 정상에는 서포루가 자리한다. 통영의 고유성과 역사성을 품은 근린공원으로 탈바꿈 중인데, 서피랑문학동네, 뚝지먼당, 99계단, 음악정원, 피아노계단, 인사하는 거리, 정당샘 등 볼거리도 꽤 많다. 99계단에는 박경리 작가의 문학 작품을 소재로 한 벽화가 그려져 있고, 서피랑등대가 마을을 지켜주고 있다. 주차는 서피랑 주차장을 이용한다.

▶**주소** 경남 통영시 명정동 305-8 ▶**전화** 055-650-0585 ▶**운영** 연중무휴

당포성지 2

1374년 고려 공민왕 23년에 왜구의 침략을 막기 위해 쌓은 성이다. 1592년 임진왜란 당시 왜적에게 점령당했으나 이순신이 다시 탈환하였는데 이것이 당포대첩이다. 현재 석축의 총 길이는 약 752m, 높이는 약 2~7m, 너비는 4~5m다. 동쪽과 서쪽에 성문을 내고, 대포를 설치하기 위해 사방에 포루를 만들었다. 남쪽 일부의 석축이 무너진 것을 제외하고 동서남북 망루 터는 비교적 양호한 상태로 남아 있다.

▶주소 경남 통영시 산양읍 삼덕리 244 일대 ▶전화 054-262-5437
▶운영 연중무휴 ▶요금 무료

알고 가요! 내비게이션에 '당포성지'로 입력하면 차 한 대 지나갈 정도의 좁고 거친 길(당포길)을 안내한다. 산양일주로 내의 펜션(전망좋은펜션 등) 이름을 검색해서 이동해도 된다.

달아공원 3

당포성지에서 달아공원까지의 길은 '한국의 아름다운 길'에도 선정될 정도로 풍경이 뛰어나다. 지형이 코끼리 어금니와 닮았다고 해서 '달아'라고 이름 붙여졌는데, 현재는 일몰 때 달 구경하기 좋은 곳이라는 의미로 통한다. 달아공원의 전망대에서 탁 트인 바다를 바라보면 비진도, 학림도, 오곡도, 소지도, 송도, 국도, 연대도, 저도, 연화도, 만지도 등 한려수도의 장관을 두 눈에 담을 수 있다.

▶주소 경남 통영시 산양읍 산양일주로 1115 ▶전화 055-650-4681 ▶운영 연중무휴

알고 가요! 달아공원 전망대 앞은 주차 단속 지역이므로, 연화주차장에 주차하면 된다. 중·소형차인 경우 1,100원(최초 1시간), 1시간 후 10분당 250원(주중), 300원(주말 및 집중 수요기간), 9시간 이상 1만3,000원이 추가된다. 경차인 경우 500원(최초 1시간), 1시간 후 10분당 100원, 9시간 이상 5,000원이 추가된다.

코스 속 추천 맛집&카페

원조시락국

서호시장에서 시래기국 한 가지만 파는 작은 식당이다. 문을 열면 구수하면서 정겨운 시락국 맛이 풍겨 나온다. 긴 식탁 위에는 콩나물, 부추, 나물, 김치, 양념깻잎, 고추장아찌, 파래, 양념장, 김가루 등  뷔페식 반찬을 먹고 싶은 만큼 덜어 먹을 수 있게 준비되어 있다. 시래기국에 양념장이나 부추를 넣어 간을 맞추고 산초가루나 방아가루를 뿌려 먹으면 국물 맛이 더 풍성해진다.

▶주소 경남 통영시 새터길 12-10 ▶전화 055-646-5973

동광식당

중앙시장에서 50년 가까이 복국 하나로 사람들의 입맛을 사로잡은 식당이다. 2~4월에 식당을 찾으면 이 시기에만 제공되는 계절 특미인 도다리쑥국을 주문해 보자. 살이 통통하게 오른 도다리와 쑥의 조합이 환상적이다.  참복, 까치복, 황복, 졸복 등 입맛에 따라 복국을 맛볼 수 있고, 비빔밥(성게비빔밥, 멍게비빔밥, 회비빔밥)을 주문하면 복국을 곁들여준다. 고추장이 있지만, 성게비빔밥을 먹을 때는 간장만 뿌리는 것이 좋다.

▶주소 경남 통영시 통영해안로 343-1 ▶전화 055-644-1112

4 통영수산과학관

바다, 인간, 과학이 어우러진 친환경 자연학습장을 표방한 수산과학관으로, 전시실(해양실, 수산실)을 비롯해 수족관, 전망대, 영상실, 화석 및 어패류 전시실, 야외쉼터 등 다채로운 볼거리가 많은 곳이다. 통영의 수산업과 수산물의 발달사를 고대로부터 일목요연하게 전시하고 있다. 전시실 내부에서는 통영에서 생산되는 굴, 우렁쉥이, 진주 등을 볼 수 있고, 한쪽에 통영 지역의 전통 어선인 통구밍이가 복원되어 있다. 또한 야외 광장 어디에 있든 다도해를 조망할 수 있어 관광과 관람을 동시에 즐길 수 있는 소중한 장소다.

▶**주소** 경남 통영시 산양읍 척포길 628-111 ▶**전화** 054-646-5704
▶**홈페이지** muse.ttdc.kr ▶**운영** 09:00~18:00, 매주 월요일·설·추석 당일 휴관 ▶**요금** 성인 3,000원, 청소년 2,000원

한 걸음 더! 한려수도 조망케이블카(미륵산 케이블카)

도남관광지 하부 정류장에서 미륵산 8부 능선에 위치한 상부 정류장까지 8인승, 47대의 자동순환식 곤돌라가 관광객을 수송한다. 통영케이블카에 오르면 한산대첩의 역사적인 현장과 한려수도의 비경을 한눈에 조망할 수 있다. 기상악화로 운행이 중단될 수 있어 당일 발권만 가능하므로, 미리 확인하고 가자.

▶**주소** 경남 통영시 발개로 205 ▶**전화** 1544-3303 ▶**홈페이지** cablecar.ttdc.kr
▶**운영** 09:00~18:00, 매월 둘째 주·넷째 주 월요일 휴무 ▶**요금** [탑승료] 성인 왕복 1만4,000원, 편도 1만500원, 어린이 왕복 1만 원, 편도 8,000원

수타꿀빵

중앙시장 주변으로는 꿀빵 전문점들이 즐비하다. 맛보기용으로 꿀빵을 권하는 곳도 많다. 이순신꿀빵, 오미사꿀빵, 꿀단지꿀빵 등 이름만 들어도 알 만한 가게부터 수타꿀빵, 멍게하우스꿀빵 등 여러 가게에서 꿀빵을 판매한다. 팥, 고구마, 완두로 속을 채운 달달한 꿀빵은 든든한 간식거리로 제 역할을 한다.

▶**주소** 경남 통영시 서문로 42
▶**전화** 055-645-0773

통영해저터널 5

1932년에 건립한 동양 최초의 해저터널로 육지와 섬을 잇는 해저도로다. 총 길이는 483m, 폭은 5m, 높이는 3.5m다. 양쪽 터널 입구에 '용문달양(龍門達陽)'이라고 쓰여 있는데, 용문을 거쳐 산양(미륵도)에 통한다는 뜻이다. 예전에는 통영과 미륵도를 연결하는 주요 연결로였지만, 충무교와 통영대교가 개통되면서 지금은 주민들의 산책길로 주로 이용되고 있다. 용문은 물살이 센 여울목으로 잉어가 여기를 거슬러 오르면 용이 된다고 하는데, 중국 고사에 나오는 말이다.

▶**주소** 경남 통영시 도천1길 7, 운하2길 ▶**전화** 055-650-0582
▶**운영** 연중무휴(24시간 무료 개방)

남해군 일주도로

배를 타지 않고 육지에서 차로 이동하는 섬 중에서 이보다 이국적인 풍광을 자랑하는 곳이 또 있을까 싶다. 활짝 편 날개 테두리를 따라 이어지는 드라이브 길에는 문화관광부, 건설교통부, 국토해양부 등 여러 단체에서 선정한 아름다운 길이 줄줄이 펼쳐진다. 보물섬 탐험은 지금부터 시작이다.

☸ DRIVE TIP

남해군 일주도로는 1024번 지방도를 따라 여행하는 길이다. 1024번 지방도는 서쪽인 서면에서 출발하여 남면과 미조면을 거쳐 창선면으로 빠져나가는 일주도로의 핵심 지방도로다. 목적지만 입력하면 남해군과 창선도의 중심부를 통과하게 되니 중간중간 이정표를 재설정해야 해안도로를 달리기 편하다.

코스 순서	남해대교 ➡ 다랭이마을 ➡ 상주 은모래비치해변 ➡ 미조항 ➡ 독일마을 ➡ 창선~삼천포대교
소요 시간	3시간 30분
총 거리	약 109km
이것만은 꼭!	• 남해에는 보물섬 미조항 멸치축제(5월), 보물섬 마늘&한우축제(6월), 상주은모래비치 섬머페스티벌(8월), 독일마을 맥주축제(10월) 등 계절별로 다양한 축제가 개최된다. 이 시기에 맞춰 방문하는 것도 좋다.
코스 팁	• 드라이브 코스 내에 보리암을 방문하려면 시간 여유를 충분히 가져야 한다. 사찰로 오르는 길이 만만치 않고, 주말에는 전국에서 몰려든 관광객으로 교통체증이 심하다.

1 남해대교

1973년 개통된 현수교로 하동군과 남해군을 잇는 연륙교다. 길이 660m, 높이 80m로 우리나라에서 가장 아름다운 다리로 불리고 있다. 이 다리가 없었을 때는 남해로 진입하기 위해서는 뱃길로만 이동해야 했다. 남해가 달리 유배지였겠는가. 40여 년 동안 이용하다 보니 노후화가 진행되어 2018년에 남해대교를 대체하기 위해 노량대교를 개통하였다.

▶주소 경남 하동군 금남면 노량리

 남해대교를 타고 남해로 진입했으면 남해각에서 지나온 길을 조망해도 좋고, 남해대교 선착장에서 잠깐 쉬어도 좋다. 사촌해수욕장을 들르지 않는다면 1024번 지방도 이정표를 따라 해안도로를 운전하도록 한다.

한 걸음 더! 사촌해수욕장

남해의 왼쪽 날개 남쪽에 자리한 해수욕장으로 둥근 모양의 야트막한 산들이 해안을 둘러싸고 있어 경치가 뛰어나다. 모래가 많다는  뜻에서 '사촌'이라 불리게 되었다. 길이는 650m, 폭은 20m, 수심은 1.5m로 모래가 곱고 부드러워 해수욕을 즐기기에 좋다. 백사장 뒤로 300년 된 해송 방풍림이 조성되어 있어 캠핑하는 사람들이 종종 찾는다.

▶주소 경남 남해군 남면 임포리 ▶전화 055-863-2135

2 다랭이마을

남해는 넓은 바다만큼 경사진 산이 많아 다랭이논을 많이 발견할 수 있다. 손바닥만 한 땅이라도 허투루 쓰지 않고 계단식 논을 일군 사람들의 억척스러움과 설움이 안타까울 정도다. 비탈진 경사면을 따라 아래로 내려가면 시원한 바다가 맞이하는데, 농사를 짓다가 아픈 허리를 들면 이 바다가 보였으리라. 다랭이마을에 다다를 때쯤 오르막길 오른쪽에 마을을 조망할 수 있는 전망대가 마련되어 있다.

▶주소 경남 남해군 남면 남면로 679번길 21 ▶전화 010-2720-3427
▶홈페이지 darangyi.modoo.at ▶운영 연중무휴

 사촌해수욕장에서 가천 다랭이마을에 이르는 길은 '한국의 아름다운 길'로 선정되기도 했고, CNN에서 선정한 한국에서 꼭 가봐야 할 곳 3위에 선정되기도 했다.

3 상주 은모래비치해변

남해에서 가장 빼어난 풍경을 지닌 해변으로, 백사장 길이는 1.5km, 폭은 120m로 부채꼴 모양의 넓은 해변을 자랑한다. 여름철에는 전국에서 100만 명 이상의 피서객이 찾을 정도로 인기가 높다. 해변 뒤쪽으로 남해 금산의 그림 같은 풍경이 병풍처럼 에워싸고 있으며, 파도가 잔잔하고 수온이 23~25도로 따뜻하여 가족 단위의 피서지로 으뜸이다.

▶ **주소** 경남 남해군 상주면 상주로 10-3
▶ **전화** 055-860-3374 ▶ **운영** 연중무휴

알고 가요! 다랭이마을에서 상주 은모래비치해변까지 가기 위해서는 앵강만을 끼고 돌아야 하는데, 그 사이에 월포두곡해수욕장이 있다. 월포두곡해수욕장은 몽돌과 모래의 어울림이 조화로운 해수욕장으로, 바다가 월포와 두곡 2개 마을에 이어져 있어 이름이 붙여졌다.

한 걸음 더! 보리암

금산의 정상 바로 아래에 자리한 보리암은 남해를 말할 때 빼놓을 수 없는 사찰이다. 683년 원효대사가 이곳에서 수도하면서 산 이름을 보광산, 초당 이름을 보광사로 지었다고 한다. 훗날 태조 이성계가 이곳에서 백일기도를 한 후 조선 왕조를 열었는데, 산 이름에 비단 '금'자를 써서 금산이라 짓고, 절 이름도 보리암으로 바꾸었다고 한다. 보리암의 관음보살에게 기도하면 한 가지 소원은 꼭 들어준다는 말이 있어서 팍팍하고 거친 길을 마다하지 않고 불자들이 찾아온다. 보리암 뒤편에서 정상으로 올라가면 '금산'이라는 표지석이 있고, 이곳에서 보는 기암괴석과 푸른 남해의 경치가 장관을 이룬다.

▶ **주소** 경남 남해군 상주면 보리암로 665 ▶ **전화** 055-862-6115
▶ **홈페이지** boriam.or.kr ▶ **요금** 성인 1,000원

한 걸음 더! 남해 보물섬전망대(물미해안전망대)

물미해안선을 조망하는 등대 모양의 건축물로, 내부에서는 360도 파노라마 방향으로 바다를 조망할 수 있다. 2층 스카이워크는 유리로 된 하늘길을 직접 걸어보며 아찔한 모험을 즐길 수 있는 액티비티 공간이다. 1층에서는 남해군 특산품을 판매하고, 2층은 카페와 옥상 전망대로, 3층은 노을 전망대로 꾸며져 있다.

▶ **주소** 경남 남해군 삼동면 동부대로 720 ▶ **전화** 0507-1377-0047
▶ **홈페이지** namhaeskywalk.modoo.at ▶ **운영** 09:00~21:00(시기에 따라 변동) ▶ **요금** 무료(스카이워크 체험 3,000원, 신발 이용료 2,000원 추가)

미조항 4

'미륵이 도운 마을'이라는 뜻을 품고 있는 미조항은 봄에는 멸치잡이로, 가을에는 전어잡이로 유명한 어항이다. 항구의 뒤쪽으로는 울창한 삼림이 둘러싸고 있고, 앞쪽으로는 유인도인 조도와 호도 외에 16개의 작은 섬이 떠 있다. 예전에는 군항으로서 중요한 몫을 수행했지만, 현재는 방파제 주변으로 모여든 낚시꾼과 물미해안도로가 시작되는 항구로 이름이 더 알려졌다. 미조항 입구에는 해풍을 막기 위해 조성된 상록수림이 조성되어 있다.

▶ **주소** 경남 남해군 미조면 ▶ **전화** 054-262-5437 ▶ **운영** 연중무휴

알고 가요! 미조항에서 출발하여 항도어촌체험마을을 거쳐 삼동면 물건리 방조어부림까지 이어지는 길은 아름다운 물미해안도로다. 물건리와 미조면의 앞 글자를 각각 따서 이름 지었다. 남해의 푸른 바다와 아담한 마을이 조화를 이뤄 어촌의 매력을 한껏 돋군다.

독일마을 5

1960~70년대 경제발전에 이바지한 독일 교포들의 정착촌으로 흰 건물에 빨간 지붕이 인상적이어서 이국적인 풍경을 자아낸다. 고향을 그리워하던 이들이 쉽게 고국으로 돌아올 수 없게 되자 경상남도와 남해군이 그들의 정착 생활을 지원하기 위해 조성한 마을이다. 파독전시관에서는 파독 광부와 간호사의 고단한 삶의 흔적을 느낄 수 있다. 한국관광공사가 선정한 '한국인이 꼭 가봐야 할 관광지 100선'에 선정되기도 했다.

▶ **주소** 경남 남해군 삼동면 독일로 92 ▶ **전화** 055-867-8897 ▶ **홈페이지** 남해독일마을.com
▶ **요금** 무료(파독전시관 관람료 1,000원)

한 걸음 더! **지족해협 죽방렴(지족갯마을)**

창선교 아래에 자리한 지족갯마을은 자연환경을 이용해 '죽방렴'으로 물고기를 잡는 곳으로, 죽방렴을 대단위로 하는 곳은 이곳이 유일하다. 죽방렴은 길이 10m 정도의 참나무로 된 말목을 갯벌에 박아 그 사이로 대나무를 주렴처럼 엮어 만든 어업 도구다. 조류가  흘러오는 방향을 향해 V자형으로 벌려 고기를 잡는 죽방렴은 남해 지족해협에 23개소가 남아 있다. 죽방렴에서 잡아 말린 멸치를 '죽방멸치'라고 하는데, 비늘을 다치지 않게 잡고 멸치가 싱싱해서 비싼 가격에 판매된다. 죽방렴을 가까이에서 볼 수 있도록 도보교와 관람대가 설치되어 있다.

▶ **주소** 경남 남해군 삼동면 죽방로 65 ▶ **전화** 055-867-2662 ▶ **요금** 무료

창선~삼천포대교 6

창선도, 늑도, 초양도, 삼천포를 잇는 창선~삼천포대교의 총 길이는 3.4km에 이른다. 한국 최초로 섬과 섬을 연결하는 다리로 건설되었는데, 3개의 섬을 5개의 교량으로 연결했고 다리의 형식과 모양도 모두 다르다. 남해를 출입하는 남해대교와 삼천포대교의 건설 이후에 과거 유배지였던 남해는 이제 보물섬으로 그 모습을 탈바꿈했다.

▶ **주소** 경남 남해군 창선면 동부대로 2964번길 49-10 ▶ **전화** 055-867-5238 ▶ **운영** 연중무휴

📍🍴 코스 속 추천 맛집&숙소

미조항 주변 식당

미조항 주변으로는 이른 아침부터 문을 여는 식당이 꽤 많다. 메뉴판에는 없지만, 정식 메뉴를 주문하면 일곱 가지 정도의 반찬과 생선구이, 생선찌개, 생선조림 중 하나를 곁들여 준다. 우리집식당, 다정식당, 비담소, 금호식당, 준이네식당, 미조식당, 명이네식당 등 미조항 음식특구 내에 여러 식당이 영업 중이다.

▶ **주소** 경남 남해군 미조면 미조로 236번길 5 (다정식당) ▶ **전화** 055-867-7334

남해유자빵 카페

빵을 한 입 베어 물면 새콤달콤하고 몰캉몰캉한 유자 커스터드 크림 향이 입안에 가득 퍼진다. 빵은 촉촉하고 부드럽다. 카페에서는 유자빵을 포함해 유자원액, 유자몽원액, 유자칵테일 등을 판매한다.

▶ **주소** 경남 남해군 창선면 동부대로 2692
▶ **전화** 055-867-6004

남해 숙소

남해 풍경을 한눈에 볼 수 있는 아난티 남해, 해수욕, 낚시, 캠핑, 카약 체험까지 두루 경험할 수 있는 보물섬캠핑장, 미조항 인근의 모텔, 독일마을 민박 및 펜션까지 대형 숙박시설부터 게스트하우스까지 다양하게 숙소가 마련되어 있다.

[아난티 남해] ▶ **주소** 경남 남해군 남면 남서대로 1179
▶ **전화** 055-860-0100
[보물섬캠핑장] ▶ **주소** 경남 남해군 남면 남면로 1229번길 10-34 ▶ **전화** 010-9865-8623
[독일마을 게스트하우스] ▶ **주소** 경남 남해군 삼동면 독일로 21-3 ▶ **전화** 010-6593-5432

경상도

전라도

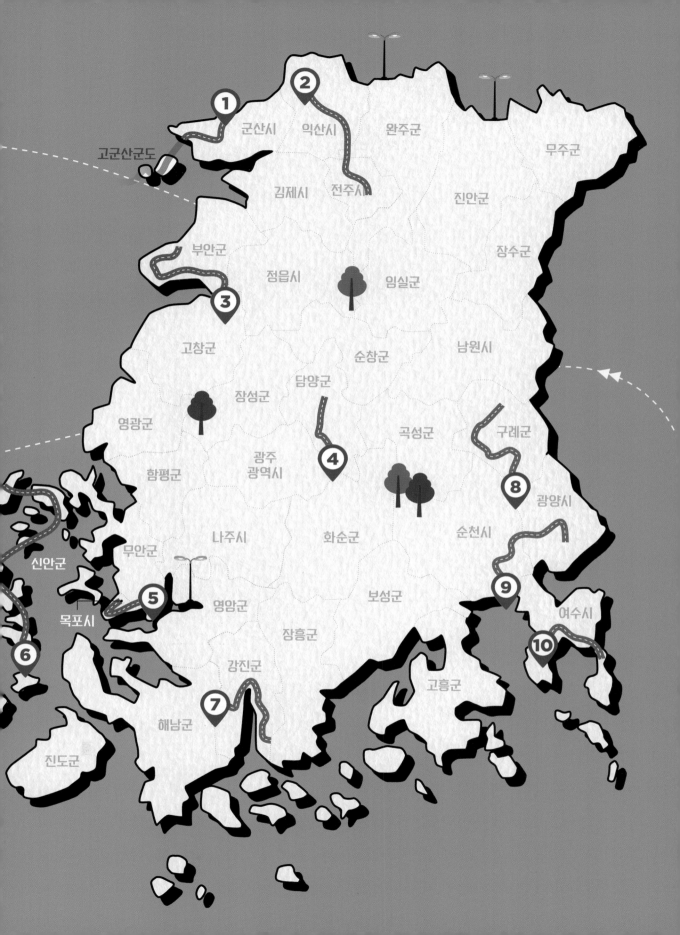

군산시
익산시
완주군
무주군
고군산군도
진안군
김제시
전주시
장수군
부안군
정읍시
임실군
고창군
순창군
남원시
담양군
장성군
곡성군
구례군
영광군
광주
광역시
함평군
화순군
순천시
광양시
나주시
무안군
신안군
영암군
보성군
목포시
여수시
강진군
고흥군
장흥군
해남군
진도군

시간과 공간을 넘나드는
군산 새만금로

근대 역사의 시간 여행 1번지 군산
시내에서부터 군산의 미래를 열어가는
고군산군도까지 아우르는 군산 드라이브
코스다. 군산 시내를 둘러보고 푸른
바닷길을 따라 끝이 보이지 않는 수평선을
향해 달리다 보면, 어지간한 스트레스는
금방이라도 사라지는 느낌이다.

❄ DRIVE TIP

군산 새만금로는 군산 시내에서부터 시작한다. 근대 역사가 고스란히 머물러 있는 시내에서 시간
을 넘나들며 역사를 경험하고, 공간을 넘어 고군산군도에서 여행을 마무리한다. 시내에서 고군산
군도로 이어지는 외항로(21번)와 새만금방조제 드라이브 코스(77번)로 이어지는 30km의 도로
를 따라 달리면 된다. 도로가 넓고 막힘이 없어 언제나 시원스레 드라이브를 즐길 수 있다. 드라이
브 기분을 제대로 만끽하기 위해서는 날씨가 맑은 날을 추천한다. 안개가 심하거나 바람이 강한
날은 피하는 것이 좋다.

고군산도로(코스 ③~⑥)

코스 순서	군산 시내 투어 ➡ 은파호수공원 ➡ 선유도해수욕장 ➡ 선유스카이선라인 ➡ 선유도 해변데크산책로 ➡ 대장도
소요 시간	1시간 20분
총 거리	약 50km
이것만은 꼭!	• 시내 곳곳에 자리한 역사적 명소에서 우리나라 근대 역사의 발자취 느껴보기. • 군산의 명물 빵집 순례 다녀보기.
코스 팁	• 은파호수공원을 제외한 군산 시내 명소는 도보 이동이 더 편리하다. 군산 근대역사박물관 주차장에 차를 두고 시간을 거슬러 걸어보도록 하자. • 고군산군도 가장 마지막에 있는 대장도 정상에는 꼭 올라가보자.

군산 시내 투어 1

'타짜', '비열한 거리', '남자가 사랑을 할 때', '마약왕', '8월의 크리스마스', '변호인' 등 이름만 들어도 알 법한 유명 영화들이다. 하지만 서로 어떤 연관성이 있는지는 쉽게 떠올려지지 않을 것이다. 이들은 모두 군산이 배경이 된 인기 영화들이다. 군산은 근현대사의 문화와 건물들이 많이 남아 있어 그 시대를 배경으로 한 영화나 드라마의 단골 메뉴가 되고 있다. 특히 일제강점기에 지어져 아픈 역사를 상기시키는 건물도 다수 남아 있어 다크투어로도 많이 찾는다. 시간과 공간을 넘나들며 일제강점기 근대 문화를 접해볼 수 있다.

투어 순서 군산 근대역사박물관 → 군산 근대건축관 → 신흥동 일본식 가옥 → 군산 항쟁관 → 동국사

한 걸음 더!
군산에 왔으면 놓칠 수 없지! 군산 3대 빵집

이성당
1945년부터 이어져 온 우리나라에서 가장 오래된 빵집. 군산하면 '이성당'을 떠올릴 정도로 군산을 대표하는 빵집이다. 시그니처 메뉴는 단팥빵과 야채빵.

▶ **주소** 전북 군산시 중앙로 177 ▶ **전화** 063-445-2772
▶ **영업** 08:00~22:00

영국빵집
40년이 다 되어가는 역사 깊은 빵집. 임금님 진상품으로도 올려지던 군산 '흰찰쌀보리'로 만든 단팥빵과 카스텔라가 인기다. 소보루나 카스테라 같이 추억의 맛이 담긴 빵류가 많다.

▶ **주소** 전북 군산시 대학로 144-1 ▶ **전화** 063-466-3477
▶ **영업** 08:00~20:00

빵굽는 오남매
100% 군산 보리로만 빵을 만드는 빵집. 일반 빵에 비해 소화가 더 잘 되고 달지 않아 건강을 생각하는 사람들에게 인기가 높다. 흰찰쌀보리 붓세가 대표 메뉴.

▶ **주소** 전북 군산시 오룡로 65-1 ▶ **전화** 063-463-8186
▶ **영업** 07:30~22:00

---

① 군산 근대 역사 투어의 시작,
군산 근대역사박물관

군산은 일제강점기 수탈의 뼈아픈 기억을 아직 담고 있는 곳이다. 군산의 개항과 변화의 역사 전반에 대한 이야기를 소개하고 있고, 군산을 중심으로 활동했던 독립 영웅들, 1930년대의 군산 거리를 재현해 놓았다.

▶ **주소** 전북 군산시 해망로 240 ▶ **전화** 063-454-5953 ▶ **운영** 09:00~18:00 (동절기 ~17:00), 월요일 휴관
▶ **요금** 성인 2,000원, 어린이 500원
▶ **홈페이지** museum.gunsan.go.kr

② 일제의 경제 수탈을 단적으로 보여주는,
군산 근대건축관

1922년 지어진 건물로 (구)조선은행 군산 지점으로 사용되었던 건물. 1909년 대한제국의 한국은행은 조선 총독부에 의해 조선은행으로 변경되어 경제 수탈의 본거지가 되었다. 근대 건축물에 대한 전시물과 일제강점기 조선은행에서 발행한 화폐 등 당시 조선은행이 어떠한 위치에 있었는지 가늠해 볼 수 있다.

▶ **주소** 전북 군산시 해망로 214
▶ **전화** 063-446-9811 ▶ **운영** 09:00~18:00 (동절기 ~17:00) ▶ **요금** 성인 500원, 아동 200원

③ 부유한 일본인의 생활상을 엿볼 수 있는,
신흥동 일본식 가옥

신흥동은 일제강점기 부유층이 주로 거주했던 곳이다. 당시 포목점과 농장을 운영하던 일본인(히로스)이 1925년 무렵 지은 일본식 2층 목조 가옥이다. '히로스 가옥'이라고도 불리는데 일제강점기 시대의 일본인 지주의 생활양식을 엿볼 수 있다. 영화 '타짜'와 '바람의 파이터' 등 여러 영화와 드라마의 배경이 되기도 했다.

▶ **주소** 전북 군산시 구영1길 17
▶ **전화** 063-454-3923 ▶ **운영** 10:00~18:00 (동절기 ~17:00), 월요일 휴관 ▶ **요금** 무료

걸어서 군산속으로!
군산 시내 워킹 투어

ZOOM IN

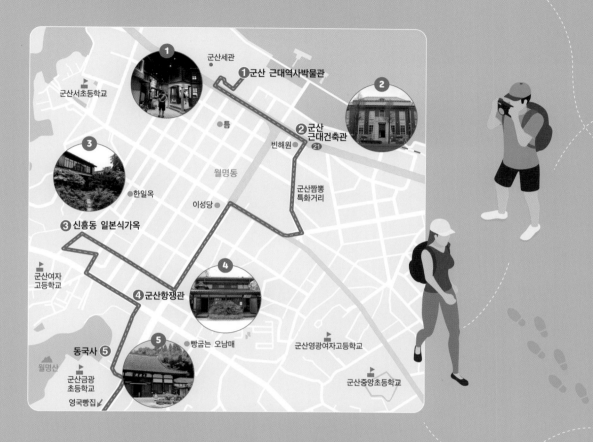

① 군산 근대역사박물관
군산세관
군산서초등학교
② 군산 근대건축관
빈해원 21
틈
월명동
군산짬뽕 특화거리
③ 한일옥
이성당
③ 신흥동 일본식가옥
군산여자 고등학교
④ 군산항쟁관
④
동국사 ⑤
월명산
군산금광 초등학교
⑤
빵굽는 오남매
군산영광여자고등학교
영국빵집
군산중앙초등학교

---

④ 독립의 시작,
군산 항쟁관

100년이 넘은 구옥을 개조하여 일제에 항거했던 항일의 역사관으로 꾸며 놓았다. 군산은 전북지역에서 가장 먼저 3·1운동이 일어났던 곳으로 당시의 고통스러웠던 아픔을 고스란히 담아 놓았다. 전체 관람 시간이 30분 이내로 잠시 둘러보기에 좋다.

▶**주소** 전북 군산시 구영7길 5
▶**전화** 063-454-3310
▶**운영** 10:00~17:00, 월요일 휴관 ▶**요금** 무료

⑤ 국내 유일 일본식 사찰,
동국사

1909년 일본인 승려 우치다에 의해 지어진 '금강선사'가 이어져 지금의 동국사가 되었다. 국내에서 유일한 일본식 건축양식을 유지하고 있는 사찰로, 에도시대 건축 양식과 유사하게 용마루가 일직선으로 뻗은 것이 전통 한옥과는 확연한 차이를 보이는데, 개항과 함께 시작된 일본의 불교가 포교보다는 일본에 동화시키고자 했던 의도가 다분히 보인다. 의도와 상관없이 식민지배의 근현대사 역사를 보여주는 교육 자료로도 활용 가치가 있다.

▶**주소** 전북 군산시 동국사길 16 ▶**전화** 063-462-5366

전라도

2 은파호수공원

저녁 무렵 물 위에 비친 노을이 아름다워 '은파'라고 이름 지어졌다. 조선 후기 지리학자 김정호(1804~1866)가 펴낸 '대동여지도'에도 표시되어 있을 정도로 유서 깊은 저수지다. 농업용 저수지로 활용되다가 지금은 군산 주민들의 산책로로 많은 사랑을 받고 있다. 봄이면 호수를 따라 벚꽃이 만발해 꽃놀이 명소로 인기가 높고, 밤마다 오색찬란한 음악분수가 펼쳐져 야경 명소로도 인기가 높다.

▶**주소** 전북 군산시 은파순환길9

알고 가요! 군산의 새로운 드라이브 명소, 고군산군도

10개의 유인도와 47개의 무인도가 군락을 이룬 해상관광공원이다. 새만금 방조제가 만들어지면서 육지와 이어지게 되었다. 부안에서 시작해서 고군산군도를 거쳐 군산까지 이어지는 방조제는 총 33.9km로 세상에서 가장 긴 길이를 자랑한다. 푸른 바다 위의 시원스레 달리는 기분은 언제나 달콤하다. 2016년 마지막 퍼즐인 고군산대교가 이어지면서 무녀도, 선유도, 장자도, 대장도까지 모두 이어져 배를 타지 않고 차로 들어갈 수 있게 되었다.

3 선유도해수욕장

요즘 서해안에서 가장 높은 인기를 누리고 있는 피서지 중 하나. 모래사장이 10리(4km)까지 이어진다 하여 명사십리해수욕장으로도 불리는 선유도해수욕장은 물놀이장으로도, 산책 코스로도 인기 만점. 바다 멀리까지 나가도 수심이 깊지 않고, 주변에 섬이 많아서 파도 없이 잔잔해 아이들과 놀기에 부담이 없다.

▶**주소** 전북 군산시 옥도면 선유도리 279-8(공용주차장)

4 선유 스카이 선라인

선유도해수욕장 앞에 있는 집라인. 700m 가량 바다 위를 시원하게 가로지르며 내려다 볼 수 있다. 집라인을 타지 않아도 2천원에 전망대만 이용할 수도 있으니 다양한 방법으로 군산 바다를 즐겨보자.

▶**주소** 전북 군산시 옥도면 선유북길 136 ▶**전화** 063-471-9800
▶**운영** 09:00~19:00 ▶**요금** 2만 원(전망대만 이용 시 2,000원)

선유도 해변데크 산책로 5

선유도해수욕장 반대편에 있는 짧은 해변 산책로. 기암괴석과 바다의 경계를 따라 파도 소리를 들으며 편하게 산책을 즐길 수 있어 꼭 한 번 가볼 만한 곳이다. 정해진 명칭이 없는 곳이라 '옥돌 해변'을 찾아가면 바로 근처에 보인다.

▶**주소** 전북 군산시 옥도면 선유도리 산 65(옥돌 해변)

6 대장도

고군산군도 여행의 필수 코스. 연륙된 섬 중에서 가장 마지막에 있는 곳으로, 섬 가운데에 있는 대장봉을 올라야 비로소 고군산군도 여행이 완성된다. 대장봉은 높이 142m 정도의 낮은 봉우리이지만 정상에서 바라보는 풍광이 대단하다. 무녀도, 선유도는 물론이고 60여 개의 고군산군도가 한눈에 들어온다.

▶**주소** 전북 군산시 옥도면 장자도리15(공용주차장)

🍴 코스 속 추천 맛집&카페

한일옥

1937년 외과병원으로 지어졌던 일본식 가옥에 자리 잡은 한일옥의 뭇국은 오로지 한우와 무만으로 맛을 내 간이 강하지 않고 슴슴한 것이 매력이다.

▶**주소** 전북 군산시 구영3길 63 ▶**전화** 063-446-5491

빈해원

군산 근대건축관 맞은편 군산 짬뽕 특화 거리에 자리한 중식당. 한국전쟁 이후 화교가 모여들며 생긴 중식 거리에 자리한 빈해원은 1965년 시작해 지금까지 영업을 이어오고 있다. 1층과 2층이 개방된 독특한 건축양식이 근대 화교 문화를 보여주는 건축물로 인정받아 등록문화재로 관리되고 있다. 저녁 시간에는 대기가 긴 편.

▶**주소** 전북 군산시 동령길 57 ▶**전화** 063-445-2429

틈

100년 된 구옥을 리모델링한 카페. 야외 중정 테이블에 앉아 사진을 찍으면 마치 영화 세트장에 앉아 있는 듯한 분위기가 연출되기도 한다. 대표 메뉴는 아인슈페너.

▶**주소** 전북 군산시 구영5길 126-3 ▶**전화** 010-5662-0840

남도밥상

참서댓과의 생선인 박대는 군산 일대에서 주로 잡힌다. 회로 먹는 서대와 달리 박대는 말려서 굽거나 조려서 먹는다. 박대구이정식을 시키면 박대구이와 바지락탕이 함께 나오는데, 꾸덕꾸덕한 박대구이와 시원한 바지락탕의 맛 궁합이 환상적이다.

▶**주소** 전북 군산시 옥도면 선유북길 83 ▶**전화** 010-6603-6245

라파르

대장도로 넘어가는 길목, 장자도에 있는 카페. 작고 아담해 보이지만 내부에서 보이는 바다 전망이 어마어마하다. 대형 창문을 통해 푸른 바다와 고군산군도 풍광이 펼쳐진다. 공용주차장에 차를 두고 걸어가는 편이 좋다.

▶**주소** 전북 군산시 옥도면 장자도2길 31 ▶**전화** 070-8813-8800

변산반도 해안도로

달리는 내내 왼쪽으로는 내변산의 거친
산세가, 오른쪽으로는 짠 내 가득한 바다가
앞서거니 뒤서거니 어깨를 나란히 함께
달음질을 쳐준다. 여기에 맑은 날씨까지
배경이 되어 준다면, 아마도 그동안 달려본
다른 드라이브 코스와 비교 안 될 정도의
만족감을 선사하는 곳이 될 것이다.

✱ DRIVE TIP

변산반도 전체가 국립공원으로 지정될
만큼 곳곳에 멋진 풍경들이 즐비하다.
빠르게 달리기보다 각 여행 스폿들을
놓치지 말고 챙겨서 들러보자.

가력도항
새만금로
77
변산해수찜
① 변산해수욕장
30
736
23
변산
하섬
하섬전망대
내변산로
내변산로
금강마을
23
707
③ 적벽강
변산로
부안누에타운
변산반도
국립공원
⑥ 부안청자박물관
땅제가든
영전사거리
② 채석강
장항로
청자로
남산
선복리
710
줄포 IC
격포항 여객터미널
736
도청리
마동삼거리
슬지제빵소
궁항
상록
해수욕장
변산로
언포해수욕장
청자로
곰소궁횟집
곰소젓갈 도매시장
⑤ 곰소염전
곰소항
줄포
시외버스터미널
④ 모항해수욕장
왕포항
⑦
15
줄포만 갯벌생태공원
계화
30
708
죽도
부안면
734
심원면
22

코스 순서	변산해수욕장 ➡ 채석강 ➡ 적벽강 ➡ 모항해수욕장 ➡ 곰소염전 ➡ 부안청자박물관 ➡ 줄포만 갯벌생태공원
소요 시간	1시간 10분
총 거리	약 45km
이것만은 꼭!	• 물때를 맞춰 채석강을 걸어서 한 바퀴 둘러보기
	• 줄포만 갯벌생태공원에서 자전거 빌려 공원 구석구석 탐험하기
코스팁	• 마지막 코스인 줄포만 갯벌생태공원에서 갯벌 너머로 지는 명품 낙조를 선물로 받자.
	• 변산반도 여행은 캠핑하며 머물기 좋다. 변산오토캠핑장도 있고 줄포만 갯벌생태공원에도 캠핑장이 있다. 변산해수욕장과 모항해수욕장에서 차박 캠핑도 가능하다.

변산해수욕장 1

1933년 개장한 우리나라에서 가장 오래된 해수욕장 중 하나다. 수심이 얕고 모래가 고와서 가족 단위 여행객에게 오랜 사랑을 받아왔다. 최근 오토캠핑장과 빅슬라이드타워, 스카이워크브리지 등 다양한 체험 시설이 들어서면서 여름뿐만 아니라 사계절 언제 찾아도 좋은 명소로 거듭나고 있다.

▶주소 전북 부안군 변산면 대항리 622-8

한 걸음 더! **변산해수찜**

바닷물을 뜨겁게 데워 찜질하는 해수찜이다. 해수의 염도는 몸속 노폐물을 쉽게 배출하게 도와주고 해수에 포함된 미네랄의 흡수를 도와준다. 숯가마나 찜질방과는 또다른 시원함을 느낄 수 있다.
▶**주소** 전북 부안군 변산면 변산로 1788
▶**전화** 063-581-9991 ▶**운영** 09:00~16:00, 화요일 휴무

하섬전망대

고사포해수욕장 옆에는 하섬이라는 작은 섬이 있다. 하섬은 바다 위에 연꽃이 떠 있는 모습을 닮았다 해서 붙여진 이름이다. 하섬은 물이 빠지는 썰물 때는 변산반도와 연결되어 걸어 들어갈 수 있다. 하섬전망대에 올라 풍광을 즐겨도 좋고, 물이 빠지면 조개 잡기 체험도 가능하다. 맛조개와 동죽이 주로 잡힌다.
▶**주소** 전북 부안군 변산면 마포리 385-19

채석강 2

약 7천만 년 전 중생대 백악기에 퇴적한 퇴적암이 마치 책을 켜켜이 쌓아 놓은 듯하게 끝도 없이 쌓여 있다. 퇴적층의 교과서라고도 불릴 정도로 지층의 형태가 다양하고, 파도에 침식되어 만들어진 해식절벽과 해식동굴이 장관을 이룬다. 채석강은 물때를 잘 맞추어야 직접 걸어보며 대자연의 신비함을 경험할 수 있다. 물때표를 확인하고 시간을 맞춰서 방문해보자.

▶주소 전북 부안군 변산면 격포리 794-2

적벽강 3

적벽강은 '강'이 아니라 바다다. 부여의 또 다른 지질명소인 적벽강은 중국의 시인 소동파가 즐겨 찾은 적벽강과 닮았다 하여 붙여진 이름이다. 썰물이 되어 바닷물이 빠져나가면 7천만 년의 시간이 만들어낸 주상절리와 페퍼라이트를 만나볼 수 있다.
▶**주소** 전북 부안군 변산면 격포리 252-9

알고 가요! 페퍼라이트란?

페퍼라이트(Peperite)란 굳기 전 수분 함량이 높은 퇴적물과 뜨거운 용암이나 마그마가 만나서 생긴 암석이다. 후추를 뿌린 것과 같은 모양이라 '페퍼라이트'라는 독특한 이름이 붙여졌다.

한 걸음 더! 부안누에타운

부안 특산물 중에 '오디'가 있다. 뽕나무 열매를 오디라고 하는데 오디를 많이 먹으면 소화가 잘되어 방귀가 '뽕뽕' 나온다고 해서 뽕나무라고 불린다. 열매로 잼이나 술을 담그기도 하고, 잎은 명주실을 만들어내는 누에의 먹이가 된다. 부안누에타운에서 누에의 일생을 직접 관찰하고 여러 체험을 할 수 있다.
▶**주소** 전북 부안군 변산면 참뽕로 434-20 ▶**전화** 063-580-4082
▶**영업** 09:00~18:00, 월요일 휴무

4 모항해수욕장

변산반도에서 가장 작은 해변으로 조용하고 한적한 맛이 있는 숨겨진 보물 같은 해변이다. 특히 빽빽한 해송 아래에서 캠핑하기 좋은 곳으로 소문이 나, 주말이면 알록달록 다양한 텐트들이 줄을 잇는다. 변산반도에서도 해넘이가 특히 장관을 이루는 곳이다.
▶**주소** 전북 부안군 변산면 도청리 172

곰소염전 5

서해안 중심의 전국 염전 중에서도 변산반도 곰소염전의 소금은 손꼽히는 품질을 자랑한다. 상당수 염전이 바닥에 장판을 깔고 있는데 비해, 곰소염전은 고가의 타일을 깔아서 생산한다. 장판이 긁히면서 발생하는 화학물질을 피하고자 40년 전부터 같은 방식을 고집한다고. 4월에서 10월 사이 소금 생산 시기에 들러볼 만하다.
▶**주소** 전북 부안군 진서면 염전길 18

한 걸음 더! 곰소젓갈 도매시장

곰소염전 덕분에 자연스레 젓갈도 유명해졌다. 곰소에서 나오는 천연 소금에 줄포만에서 나는 풍부한 어패류가 더해져 곰소젓갈은 최고 품질을 자랑한다. 밥때가 되었다면 젓갈정식으로 여행에 양념을 더해보자.
▶**주소** 전북 부안군 진서면 곰소리 788

부안청자박물관 6

부안은 강진에 이어 국내 최대 청자 산지였다. 중국에서 시작된 청자는 우리나라 고려 시대에 받아들였다. 청자 중에서도 상감청자는 부안에서 만들어진 것을 최고로 인정받았다. 주요 가마터였던 부안 유천리에 자리 잡은 청자박물관에는 다양한 청자 전시는 물론 손 물레를 이용하여 직접 청자를 만들 수 있는 체험도 있다.

▶**주소** 전북 부안군 보안면 청자로 1493
▶**전화** 063-580-3964 ▶**운영** 10:00~18:00
(동절기 ~17:00), 월요일 휴관

7 줄포만갯벌생태공원

1996년 줄포만의 범람을 막기 위해 만든 방조제 건설 때 생긴 습지에 조성된 생태공원이다. 10만 평이 넘는 너른 부지에 갈대숲과 염생식물이 관광객을 맞이한다. 습지 구석구석을 둘러볼 수 있는 카누와 보트 체험 등 다양한 놀 거리도 준비되어 있다. 워낙 공원이 넓어 걸어서 관람하기보다는 자전거를 빌려서 둘러보는 편이 유리하다.

▶**주소** 전북 부안군 줄포면 생태공원로 170 ▶**전화** 063-580-3172
▶**운영** 09:00~18:00(동절기 ~17:00)

🍴 코스 속 추천 맛집&카페

계화회관
백합탕과 백합구이, 백합죽 등 백합을 주제로 한 코스 요리 전문점. 쫄깃한 백합의 식감을 그대로 살렸다.
▶**주소** 전북 부안군 행안면 변산로 95
▶**전화** 063-584-3075

곰소궁횟집
낙지젓, 알젓, 조개젓, 등 15가지 이상의 다양한 젓갈에 시원한 백합탕이 더해진 젓갈정식맛집.
▶**주소** 전북 부안군 곰소항길 25

땅제가든
저렴한 가격으로 값비싼 참게장을 먹을 수 있는 곳이다. 민물참게로 만든 참게장을 포함해 여러 종류의 밑반찬이 한 상차림으로 나온다.
▶**주소** 전북 부안군 보안면 청자로 1399
▶**전화** 063-584-2188

슬지제빵소
곰소염전 옆에 자리한 제빵소. 부안의 새로운 명물로 떠오른 찐빵을 맛볼 수 있다. 우리 밀과 국산 팥을 사용해 만든 찐빵은 고소한 맛이 일품.
▶**주소** 전북 부안군 진서면 청자로 1076
▶**전화** 1899-9504

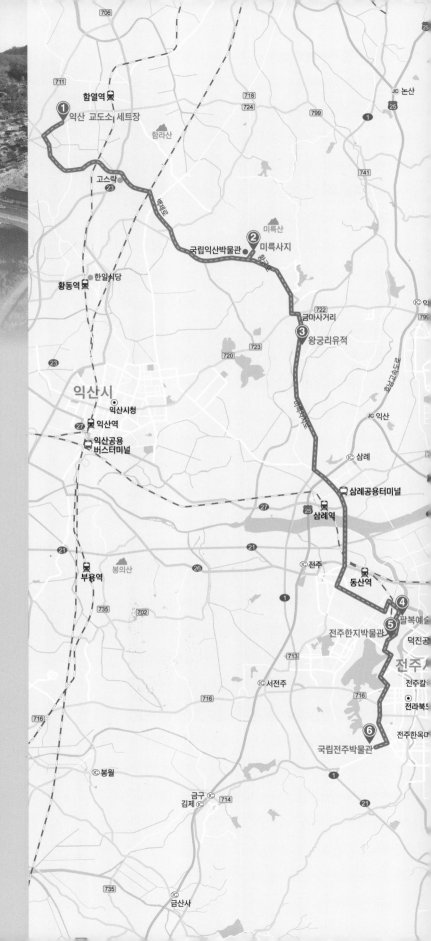

익산·전주 시간 여행길

화려했던 백제 시대의 대표적인 유적
미륵사지와 왕궁리유적이 있는 익산에서
조선시대로 이어지는 천 년의 시간 여행을
떠나보자.

코스 순서

익산 교도소 세트장 ➡ 미륵사지 ➡ 왕궁리유적
➡ 팔복예술공장 ➡ 전주 한지박물관
➡ 국립전주박물관

소요 시간

1시간 25분

총 거리

약 45km

이것만은 꼭!

• 백제 역사/문화 관련 책을 읽고 오면 더욱
  얻어지는 것이 많은 코스다.

코스 팁

• 박물관을 제외하고는 야외 관람이 주인 코스로
  날씨가 좋은 날로 잡아보자.
• 전주한옥마을은 하루 종일 따로 보아도 부족할
  정도로 볼거리가 많다. 전통 한옥 숙박시설에서
  하루쯤 묵으면서 천천히 여행을 이어 나가자.

✳ DRIVE TIP

통행량이 많지 않지만 그렇다고 시원스레 속
도를 내기 어렵게 마을 사이를 지나는 코스다.
우리 역사를 되짚는 마음으로 한 코스 한 코스
느긋하게 마음에 담아 보자.

익산 교도소 세트장 ①

'7번 방의 선물', '말모이', '마약왕', '신과 함께' 등 요즘 인기 높았던 영화나 드라마 속 배경이 된 곳이다. 성당초등학교 남성분교 폐교부지를 2005년 영화 '홀리데이'를 찍으면서 교도소 세트로 만들어 지금까지 200여 편의 영화와 드라마를 여기서 찍었다. 평소 접해보기 힘든 배경에서 사진 찍는 재미가 있다. 요금은 무료이며, 정기 휴관일(월요일) 외에 드라마 촬영일에도 관람이 어려울 수 있어 미리 전화로 확인한 후 방문하는 것이 좋다.
▶ **주소** 전북 익산시 성당면 함낭로 207 ▶ **전화** 063-859-3836 ▶ **운영** 10:00~17:00, 월요일 휴관

② 미륵사지

공주, 부여, 익산에 걸쳐서 발견된 백제 유산은 유네스코 세계유산으로도 등재되어 있다. 그중 익산 미륵사지는 동아시아 최대 규모의 사찰 터로 백제문화의 독창성을 여실히 보여주는 유물로 평가받고 있다. 미륵사지 석탑은 우리나라 석탑 중 가장 크고 오래된 것으로 알려져 있으며, 복원 과정에서 다양한 유물이 출토되었다.
▶ **주소** 전북 익산시 금마면 기양리 125-7(주차장)

한 걸음 더! **국립익산박물관**

미륵사지 옆 국립익산박물관에는 왕궁리 오층석탑 금동제 불입상을 비롯해 여러 백제 유물이 소장되어 있다. 백제 불교 문화의 다양한 기록과 미륵사지에 대한 자세한 이야기를 담고 있으니 함께 방문해 보자.

▶ **주소** 전북 익산시 금마면 미륵사지로 362 ▶ **전화** 063-830-0900
▶ **운영** 10:00~18:00, 월요일 휴관

전라도

3 왕궁리유적

팔복예술공장 4

미륵사지와 함께 익산의 백제 역사유적지구 중 하나다. 백제 말기 무왕대에 조성된 궁성으로 추후 사찰로 활용되던 유적지다. 복원된 궁터를 둘러보며 천 년 전으로 시간 여행을 떠나보자. 유적지 옆 왕궁리 유적전시관에는 유적지에서 출토된 1만여 점의 문화유산을 직접 관람할 수 있다.

▸주소 전북 익산시 왕궁면 궁성로 666

한때 전주경제를 이끌던 팔복동의 카세트테이프 공장은 25년 넘게 버려져 있었다. 문화와 예술의 옷으로 갈아입은 공장은 이제 관광객들에게 예술을 쉽게 경험하고 배울 수 있도록 진화했다. 예술이라는 단어에 본능적으로 거부감이 든다면 팔복예술공장에 한번 들러보자. 예술을 놀이처럼 즐기고 나눌 수 있게 될 것이다.

▸주소 전북 전주시 덕진구 구렛들1길 46 ▸전화 063-211-0288
▸운영 10:00~18:00, 월요일 휴무

5 전주한지박물관

신문과 출판용지를 주로 생산하는 전주페이퍼 사옥 가운데 한지박물관이 있다. 한지 공예품과 한지 관련 유물 등 우리 한지의 역사를 고스란히 녹여 담았다. 전통 한지의 우수성을 배우고 더 나아가 직접 한지를 만들어볼 수 있는 체험도 가능하다. 전주는 우리나라에서 가장 좋은 한지를 생산하던 본가였다.

▸주소 전북 전주시 덕진구 팔복로 59 (주)전주페이퍼 ▸전화 063-210-8103
▸운영 09:00~17:00, 월요일 휴관

한 걸음 더! 덕진공원

연분홍 연꽃이 한 폭의 그림이 되어준다. 덕진연못은 전주에서 가장 오래된 명소 중 하나로 연꽃이 군락을 이루고 그 주변으로 공원이 조성되어 있다. 연못을 따라 산책하기에 더없이 좋다.

▸주소 전북 전주시 덕진구 덕진동1가 1316-12 (주차장)

1990년 전북지역을 대표하는 박물관으로 만들어졌다. 고창 봉덕리 금동신발과 완산부지도 등 전북지역에서 발굴된 4천여 점의 유물을 보유하고 있다. 단순 전시 형태의 박물관을 탈피하여 대형 스크린을 통한 실감형 콘텐츠와 아이들을 위한 어린이 박물관도 준비되어 있다. 일정에 따라 박물관 앞 '전주역사박물관'도 함께 둘러보자.

▶**주소** 전북 전주시 완산구 쑥고개로 249 ▶**전화** 063-223-5651 ▶**운영** 10:00~ 18:00

🍴 코스 속 추천 맛집&카페

고스락
4천여 개의 장독대가 만들어내는 고풍스러운 분위기가 코스와 어울린다. 전통장 생산과 판매를 하고 식당과 카페도 함께 운영하고 있다.
▶주소 전북 익산시 함열읍 익산대로 1424-14
▶전화 063-861-2288

한일식당
3대째 이어져 온 한우육회비빔밥 대물림 맛집이다. 육회비빔밥과 함께 나오는 맑은 선짓국도 별미.
▶주소 전북 익산시 황등면 황등로 106
▶전화 063-856-4471

전주칼국수
저렴한 가격에 양도 넉넉해서 식사 시간이면 주변 직장인들이 줄 서서 먹는 가성비 맛집.
▶주소 전북 전주시 덕진구 태진로 122-6
▶전화 063-274-2002

전라도

ZOOM IN
전주한옥마을

시간이 멈춘듯한 전주한옥마을은 가장 한국적인
전통문화를 접할 수 있는 곳이다. 잠시 자동차를 뒤로하고
선인들처럼 두발로 시간을 거슬러 가보자.

- 하숙영가마솥비빔밥
- 공간봄
- 어진박물관
- 전주한옥마을역사관
- 풍남동
- 경기전
- 전주공예품전시관
- 태조로
- 행원
- 오목대
- 풍남문
- 전동성당
- 자만벽화마을
- 전주남부시장
- 전주향교
- 운암콩나물국밥
- 학인당
- 한벽당
- 전주천

경기전

왕의 초상화를 '어진'이라고 하는데, 조선을 건국한 태조 이성계의 어진을 봉안하기 위해 1410년 축조된 곳이 경기전이다. 고풍스러운 분위기에 대나무 숲이 더해져 산책과 더불어 한복을 차려입고 사진 찍기에도 나쁘지 않다.

▸**주소** 전북 전주시 완산구 태조로 44 ▸**전화** 063-281-2891
▸**운영** 09:00~19:00(동절기 ~18:00)

어진박물관

경기전 안쪽에는 국보 제317호 진품 태조어진이 봉안되어 있는 어진박물관이 있다. 한때 26점의 어진이 있었다고 하나 전란 통에 모두 유실되고 어진박물관에 전시된 어진이 유일하다. 태조어진뿐만 아니라 어진 제작 방법과, 여러 시대의 어진이 전시되어 있다. 어진의 봉안 과정 등 평소 어느 박물관에서도 쉽게 접해보지 못한 왕의 초상화 문화에 대한 깊이 있는 전시가 준비되어 있다.

전동성당

1914년 새워진 전동성당은 호남지방 최초로 건립된 서양식 건축물이다. 로마네스크 양식으로 지어진 성당은 종교적인 의미를 떠나서도 예술적, 문화적 차원에서도 의미가 깊어 한번쯤 들러볼 만하다.

▸**주소** 전북 전주시 완산구 태조로 51 ▸**전화** 063-284-3222

풍남문

한옥마을 문화답사 코스의 시작점으로 손꼽힌다. 전주성 사대문 중 유일하게 남은 성문으로 보물 308호로 지정되어 있다.

▸**주소** 전북 전주시 완산구 풍남문3길 1

학인당

1908년 완공된 조선 말 전통 건축기술을 고스란히 간직한 고택이다. 600여 평에 달하는 크기로 당시에는 문화예술인을 후원하는 공연장으로, 해방 이후에는 김구 선생을 비롯한 정부 요인들의 영빈관으로도 활용되었다가 지금은 고택 투어, 숙박시설로 활용되고 있다.

▸**주소** 전북 전주시 완산구 향교길 45 ▸**전화** 063-284-9929

한 걸음 더! 한옥마을 먹거리

운암콩나물국밥

전주 남부시장의 명물로 추운 계절 아침부터 몸을 녹이기 좋다. 국밥과 함께 나오는 수란에 김 가루와 콩나물, 국물을 넣어 비벼 먹으면 일품.

▸**주소** 전북 전주시 완산구 풍남문2길 63 남부시장 2동 80호 ▸**전화** 063-286-1021

하숙영가마솥비빔밥

전주식 육회비빔밥 전문점. 직원이 숙달된 솜씨로 비법 양념장을 넣어서 비벼주기도 한다.

▸**주소** 전북 전주시 완산구 전라감영5길 19-3
▸**전화** 063-285-8288

공간봄

한옥마을에 가장 잘 어울리는 듯한 고즈넉한 분위기의 카페.

▸**주소** 전북 전주시 완산구 어진길 51
▸**전화** 063-284-3737

행원

건물 가운데 중정이 시선을 사로잡는다. 한옥마을에 어울리는 전통 찻집.

▸**주소** 전북 전주시 완산구 풍남문3길 12
▸**전화** 063-284-6566

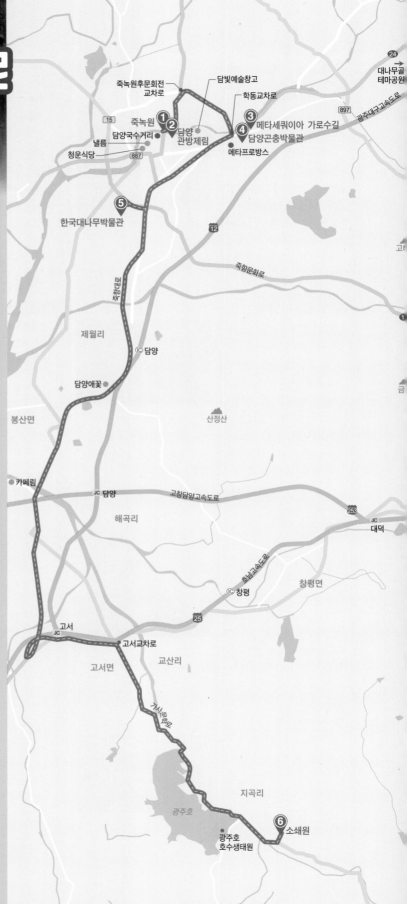

담양 죽향대로

대나무 숲을 지나는 바람은 잎을 부딪쳐
소리를 내어 마음을 평온하게 만들어주는
힘이 있다. 대나무의 고장 담양에서만
느낄 수 있는 '죽림욕'으로 머리와
마음을 씻어보자. 담양의 또 다른 명물
메타세쿼이아 가로수가 코스 곳곳에서
시원한 녹색 터널을 만들어준다.

코스 순서

죽녹원 ➡ 담양관방제림 ➡ 메타세쿼이아
가로수길 ➡ 담양곤충박물관 ➡
한국대나무박물관 ➡ 소쇄원

소요 시간

45분

총 거리

약 27km

이것만은 꼭!

• 걷게 만드는 여행지들이 많으니 편한 운동화를
  챙겨 신도록 하자.

코스 팁

• 죽녹원, 관방제림, 담양국수거리가 모여
  있다. 관방제림 근처 공용주차장에 차를 두고
  산책하듯이 주변을 둘러보면 편하다.
• 아이들과 함께 떠나는 여행이라면
  대나무박물관과 담양곤충박물관은 꼭
  들러보자.

✳ DRIVE TIP

주요 코스 외에도 담양에는 곳곳에 메타세쿼
이아 가로수길이 이어진다. 그중에서도 반곡
사거리를 지나는 '담순로'는 목적지 없이 그냥
달려보기만 해도 좋다.

죽녹원 1

죽녹원은 담양군에서 만든 국내 최대 규모의 대나무 숲, 죽림욕장이다. 대나무 숲은 일반 산림욕보다 음이온이 최대 10배나 더 나온다고 한다. 음이온은 혈액을 맑게 해주고 걱정과 긴장을 완화해준다고 알려져 있다. 10만 평에 달하는 대나무 숲을 걸으며 스트레스를 해소하고, 곳곳에 놓인 포토존에서 사진 찍기 좋다. 죽녹원 안에는 한옥 카페와 숙박시설인 한옥 체험장이 있고, 매년 5월이면 대나무 축제가 열린다.
▶**주소** 전남 담양군 담양읍 죽녹원로 119 ▶**전화** 061-380-2680 ▶**운영** 09:00~19:00(동절기 ~18:00)

한 걸음 더! 대나무골테마공원

죽녹원이 유명해지기 전에 많은 관광객이 찾았던 대나무 숲이다. 규모는 죽녹원에 비해 더 작아도 인위적이지 않고 한적하게 죽림욕을 즐길 수 있어서 좋다. MBC 드라마 '다모'를 비롯해서 각종 영화와 CF 촬영으로 더 유명하다.
▶**주소** 전남 담양군 금성면 비내동길 148
▶**전화** 061-383-9291 ▶**운영** 09:00~18:00

한 걸음 더! 담양국수거리

관방제림을 한편에 담양국수거리가 있다. 영산강변을 따라 나무 그늘이 우거지고 그 아래에 강을 내려다보며 국수를 먹을 수 있도록 평상과 테이블이 줄을 잇는다. 강변을 따라 불어오는 시원한 강바람을 등에 업고 먹는 국수라 어느 국숫집에 들어가도 실패하지 않는다. 산해진미도 아니고 국수 한 그릇에 얻어지는 풍치치고는 과할 정도.
▶**주소** 전남 담양군 담양읍 객사리 175-1(주차장)

담양관방제림 2

관방제는 담양천변의 제방으로 이를 오래 보전하기 위해 나무를 심어 숲으로 만든 것이 관방제림으로 천연기념물 366호로 지정되어 있다. 1648년(조선 인조) 잦은 홍수를 막고자 성이성 부사가 만든 것으로 시작이 되었다. 200년이 넘는 수령의 팽나무, 느티나무, 이팝나무 등이 시원한 그늘을 드리우며 장관을 이루고 있다. 성이성 부사는 <춘향전> 이몽룡의 실제 인물이라는 이야기가 전해진다.
▶**주소** 전남 담양군 담양읍 객사리 169-1

3 메타세쿼이아 가로수길

1970년대 조성된 가로수로 심어진 메타세쿼이아가 이국적인 풍경을 만들어낸다. 한낮에도 햇빛이 거의 통과하지 못할 정도로 짙은 녹색의 터널을 이루고 있다. 바로 옆 24번 국도가 새로 생기면서 지금은 산책로로 바뀌었다. 가로수길에 함께 자리 잡은 개구리 생태공원과 담양에코센터도 함께 들러볼 만하다.

▶**주소** 전남 담양군 담양읍 담양88로 428(주차장)

담양곤충박물관 4

아이들과 함께 여행 중이라면, 메타세쿼이아 가로수길과 함께 묶어서 요금을 구매하는 것도 좋다. 해설사가 직접 살아 있는 곤충과 파충류를 직접 만져보게 해주며, 생명과 자연을 함께 탐색해볼 수 있는 박물관이다. 친환경 야외 놀이터와 실내 놀이터 이용권이 포함되어 있어 1석 3조.

▶**주소** 전남 담양군 담양읍 담양88로 428 ▶**전화** 061-383-0131
▶**운영** 10:00~19:00

한국대나무박물관 5

아시아 최초 슬로시티로 지정된 담양은 전통문화의 고장 그리고 대나무의 고장으로 불린다. 예로부터 대나무 생산량이 많고 대나무를 이용한 죽공예품이 유명했다. 대나무 잎은 차로 사용되고, 대나무 뿌리는 낚싯대나 악기를 만드는 데 사용되었다. 대나무박물관에는 뿌리부터 잎까지 어느 하나 버릴 것 없이 모두 이로운 대나무에 대한 다양한 정보와 대나무 세공품이 전시되어 있다.

▶**주소** 전남 담양군 담양읍 죽향문화로 35 ▶**전화** 061-380-3479 ▶**운영** 09:00~18:00

한 걸음 더! **메타프로방스**

메타세쿼이아가 만들어내는 이국적인 분위기에 더해 진짜 프랑스 소도시를 고스란히 옮겨놓은 듯한 감성을 담아낸 유럽형 마을. 카페와 아웃렛 그리고 숙박시설 단지가 옹기종기 모여 있다.

▶**주소** 전남 담양군 담양읍 메타프로방스2길 6-10

담양 여행의 마지막 코스로 여기만 한 곳이 없다. '물이 맑고 시원하며 깨끗한 원림'이라는 뜻의 소쇄원은 조선 시대를 대표하는 민간 원림(정원)이다. 대나무와 소나무 등 다양한 나무로 둘러싸인 소쇄원은 가운데 자그마한 계곡이 중심을 관통하며 그 풍경의 절정을 긋는다. 가운데 정자에 걸터앉아 물소리, 바람 소리에 기대면, 마치 시간이 멈춘 듯한 한 폭의 수묵화 같은 풍광에 깊이 빠져들게 된다.

▶**주소** 전남 담양군 가사문학면 소쇄원길 17 ▶**전화** 061-381-0115 ▶**운영** 09:00~18:00(계절에 따라 다름)

코스 속 추천 맛집&카페

담양애꽃
담양 10미(味) 중 하나로 손꼽히는 한우 떡갈비 전문점.
▶**주소** 전남 담양군 봉산면 죽향대로 723
▶**전화** 061-381-5788

청운식당
1956년부터 운영해온 막창 순대와 순댓국 노포(老鋪) 맛집이다.
▶**주소** 전남 담양군 담양읍 담주1길 7 ▶**전화** 061-381-2436

카페림
대나무의 고장 담양답게 대나무숲을 향해 창을 냈다. 바람에 일렁이는 대나무의 춤사위가 인상적인 카페.
▶**주소** 전남 담양군 봉산면 송강정로 192
▶**전화** 070-4036-8147

담빛예술창고
방치되던 예전 양곡 보관창고를 살려 카페와 문화 전시공간으로 조성했다.
▶**주소** 전남 담양군 담양읍 객사7길 75
▶**전화** 061-381-8240

낼름
천연 재료와 제철 과일로 직접 젤라토 아이스크림을 만든다.
▶**주소** 전남 담양군 담양읍 중앙로 90-1
▶**전화** 010-4027-5144

전라도

역사의 기억을 따라 달리다
목포 해안도로

1897년 최초 자주 개항지였던 목포는 역사적으로도 아시아 해상 교류의
중심지였다. 영산호와 바다가 만나는 해안도로를 따라 근대 역사를 먼저 만나고,
목포해양유물전시관에서는 시간을 더 거슬러 고려와 조선 시대 해상 교류의
역사까지도 엿볼 수 있는 코스다.

코스 순서	목포해상케이블카 ➡ 목포스카이워크 ➡ 목포근대역사관 1·2관 ➡ 목포자연사박물관 ➡ 목포해양유물전시관 ➡ 갓바위
소요 시간	40분
총 거리	약 16km
이것만은 꼭!	• 고하도 전망대 아래에 있는 바다 위 데크길 걷기.
코스 팁	• 목포근대역사관 주변은 목포 개항 이후 건축된 일본식 가옥과 건물들이 많다. 역사관 주차장에 차를 두고 주변을 걸어서 다녀보자. • 추천 코스를 거꾸로 되짚어 마지막에 석양을 보며 해상케이블카를 타는 것도 좋다.

✱ DRIVE TIP

짧은 거리에 비해 볼거리가 많은 목포 핵심 관광 코스다.
시원하게 달려보는 기분을 더하려면 목포대교를 지나
고하도 스테이션에서 코스를 시작하는 것도 방법.

목포해상케이블카 1

국내 최장, 최고 높이를 자랑하는 목포 해상케이블카는 목포 바다를 한눈에 담으며, 바다 위를 날아가는 듯한 느낌이 든다. 다도해 해상의 아름다움과 푸른 하늘의 쨍함에 눈이 부시다. 북항, 유달산, 고하도에 각각 승강장이 있어 어디서든 출발이 가능하다. 날씨가 좋은 주말이면 대기가 길어지기도 해서 코스 중 가장 먼저 시작하는 편이 유리하다. 케이블카는 일반과 크리스털 캐빈이 있는데, 크리스털 캐빈은 바닥이 투명해서 아래가 보이는 구조로 가격이 조금 더 비싸다.

▶주소 전남 목포시 해양대학로 218(북항 스테이션) ▶전화 061-244-2600

한 걸음 더! 고하도 전망대

고하도 스테이션에서 내려서 고하도 전망대로 걸어가 보자. 해상 케이블카를 타지 않고 차로 들러봐도 된다. 고하도 전망대는 목포 앞바다를 360도 파노라마로 바라볼 수 있는 멋진 곳이다. 전망대 아래에는 해안 데크길이 목포대교 아래까지 길게 이어진다.

▶주소 전남 목포시 달동 1356(고하도 스테이션 주차장)

목포스카이워크 2

유달유원지에 자리 잡은 스카이워크는 유달산과 해상케이블카 그리고 목포대교까지 병풍처럼 펼쳐지는 풍경 덕에 목포의 새로운 명물로 인기몰이 중이다. 덧신을 신고 유리로 된 다리를 건너다보면 목포 바다가 바로 아래에서 물결친다. 무료입장이니 지나는 길에 놓치지 말고 들러보자.

▶주소 전남 목포시 해양대학로 59 ▶운영 09:00~21:00(동절기 ~20:00)

3 목포근대역사관 1·2관

목포 개항 이후 일제강점기를 거쳐 지금에 이르기까지, 목포 근대 역사를 고스란히 담아놓은 역사관이다. 1관은 1900년에 지어진 일본 영사관 건물로 목포에서 가장 오래된 건물이다. 건물 뒤편에는 일제강점기에 만들어진 방공호도 남아 있다. 2관은 1920년에 문을 연 동양척식주식회사 목포지점의 건물을 활용하여 개관하였다.

▶**주소** 전남 목포시 영산로29번길 6(1관), 번화로 18(2관) ▶**전화** 061-242-0340
▶**운영** 09:00~18:00, 월요일 휴관

한 걸음 더! **목포어린이바다과학관**

국내에서 유일하게 아이들을 위해 만들어진 바다 전문 과학관이다. 깊은 바다에서 얕은 갯벌까지 해양에 대한 과학적 사고를 기르고, 바다 생태계를 아이들이 쉽게 이해하기 쉽도록 다양한 체험 시설들이 전시되어 있다.

▶**주소** 전남 목포시 삼학로92번길 98 ▶**전화** 061-242-6359 ▶**운영** 09:00~18:00, 월요일 휴관

김대중 노벨평화상 기념관

대한민국 15대 대통령을 지낸 김대중 전 대통령이 국내 최초 노벨평화상을 수상한 것을 기념하기 위해 건립되었다. 김대중 전 대통령의 정계 입문부터 남북한의 화해 과정까지의 철학과 신념을 엿볼 수 있다.

▶**주소** 전남 목포시 삼학로92번길 68 ▶**전화** 061-245-5660 ▶**운영** 09:00~18:00, 월요일 휴관

목포자연사박물관 4

목포자연사박물관은 총 7개의 전시실에서 46억 년의 지구 역사를 압축하여 보여준다. 세계에 2점뿐인 프레노케랍토스 공룡 화석과 신안군 압해도에서 발견된 육식 공룡알 둥지 화석이 전시되어 있다. 특히 공룡알 둥지 화석은 국내 최대 규모로 천연기념물로도 지정되어 있다. 인터랙티브한 증강현실 콘텐츠가 많아 아이들의 흥미를 자극한다.

▶**주소** 전남 목포시 남농로 135 ▶**전화** 061-274-3655 ▶**운영** 09:00~18:00, 월요일 휴관

한 걸음 더! **목포생활도자박물관**

강진을 비롯한 목포권은 질 좋은 흙을 기반으로 도자기 문화가 발달했었다. 그중에서도 생활 도자기와 건축 도자기를 모아 생활 자기의 변천사를 볼 수 있도록 박물관으로 꾸며 놓았다. 자연사박물관 입장권이 있으면 생활도자박물관과 바로 옆 문예역사관도 함께 입장이 가능하다.

▶**주소** 전남 목포시 남농로 117 ▶**전화** 061-270-8480
▶**운영** 09:00~18:00, 월요일 휴관

목포해양유물전시관 5

국립해양문화재연구소에서 운영하는 해양유물전시관은 아시아 최대 규모의 수중 고고학 박물관이다. 신안에서 발굴한 '신안선'과 '심이동파도선' 등 난파선과 바닷속 잠들어 있던 7,700여 점의 유물이 관람객을 기다리고 있다. 아시아 해양교류 역사에 대해 실감 나게 들여다볼 수 있다. 쉽게 접해보지 못한 볼거리가 가득한데도 불구하고 무료로 운영되고 있다.

▶**주소** 전남 목포시 남농로 136 ▶**전화** 061-270-3001 ▶**운영** 09:00~18:00

6 갓바위

암석이 삿갓을 쓰고 있는 모습 같다 해서 붙여진 이름이다. 화산활동으로 만들어진 응회암이 오랜 침식과 풍화작용으로 지금과 같은 모습이 되었다. 갓바위를 볼 수 있도록 물 위로 산책로를 연결해 두었다. 달맞이공원 주차장에서 걸어가도 되고, 목포해양유물전시관에 차를 두고 해변을 따라 걸어가도 좋다.

▶**주소** 전남 목포시 상동 1119-2(달맞이공원 주차장)

🍴 코스 속 추천 맛집&카페

행복이가득한집

목포근대역사관과 함께 들러 보면 좋다. 일제강점기에 지어진 고택으로 지금은 카페로 운영되고 있다. 음료와 함께 곁들일 수 있도록 빵과 과일이 무료로 제공된다.

▶**주소** 전남 목포시 해안로165번길 45 ▶**전화** 061-247-5887

가락지 죽집

새알이 동동 올려진 동지팥죽과 쑥굴레 맛집이다. 쑥과 찹쌀가루로 동그랗게 떡을 만들어서 조청에 찍어 먹는 '쑥굴리'를 목포에서는 쑥굴레라고 부른다.

▶**주소** 전남 목포시 수문로 45
▶**전화** 061-244-1969

유달콩물

1975년부터 지금까지 우리 콩으로만 콩물을 만들어온 노포 맛집이다. 콩국수로 먹어도 좋고, 비빔밥에 콩국만 추가해서 먹어도 좋다.

▶**주소** 전남 목포시
호남로58번길 23-1
▶**전화** 061-244-5234

코롬방제과점

1920년대 처음 문을 연 목포 최초의 서양식 제과점이 1949년 코롬방제과점으로 바뀌면서 지금까지 이어지고 있으니 '백년가게'라는 말이 딱 어울리는 곳이다. 우리 밀과 천연 발효종으로 만드는 바게트가 시그너처 메뉴.

▶**주소** 전남 목포시 영산로75번길 7 ▶**전화** 061-244-0885

하당먹거리

전라도에서 꼭 먹어봐야 하는 낙지탕탕이에 한우와 전복을 더해 식감과 영양을 더했다. 김에 묵은지를 올리고 한우, 전복, 낙지를 올려 먹는다. 맛이 없을 수 없는 조합.

▶**주소** 전남 목포시 신흥로 98
▶**전화** 061-283-1738

신안 일주도로

천 개가 넘는 섬으로 이루어진 신안군 중
차로 갈 수 있는 안좌도, 자은도, 증도,
임자도 등 인기 높은 섬을 보석 꿰듯이 엮은
코스다. 섬과 섬을 넘나들며 진한 바다향과
함께 추억도 켜켜이 쌓여간다.

코스 순서

퍼플섬·퍼플교 ➡ 1004뮤지엄파크 ➡ 무한의
다리 ➡ 짱뚱어해수욕장 ➡ 태평염전
➡ 대광해수욕장

소요 시간

2시간 30분

총 거리

약 90km

이것만은 꼭!

• 퍼플섬에는 보라색 옷을 준비해서 무료로
  입장해보자.
• 둔장해수욕장에서 조개 잡기 체험해 보기.

코스 팁

• 7km가 넘는 1004 대교는 전체 구간이 구간
  단속을 한다. 강풍 사고를 피하기 위해서라도
  서행 운전하자.
• 퍼플섬에서 전기버스를 타면 마을을 한 바퀴
  돌며 관광 해설을 들을 수 있다.

✦ DRIVE TIP

신안은 1,025개의 섬으로 이루어져 있다. 배를 타지 않고 차로 달려갈 수
있는 주요 관광지는 북부권의 지도, 증도, 임자도가 있고, 중부권에는 자은
도, 암태도, 안좌도 등이 있다. 중부권에서 북부권으로 가기 위해서는 2시
간가량 운전해야 해서 비효율적이다. 중부권의 자은도와 북부권의 증도
사이에는 차와 함께 바로 섬을 건널 수 있는 여객선 타는 것을 추천한다.

퍼플섬 · 퍼플교 1

요즘 신안에서 가장 핫한 관광지인 반월도와 박지도를 묶어서 퍼플섬이라 부르고, 퍼플섬을 이어주는 보라색 목조교를 퍼플교라 부른다. 2007년에 만들어진 다리를 리모델링하는 과정에서 다리와 섬마을 지붕을 모두 보라색으로 칠하여 지금의 모습이 되었다. 마을의 지붕은 물론이고 벤치, 심지어 쓰레기통까지 모두 보라의 향연이다. 심지어 마을 사람들은 식기와 속옷까지도 모두 보라색만 사용한다고. 박지도 안에는 마을 한 바퀴를 도는 미니 전기 버스가 있다. 가격도 저렴하고 가는 동안 퍼플섬에 대한 재미있는 이야기를 들려준다.

▶**주소** 전남 신안군 안좌면 소곡두리길 257-35

PURPLE FREE

알고 가요! 퍼플교를 건너 반월도와 박지도를 가기 위해서는 요금을 내야 한다. 퍼플섬에 올 때 보라색 옷을 입고 오면 무료입장이 가능하다. 꼭 옷이 아니어도 가방이나 신발이 보라색이어도 된다. 굳이 요금 할인이 목적이 아니어도, 일행 모두 보라색으로 맞춰 입고 사진을 남겨 보는 즐거움이 있다.

한 걸음 더! **기동삼거리 벽화**

2019년 압해도와 암태도를 잇는 7.2km의 천사대교가 완공되면서 신안 중부권으로 차를 타고 편안하게 갈 수 있게 되었다. 그와 동시에 암태도 곳곳에는 관광객의 시선을 사로잡기 위한 벽화가 그려졌다. 기동삼거리에 있는 '동백 파마머리' 벽화도 그렇게 만들어졌다. 인자한 집주인을 그린 벽화는 입소문을 타고 유명해지면서 지나는 이의 발걸음을 한 번씩 붙잡는다.

▶**주소** 전남 신안군 암태면 중부로 1927

1004뮤지엄파크 2

자은도에 새로이 문을 연 1004뮤지엄파크는 조개 박물관, 수석 미술관 및 자생식물 연구센터, 새우란 전시관이 함께 자리 잡은 해양 복합 문화예술 단지. 한 번 요금을 내면 뮤지엄파크 내 모든 시설을 함께 둘러볼 수 있다. 국내 최대 규모의 수석 박물관과 야외 분재 수석 공원이 특히 볼 만하다.

▶**주소** 전남 신안군 자은면 자은서부2길 508-65 ▶**전화** 070-4272-5610
▶**운영** 09:00~18:00(동절기 ~17:00), 월요일 휴관

무한의 다리 3

한 걸음 더! **둔장 어촌 체험**

무한의 다리가 있는 둔장해수욕장은 어촌체험 마을이기도 하다. 소정의 체험비를 내면 조개 잡기 체험 도구를 빌려준다. 고급 패류인 백합 조개와 동죽 조개가 주로 잡힌다. 개체수가 많아서 한 30분만 투자해도 한 바구니 가득 채워진다.

▶**주소** 전남 신안군 자은면 둔장길 47-47

자은고교 여객선터미널

자은도에서 여객선을 타면 건너편 증도로 15분 만에 이동이 가능하다. 하루 4번 왕복을 하는데, 썰물 때는 수심이 낮아 결항하는 경우도 있으니 미리 일정을 확인하도록 하자.

▶**주소** 전남 신안군 자은면 중부로 3627-49

▶**전화** 061-271-1173

둔장해수욕장 앞에서 시작하는 무한의 다리는 구리도, 고도, 할미도를 잇는 1,004m 길이의 다리로, 확 트인 바다 위를 걸으며 신안 갯벌을 탐방할 수 있다. 다리 끝 할미도에는 짧은 산책로도 마련되어 있다. '무한의 다리'라는 이름은 섬의 날로 정한 8월 8일의 '8'이라는 숫자가 무한대를 뜻하는 수학 기호 '∞'와 닮은 것에 착안해서 지었다.

▶**주소** 전남 신안군 자은면 한운리 산 231-2(주차장)

4 짱뚱어해수욕장

해변에 줄지어 서 있는 파라솔이 이국적인 풍경을 만들어 낸다. 우전해수욕장과 함께 증도의 대표적인 해변이다. 여름이면 파라솔 아래로 가족들의 웃음소리와 파도 소리가 함께 뒤섞인다. 수심이 얕아서 아이들이 놀기에 최적이다. 해수욕장에 차를 두고 바로 옆 '짱뚱어다리'에도 들러보자. 다리 아래로 짱뚱어와 칠게들이 살아가는 모습을 볼 수 있다.

▶**주소** 전남 신안군 증도면 대초리 1609-4(공용주차장)

5 태평염전

증도는 신안의 여러 섬 중에서도 소금 생산량이 많은 곳이다. 그중에서도 태평염전은 소금 박물관과 염생식물원을 함께 운영하고 있어, 증도에서 빠질 수 없는 관광지가 되었다. 염생식물원은 태평염전에 딸린 염전습지로 평소에 쉽게 접하지 못하는 다양한 염생식물을 관찰하실 수 있다. 염생식물은 염분 농도가 높은 해안 염습지 토양에 적응하고 체내에서 염분 제거가 가능한 식물을 말한다. 오염물질을 정화하고 연안 생물들의 서식처가 되기도 하는 염생식물. 이들이 함께 모여 빚어내는 풍경은 색다른 매력을 보여준다.

▶주소 전남 신안군 증도면 대초리 1648-21
▶전화 061-275-7541

6 대광해수욕장

임자도는 원래 배를 타야 들어갈 수 있는 곳이었는데, 2021년 3월 임자대교가 개통되면서 연륙되었다. 대광해수욕장은 국내에서 가장 긴 모래사장을 가지고 있는 곳으로, 매년 봄 600만 송이 튤립을 보기 위해 많은 관광객이 다녀가는 곳이다. 워낙 넓어서 성수기에도 한적하게 쉬어가기 좋다.

▶주소 전남 신안군 임자면 대기리 2523-32(공용주차장)

🍴 코스 속 추천 맛집&카페

섬마을회정식
신안 5미 중 하나인 뻘 낙지를 맛보려 한다면 압해도에 있는 '뻘 낙지 음식 특화거리'로 가보자. 세계 5대 갯벌에서 잡은 낙지로 탕탕이와 볶음, 또는 연포탕을 맛볼 수 있다.

▶주소 전남 신안군 압해읍 압해로 1844 101호 ▶전화 061-261-9788

이학식당
증도에서 짱뚱어탕의 원조 격인 식당. 신안 갯벌에서 잡은 짱뚱어로 만든 짱뚱어탕은 추어탕과 비슷하면서도 단백질 함량이 높아 보양식으로도 알아준다.

▶주소 전남 신안군 증도면 증도중앙길 39
▶전화 061-271-7800

강진 청자로

고려청자는 마치 옥을 닮은 뛰어난 비취색과 살아 움직이는 듯한 섬세한 무늬로 최고의 인기를 누렸다. 우리나라 청자 가마터의 50%가 강진군 주변에서 발견되었을 만큼 강진은 고려청자의 최대 생산지 중 하나였다. 너른 들판과 청자의 비색을 닮은 하늘이 인상적인 청자로를 따라 강진을 여행해보자.

코스 순서

다산초당 ➡ 강진만생태공원 ➡ 가우도 ➡ 고려청자박물관 ➡ 한국민화뮤지엄

소요 시간

45분

총 거리

약 30km

이것만은 꼭!

• 강진 청자촌에서 청자 만드는 체험하기.
• 가우도 해변길을 따라 섬 한 바퀴 돌아보기.

코스 팁

• 강진만생태공원은 해 질 녘에 가보는 것도 좋다. 붉게 물들어가는 하늘과 바람에 나부끼는 갈대가 조화롭게 보인다.

✳ DRIVE TIP

메인 드라이브 코스 외에도 다산초당에서 강진만생태공원 방향이 아닌, 가우도를 지나 사초해변공원으로 이어지는 '해안관광로'를 한 번 달려보는 것도 추천한다. 2차선 도로가 강진만 해안선을 따라 길게 이어진다.

다산초당 1

4세 때 천자문을 배우고 10세 때 시집을 낼 만큼 총명했던 다산 정약용은 정조 시절 수원 화성 축조, 거중기 설계 등 많은 업적을 남겼다. 정조 사후 천주교 사건에 휘말려 강진에서 18년간 유배 생활을 했는데, 후반 10년을 강진 다산초당에서 보냈다. 유배 기간 중 제자를 가르치고 <목민심서>를 비롯한 500여 권의 책을 집필했던 곳이기도 하다. 당시 정약용 선생이 사용했던 다조(차를 끓이던 돌탁자)와 손수 돌을 날라 만든 연지석가산 (연못)이 고즈넉한 분위기와 함께 그대로 남아 있다.

▶**주소** 전남 강진군 도암면 다산초당길 68(주차장) ▶**운영** 09:00~18:00

한 걸음 더! **다산박물관**
다산 정약용 선생의 출생부터 관직 생활을 거쳐 유배 생활을 마무리할 때까지의 모든 이야기를 담고 있다. 다산 친필로 쓰인 요조첩, 정조대왕 어필첩, 목민심서 필사본 등이 전시되어 있다.

▶**주소** 전남 강진군 도암면 다산로 766-20
▶**전화** 061-430-3911 ▶**운영** 09:00~18:00, 월요일 휴관

강진만생태공원 2

강진천과 탐진강이 만나는 강진만은 남해안 하구 중 가장 많은 생물이 서식하는 갯벌이다. 약 20만 평의 갈대 군락지 사이로 데크 산책로를 만들어 놓았다. 바람이 머무는 갈대 아래로는 짱뚱어 등 1천여 종의 생물들이 갯벌에 의지해 살아간다. 매년 갈대가 절정을 이루는 10월이면 강진만 춤추는 갈대 축제가 열린다.

▶**주소** 전남 강진군 강진읍 생태공원길 47

전라도

강진만 한가운데 떠 있는 가우도는 두 개의 출렁다리로 대구면과 도암면을 연결한다. 출렁다리를 걷다 보면 마치 바다 위를 걷는 기분이 든다. 해안선을 따라 섬을 한 바퀴 돌아봐도 좋고, 정상 청자타워 전망대에도 가볼 만하다. 청자타워에선 강진 바다 위를 시원스레 타고 내려오는 집트랙도 인기. 정상까지 편하게 오르려면 최근 생긴 모노레일을 타면 된다.

▶**주소** 전남 강진군 대구면 중저길 31-27(저두출렁다리 주차장), 전남 강진군 도암면 월곶로 469 (망호출렁다리 주차장)

고려청자박물관 **4**

세계에서 가장 아름다운 자기로 손꼽히는 고려청자의 역사를 들여다볼 수 있는 곳이다. 연국모란 절지문 주자와 운학문 매병 등 고려를 빛내던 다양한 청자를 소장 전시하고 있고, 청자의 생산, 소비, 유통 전반을 일목요연하게 정리해 놓았다. 박물관 옆 체험관에서는 머그잔과 꽃병 모양의 청자 만들기 체험도 진행하고 있다.

▶**주소** 전남 강진군 대구면 청자촌길 33 ▶**전화** 061-430-3755 ▶**운영** 09:00~18:00, 월요일 휴관

한 걸음 더!

고려청자디지털박물관
청자를 이해할 나이가 아닌 어린아이들과 함께라면 바로 옆 고려청자디지털박물관을 먼저 방문해보면 청자를 이해하는 데 도움이 된다. 청자가 만들어지는 과정이나 역사를 아이들이 이해하기 쉽게 디지털 콘텐츠로 표현해 놓았다.

▶**주소** 전남 강진군 대구면 청자촌길 45
▶**운영** 09:00~18:00, 월요일 휴관

한국민화뮤지엄 5

과거 선조들의 꿈과 소망, 그리고 일상생활을 간접적으로 엿볼 수 있는 '민화'를 모아놓은 박물관이다. 우리 전통 민화를 계승 발전하고 연구하기 위해 5천여 점의 민화를 보유 및 순환 전시하고 있다. 상설전시실에서는 국보급 민화 200여 점을 전문 해설가와 함께 관람할 수 있다. 성인만 관람이 가능한 춘화전시실이 특히 인기. 저작권과 작품 보호를 위해 사진 촬영은 금지하고 있다.

▶ **주소** 전남 강진군 대구면 청자촌길 61-5 ▶ **전화** 061-433-9770
▶ **운영** 09:00~18:00, 월요일 휴관

🍴 코스 속 추천 맛집&카페

강진만갯벌탕

강진만에서 잡은 짱뚱어로 만든 다양한 요리를 선보인다. 짱뚱어는 깨끗한 갯벌에서만 잡힌다. 일광욕을 즐기는 덕에 비린내가 나지 않는 특징이 있다. 단백질 함량이 특히 높아 강진에서는 보양식으로 대접받는다.

▶ **주소** 전남 강진군 강진읍 동성로 16 ▶ **전화** 061-434-8288

벙커

강진의 끄트머리, 완도로 넘어가는 고금대교 근처 마량항에 있는 카페. 강진 바다를 바로 접하고 있어서 창문을 통해 시원한 바다 전망이 펼쳐진다.

▶ **주소** 전남 강진군 마량면 까막섬로 73
▶ **전화** 061-434-6556

목리장어센터

장어 하면 고창의 풍천장어가 가장 유명하다고 알고 있지만, 강진의 탐진강도 예전부터 장어가 유명했다. 바다와 강이 뒤섞이는 목리교 근처에서 장어가 많이 나와 목리장어센터도 근처에 자리 잡았다. 1957년부터 운영되어 왔으니 60년도 훌쩍 넘은 진정한 노포 맛집이다.

▶ **주소** 전남 강진군 강진읍 목리길 80 ▶ **전화** 061-432-9292

설렘 가득 봄맞이 드라이브

구례 섬진강대로

100년 된 고택도 구례에서는 신상이나
다름없다. 유독 오래된 것이 많은 구례는
꽃 마저 시간의 향기가 느껴지는 것 같다.
1천년 전부터 구례를 먹여 살리던 산수유부터
200년이 넘은 운조루 고택까지. 시간이 흘러도
매년 봄이면 새로운 향기를 뽐내는 구례
섬진강대로를 달려보자.

코스 순서

구례 산수유마을 ➡ 지리산 호수공원 ➡ 화엄사
➡ 한국압화박물관 ➡ 사성암

소요 시간

1시간

총 거리

약 36km

이것만은 꼭!

• 사성암에서 산책로를 따라 오산 정상까지
  올라가 보기.

코스 팁

• 산수유군락지는 반곡마을, 상위마을, 현천마을
  등 여러 마을에 나뉘어 있다. 산수유문화관
  주차장에 차를 두고 근처 마을을 산책하듯
  걸어서 돌아보자.
• 매월 3일, 8일엔 구례 오일장이 열린다.
  전라도와 경상도가 만나는 지점에 있는 규모
  있는 시장으로 일정이 맞으면 방문해보자.

❉ DRIVE TIP

산수유마을에서 구례 시내를 지나 하동과 남해로 이어지는 섬진강대로
는 '섬진강 벚꽃길'로도 유명하다. 매년 3~4월 산수유꽃이 봄이 왔음을
알리고 나면 이어서 팝콘처럼 풍성하게 피어난다. 벚꽃이 만개했을 때
도, 벚꽃 잎이 눈처럼 날릴 때도 드라이브하기 좋다.

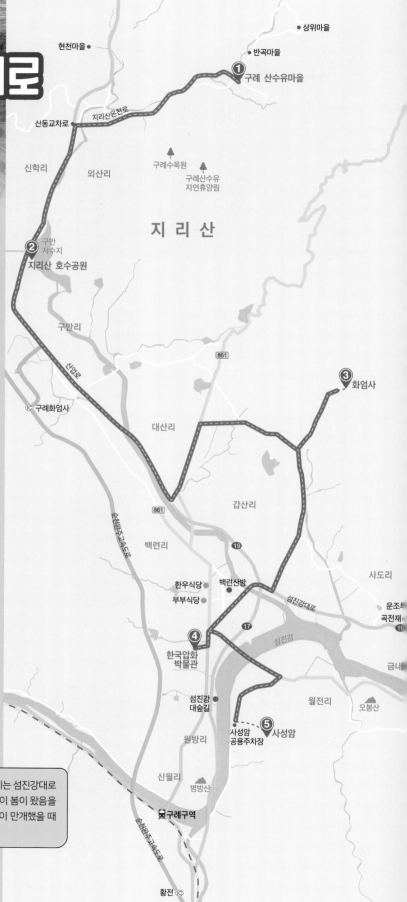

구례 산수유마을 1

구례 여행은 언제나 산수유마을에서 시작한다. 매년 노란 꽃을 피워 봄이 왔음을 가장 먼저 알리는 산수유는 구례의 상징이다. 전국 산수유 최대 생산지로 약 1천여 년 전부터 산수유를 재배해 왔다. 천 그루가 넘는 산수유나무가 피워낸 노란 꽃과 돌담이 만들어내는 풍경이 장관을 이룬다. 노란 꽃이 지고 여름을 지나 가을이 되면, 다시 온 동네가 빨갛게 물든다. 탐스럽고 빨간 산수유 열매는 8월에서 10월 사이 송골송골 맺혀 다시 한번 산수유마을을 달뜨게 한다.

▶**주소** 전남 구례군 산동면 좌사리 844

지리산 호수공원 2

구만 저수지를 새롭게 단장하면서 산수유공원, 구름다리, 오토캠핑장을 조성하였다. 여름에는 수상레저타운에서 다양한 수상스포츠를 즐길 수도 있다. 공원에서 바로 이어지는 지리산치즈랜드의 목장까지 산책로가 이어진다. 목장 정상에서 내려다보이는 호수와 지리산의 풍경이 마치 동화 속 배경 같다. 치즈랜드에서는 목장에서 키우는 젖소에서 짠 우유로 치즈 만들기 체험도 진행된다.

▶**주소** 전남 구례군 산동면 이평리 775-1

3 화엄사

삼국시대 창건된 화엄사는 지리산권에서 가장 큰 사찰이다. 사사자삼층석탑을 비롯한 국보급 보물들이 많아 불교미술박물관이라 불러도 모자라지 않을 정도. 숙종이 이름을 하사한 각황전은 우리나라 최대 목재 건축물이기도 하다. 매년 3월에서 4월이면 많은 사진사가 화엄사를 찾는데, 바로 화엄사에 홍매화를 찍기 위함이다. 조선 숙종 때 심어진 것으로 천연기념물로도 지정되어 있다. 붉다 못해 검붉은 색으로도 보여 '흑매화'로도 불린다.

▶**주소** 전남 구례군 마산면 화엄사로 539 ▶**전화** 061-783-7600

4 한국압화박물관

구례는 지리산을 중심으로 '야생화 생태 특구'로 지정될 정도로 식생이 풍부하다. 꽃을 눌러 말려 수분을 제거한 꽃을 압화라 하는데, 지리산 야생화 압화 표본 제작을 시작으로 세계 최초 한국압화박물관도 구례에 들어섰다. 국내외 다양한 압화 작품을 전시하고 있고, 직접 압화로 생활용품을 만드는 체험도 가능하다. 박물관과 더불어 구례 식물 표본 전시관을 함께 둘러보면 좋다.

▶**주소** 전남 구례군 구례읍 동산1길 29 ▶**전화** 061-781-7117 ▶**운영** 10:00~17:00, 월요일 휴관

한 걸음 더! 운조루

운조루는 1776년 조선 영조 때 지어진 고택이다. 당시 무려 99칸으로 지어진 저택으로 지리산과 섬진강이 어우러진 우리나라 3대 명당터 중 하나이다. 예전부터 운조루에는 배고픈 이웃이 언제든 쌀을 가져갈 수 있도록 구멍 뚫린 뒤주를 놓았다고 한다. 뒤주에는 '타인능해(누구나 열 수 있다)'라고 쓰여 있는데, 고택 입구에 두어 눈치 보지 않고 쌀을 가져갈 수 있도록 배려한 부분이 인상적이다. 운조루 앞 유물전시관에는 당시 시대상을 알 수 있는 150여 점의 유물이 전시되어 있다.

▶**주소** 전남 구례군 토지면 운조루길 56(운조루 유물전시관 주차장) ▶**전화** 061-781-2644

한 걸음 더! 곡전재

1929년 건립된 고택으로 조선 후기 전통 목조 건축양식을 고스란히 보여주고 있다. 지금 후손들이 함께 기거하며 일부를 숙박시설로 운영하고 있다. 조용하고 운치 있는 한옥에서 하룻밤을 보내며 시간의 향기를 느껴봐도 좋고, 숙박하지 않아도 낮에는 조용히 둘러볼 수 있게 배려해준다.

▶**주소** 전남 구례군 토지면 곡전재길 15-2 ▶**전화** 010-5625-8444

한 걸음 더! 섬진강대숲길

일제강점기에 일본이 사금 채취를 위해 섬진강 모래를 들쑤셔 황폐화되었고, 1935년 큰 홍수로 상당수의 모래가 유실되었다. 이후 마을에서 모래의 유실을 막기 위해 대나무를 심은 것이 지금에 이르게 되었다. 잠시 들러 섬진강 변을 따라 산책하기 좋다.

▶**주소** 전남 구례군 구례읍 봉서리 585(공용주차장)

사성암 5

주변 경관이 금강산과 같다고 해서 '소금강'이라고도 불렸던 '오산'에 자리 잡은 사찰로 의상대사와 원효대사 등 4명의 고승이 수도하였다고 해서 사성암이라 부른다. 기암괴석 사이를 비집고 건축된 사찰의 풍광도 대단하고, 사찰에서 내려다보는 구례와 섬진강의 풍경이 실로 엄청나다.

▶**주소** 전남 구례군 문척면 동해벚꽃로 178(공용주차장)

알고 가요! 사성암 입구에도 주차장이 있지만 주차 대수가 적고 차를 돌리기 불편하다. 산아래 공용주차장에서 마을버스를 타거나 택시를 타고 가는 편이 좋다.

 ### 코스 속 추천 맛집&카페

한우식당
일주일에 딱 금요일 하루만 장사하는 특이한 곳이다. 순 배짱 장사지만 맛이 좋아 항상 인산인해를 이룬다. 선지가 두툼하게 들어간 피순대와 순댓국 전문점.
▶주소 전남 구례군 구례읍 봉성로 111
▶전화 061-782-9617

부부식당
구례에는 섬진강에서 잡은 다슬기로 수제비를 만들어 파는 곳이 여럿 있다. 시원한 국물과 꼬들꼬들하게 씹히는 다슬기 식감 모두 일품이다. 대기가 길고 점심 장사만 한다.
▶주소 전남 구례군 구례읍 구례2길 30
▶전화 061-782-9113

백련산방
구례 오일장에 있는 한정식집이다. 백련산방 정식을 시키면 한 상 가득 정갈한 반찬과 함께 석쇠불고기와 생선구이 그리고 섬진강 재첩국이 함께 나온다.
▶주소 전남 구례군 구례읍 5일시장작은길 20
▶전화 061-782-0405

순천~광양 순광로

순천과 광양은 넓은 권역을 가지고도 주요 도심은 동순천IC를 사이에 두고 서로
맞닿아있다. 순천과 광양을 이어주는 순(천)광(양)로를 따라 순천과 광양을
한데 묶어서 여행하면 더욱 알차진다. 순천만 갈대군락에서 자연에 취하고,
광양 구봉산에서 도심의 야경을 보며 여행을 마무리해보자.

코스 순서	순천만습지 ➡ 순천만국가정원 ➡ 순천드라마 촬영장 ➡ 광양장도박물관 ➡ 와인동굴&에코파크
소요 시간	50분
총 거리	약 24km
이것만은 꼭!	• 순천만습지에서 용산전망대까지 걸어가 보기. • 순천드라마 촬영장에서 교복 빌려 입고 인증 사진 남기기.

코스 팁	• 순천만습지는 푸른 하늘 아래 넘실거리는 갈대를 보는 것도 좋지만 해 질 녘 붉게 물든
	  갈대 사이로 산책해 보는 것도 좋다.
	• 순천만국가정원, 순천만습지, 드라마 촬영장을 모두 들러볼 계획이라면 처음부터
	  관광지 통합입장권으로 발권하는 편이 유리하다.

❄ DRIVE TIP

순천만습지나 순천만국가정원은 넓은 주차장을 가
지고는 있지만, 10월부터 2월까지의 성수기에는 이
마저 부족해지기도 한다. 차로 다니는 것도 좋지만, 순
천만국가정원에 차를 두고 순천만습지는 스카이큐
브로 다녀오면 시간도 줄이고 편안하게 즐길 수 있다.

순천만습지 1

690만 평의 순천만 갯벌은 세계 5대 연안 습지로 240여 종의 새와 33종의 염생식물 및 저서동물과 포유동물이 저 나름의 생태계를 꾸려 서로 의지하며 살아간다. 유네스코 생물권보전지역, 국가지정 문화재 명승으로도 지정되어 있다. 순천만습지에는 160만 평의 국내 최대 규모 넓이로 갈대밭이 빽빽하게 들어차 1년 내내 장관을 이룬다. 갈대군락 사이로 편안하게 산책할 수 있도록 데크 길이 깔려 있다.

▶**주소** 전남 순천시 순천만길 513-25 ▶**전화** 061-749-6052 ▶**운영** 08:00~18:00(계절에 따라 변동) ▶**요금** 성인 8,000원, 어린이 4,000원, ※순천만습지 입장권으로 순천만국가정원까지 관람 가능함(7km 거리).

한 걸음 더! 용산전망대

순천만을 가장 아름답게 바라볼 수 있는 곳이다. 순천만습지에서 용산전망대까지는 대략 3km 정도로 40분 정도 걸으면 도착한다. 낮보다는 해가 넘어가는 시간에 가야 진정한 순천만습지의 아름다움을 만끽할 수 있다. S자 곡선으로 이어지는 물길 너머로 지는 해를 봐야 순천 여행의 정점을 찍었다고 할 수 있다.

▶**주소** 전남 순천시 순천만길 513-51

2 순천만국가정원

알고 가요! 순천만국가정원과 순천만습지

사이에는 '스카이큐브'라는 미니 관광 열차가 다닌다. 다니는 덕에 오가며 순천만습지를 편안하게 볼 수도 있다. 이용권은 순천만국가정원에서만 판매한다. 순천만국가정원+순천만습지+스카이큐브 통합권도 있다.

2013년 순천만 국제 정원 박람회를 개최하면서 조성되었다. 83종류의 각기 다른 테마를 갖춘 정원이 어우러져 하나의 거대한 정원을 이루고 있다. 네덜란드를 고스란히 옮겨놓은 듯한 네덜란드 정원과 영국 찰스 젱스가 설계한 호수정원, 그리고 우리의 옛 정원을 구현한 한국정원이 특히 볼 만하다. 1월 동백을 시작으로 겨울 억새까지 일 년 내내 꽃을 피워 정원을 향기로 채우는 덕에 어느 계절에 방문해도 부족함이 없다. 워낙 넓어 모든 정원을 둘러보려면 최소 2시간 이상 걸어야 하니 단단히 준비하고 출발해야 한다.

▶**주소** 전남 순천시 국가정원1호길 47(서문주차장), 전남 순천시 국가정원1호길 162-11(동문주차장)
▶**전화** 1577-2013 ▶**운영** 08:30~19:00(계절에 따라 변동) ▶**요금** 순천만습지 입장권으로 순천만국가정원까지 관람 가능함. 순천만습지에서 구입한 입장권으로 정원 입장 시 입장권 제시 필수.

전라도

순천드라마 촬영장 **3**

국내 최대 규모의 드라마, 영화 촬영장으로 60년
대 순천 읍내, 70년대 봉천동 달동네와 80년대 서
울 근교를 표현해 놓았다. '그해 여름', '사랑과 야
망', '님은 먼 곳에', '제빵왕 김탁구' 등 이름만 들어
도 장면이 떠오르는 걸쭉한 명작을 여기서 찍었다.
어른들에게는 추억을 아이들에게는 옛 생활을 간
접적으로 체험할 수 있는 공간이다. 입구 매점에
서 옛 추억이 담긴 불량식품 하나 사 먹어 보는 재
미도 빠트리지 말자.

▸**주소** 전남 순천시 비례골길 24 ▸**전화** 061-749-4003
▸**운영** 09:00~18:00

4 장도박물관

흔히 '장도'라 하면 여자들이 순결을 지키기 위해 자결용으로 사용했다고 알려졌지만, 실제 우리나라의 장도는 다양하게 쓰였다. 두 임금
을 섬기지 말라는 '충절도'는 남자가 소유하고 다녔고, 남녀 상관없이 항상 가지고 다니면서 과일을 깎거나 종이를 자르는 등 일상생활에도
유용하게 쓰였다. 보통 다른 나라에서 전쟁과 싸움의 도구로 쓰였던 칼과는 전혀 다르게 사용된 독특한 칼 문화라고 볼 수 있다. 장도 박물
관에서 우리나라 장도 역사와 문화, 다양한 장도를 만나보자.

▸**주소** 전남 광양시 광양읍 매천로 771 ▸**전화** 061-762-4853 ▸**운영** 09:30~18:00, 일요일 휴관

와인동굴&에코파크 5

폐선이 된 광양제철선 터널 2개를 활용하여 한쪽은 전 세계 와인을 한자리에서 만날 수 있는 와인동굴로, 다른 하나는 아이들의 복합 놀이공간인 에코파크로 개발했다. 와인동굴은 4계절 일정한 온도가 유지되어 와인을 보관하기에도 좋다.

요금을 내고 들어가면 와인의 기원과 역사를 보여주는 미디어 영상소가 이어지며 곳곳에 포토존이 있다. 에코파크는 아이들을 위한 증강현실 기반 키즈 카페로 운영된다. 성인은 1인당 1잔의 와인이 제공된다.

▶**주소** 전남 광양시 광양읍 강정길 33 ▶**전화** 061-794-7789 ▶**운영** 10:000~19:00(동절기 ~18:00)

한 걸음 더! **구봉산전망대**

해발고도 473m의 구봉산은 광양항과 광양제철소까지 한눈에 내려다보인다. 12세기 때 봉화대가 설치되면서 봉화산으로 불리다가 봉화가 다른 곳으로 옮겨지면서 구봉화산이 되었다가 지금은 구봉산으로 불리고 있다. 광양의 일출 명소이기도 하고 365일 불이 꺼지지 않는 광양 산업단지 덕에 야경 사진 명소이기도 하다.

▶**주소** 전남 광양시 구봉산전망대길 136(주차장)

🍴 코스 속 추천 맛집&카페

향미정
시그니처 메뉴 꼬막정식 세트를 주문하면 꼬막무침, 꼬막전, 꼬막탕수육 등 여러 종류의 꼬막 요리와 함께 낙지호롱이와 짱뚱어탕까지 한 번에 맛볼 수 있다. 갯벌이 주는 선물을 한 가득 맛보자.
▶**주소** 전남 순천시 순천만길 312
▶**전화** 061-725-3885

웃장국밥골목
100년 전 조성된 전통시장 '순천 웃장'에는 웃장국밥거리가 있다. 골목에서 풍기는 진한 육수 냄새가 그냥 지나치지 못하게 만든다. 뜨끈한 국물의 국밥도 일품이지만 부드러운 수육은 꼭 맛을 봐야 한다.
▶**주소** 전남 순천시 북문길 40

리비에르
브런치 맛집으로 소문났지만, 그보다 순천 동천 줄기에 자리 잡아 풍경이 더 매력적이다. 카페 옆으로 흐르는 계곡 소리에 도시 소음이 모두 묻혀버려 '물멍'하기 좋다.
▶**주소** 전남 순천시 서문교길 10 1층
▶**전화** 061-752-8233

브루웍스
20년된 곡물저장창고를 리모델링하여 오픈했다. 카페 한 편에 자리잡은 대형 당화조가 눈에 띈다. 브루(Brew)라는 단어에 걸맞게 맥주를 만들고 커피를 내린다.
▶**주소** 전남 순천시 역전길 61
▶**전화** 061-745-2545

조훈모과자점
1994년 시작한 순천 인기 토종 베이커리. 순천의 특산물인 배를 이용한 '배빵'은 여기서만 맛볼 수 있다.
▶**주소** 전남 순천시 연향중앙상가길 41 상가 1층(연향점), 순천시 팔마로269 (팔마점)

삼대광양불고기
보통 간장양념을 해서 자작하게 끓여 먹는 불고기와 달리 광양 불고기는 숯불에 구워 먹는 방식이다. 달짝지근한 양념에 숯불 향이 더해져 끊임없이 젓가락이 오가게 된다.
▶**주소** 전남 광양시 광양읍 서천1길 52
▶**전화** 061-763-9250

여수 신월로

오래전부터 모든 세대를 아우르는 남도 여행 1번지라는 명성답게 한 번쯤 들어봤을 법한 유명한 관광명소가 있는 반면, 언제 여수에 이런 곳이 생겼지? 하는 신선하고 상큼함 팡팡 터지는 스폿이 나이 지긋한 어르신 관광객부터 젊은이들까지 여수로 불러들인다. 모두를 위한 여행지, 여수로 달려 보자.

✳ DRIVE TIP

유월드 루지 테마파크에서 드라이브를 시작하는 편이 유리하다. 루지는 대기시간이 없으면 금방 일정을 마무리하고 다음 코스로 이동할 수 있지만, 대기 인원이 많아질수록 처음 타는 사람들 교육 시간까지 포함되어 점차 길어진다. 가급적 일정 초반에 소화하고 다음 코스로 이동하자. 돌산공원과 여수해상케이블은 야경이 아름다운 코스로 일정 가장 마지막에 배치해야 한다. 중간에 장도, 웅천친수공원, 이순신광장에서 충분히 시간을 보내고 이동해보자.

코스 순서	유월드 루지 테마파크 ➡ 장도 ➡ 웅천친수공원 ➡ 여수해상케이블카 ➡ 오동도 ➡ 돌산공원
소요 시간	40분
총 거리	약 18km
이것만은 꼭!	• 장도 한 바퀴 돌아보기.
	• 케이블카 중간 기착지에서 내려 오동도까지 산책하기.
	• 돌산공원에서 돌산다리 야경 감상하기.
코스 팁	• 엑스포 공원 방향에서도 케이블카를 탈 수 있지만, 코스 상 야경을 보기에 돌산공원이 유리하다.
	• 루지는 아침 일찍 시작해야 대기하는 수고도 없고, 이후 일정에 손해가 없다.
	• 예술의 섬 장도는 물때에 따라 입도가 불가할 때도 있으니 미리 이용 가능한 시간을 확인해야 한다.

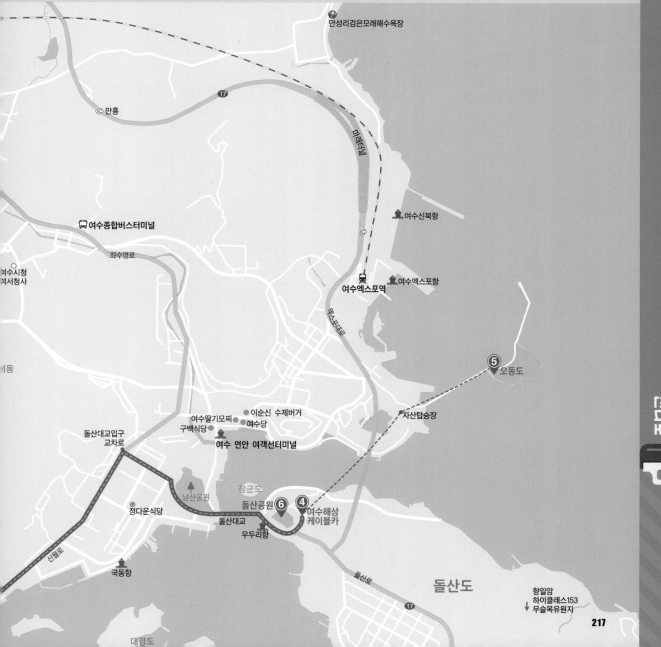

특수 제작된 무동력 카트를 이
용하여 오로지 중력의 힘으로
만 바람을 가르며 내리막 트랙을 주행하는 카트

유월드 루지 테마파크 1

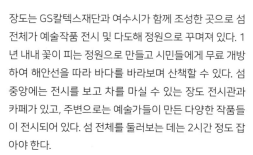

액티비티다. 총 길이 1.26km의 트랙을 주행하는데 5분 정도가
소요된다. 운전이 어렵지 않아 간단히 교육만 받으면, 초등학생 이
상 누구나 쉽게 운전할 수 있다. 요금은 타는 횟수에 따라 달라지
는데, 최소 2회 이상 타는 것을 추천한다. 루지 외에 아이들이 좋
아할 만한 실내 키즈 카페와 야외 놀이동산을 함께 운영하고 있
다. 아이들과 함께 간다면 처음부터 통합권을 발권하는 것도 고려
해 볼 만하다.

▸**주소** 전남 여수시 소라면 안심산길 155 ▸**전화** 061-810-6000
▸**운영** 10:00~19:00

장도 2

장도는 GS칼텍스재단과 여수시가 함께 조성한 곳으로 섬
전체가 예술작품 전시 및 다도해 정원으로 꾸며져 있다. 1
년 내내 꽃이 피는 정원으로 만들고 시민들에게 무료 개방
하여 해안선을 따라 바다를 바라보며 산책할 수 있다. 섬
중앙에는 전시를 보고 차를 마실 수 있는 장도 전시관과
카페가 있고, 주변으로는 예술가들이 만든 다양한 작품들
이 전시되어 있다. 섬 전체를 둘러보는 데는 2시간 정도 잡
아야 한다.

▸**주소** 전남 여수시 웅천동 1691(공용주차장)
▸**홈페이지** www.yeulmaru.org

알고 가요! 장도에 들어가기 위해서는 '진섬다리'를
건너야하는데, 일부러 조수간만의 차이
에 따라 물에 잠기게 만들었다. 밀물과 썰물 시간에 따라 입
도가 가능한 시간이 정해져 있어 홈페이지를 통해 미리 입
도 시간을 확인하는 편이 좋다. 특히 밀물이 들어와 진섬다
리가 잠길 듯 말 듯 물 위를 걷는 듯한 느낌이 매력적이다.

3 웅천친수공원

장도 앞에는 잔잔한 해변과 모래사장이 길게 이어진다. 웅
천친수공원은 여수 웅천택지지구를 조성하면서 함께 조
성한 인공해변이다. 여수반도, 고돌산반도와 돌산도로 둘
러싸인 '가막만'은 파도가 잔잔해서 아이들 물놀이에 안
전하다. 모래사장 위쪽은 목재 데크로 되어 있어 피크닉
하기 더없이 좋다. 게다가 구명조끼와
파라솔도 무료로 이용 가능하다.
물놀이 시즌이 아니어도 근처
상가에서 먹거리를 준비해 와
서 피크닉을 즐겨보자. 탁 트
인 바다가 주는 힐링이 생각보
다 진하고 깊다.

▸**주소** 전남 여수시 웅천동 1691(공용주차장)

여수해상케이블카는 아시아에서 네 번째이자 국내에서 처음으로 바다 위를 가르는 케이블카이다. 여수 야경의 아름다움을 색다른 시각에서 즐기려면 해상케이블카를 타보자. 케이블카는 돌산공원과 자산공원을 왕복으로 이어주는데, 여수 바다를 시원스레 가로지른다. 조금 더 강한 짜릿함을 원한다면 캐빈의 바닥이 투명한 크리스털 캐빈을 선택해 보는 것도 방법이다. 여수는 야경이 낭만적인 만큼 해 질 녘 케이블카를 타보는 것도 좋은 선택이다.

▸**주소** 전남 여수시 돌산읍 돌산로 3578-35(돌산 탑승장 주차장), 오동도로 116(자산 탑승장 주차장) ▸**전화** 061-664-7301 ▸**운영** 09:30~21:30

알고 가요! 돌산 탑승장에서 오후 늦게 출발하여 자산 탑승장에 내려 오동도를 걸어서 둘러본다. 그리고 해가 슬슬 넘어가기 시작하면 다시 케이블카를 타고 돌산공원으로 돌아오며 노을과 야경을 모두 보는 시간대를 노려보자. 여수해상케이블카를 200% 활용하는 방법이다.

오동도 5

동백섬이라고도 불리는 오동도에는 3천 그루가 넘는 동백나무가 자생하고 있다. 동백꽃이 피는 1월에서 4월 사이에는 섬 전체가 발그레한 동백꽃으로 가득 채워진다. 입구에서 섬까지는 방파제로 연결되어 도보 15분 정도 소요되며, 동백 열차를 이용하면 간단하게 이동이 가능하다. 한국의 아름다운 길 100선에도 선정되었던 만큼 쉬엄쉬엄 걸어 보는 것도 좋을 것 같다. 섬 중앙의 음악분수를 지나면 섬 전체를 골고루 둘러볼 수 있는 도보여행 코스가 있다. 맨발공원에서 시작된 코스는 약 800m 정도로 섬의 곳곳을 둘러볼 수 있다. 데크와 인공황토로 잘 정비 되어 있어 가족 단위 산책 코스로 좋다.

▸**주소** 전남 여수시 오동도로 222

돌산공원 6

여수는 야경이 아름다운 도시다. 여수 10경 중에서도 당당히 한 자리를 차지하고 있을 정도다. 그 야경을 보기 위한 가장 최적의 장소가 바로 돌산공원이다. 지는 해는 점점 구봉산으로 넘어가며 하늘을 붉게 물들이고 돌산도를 마주 보는 시내에 불이 하나둘씩 켜진다. 돌산대교와 장군도 그리고 그 사이를 누비는 배들이 파노라마처럼 펼쳐진다. 매 시간 조명이 변하는 돌산대교와 길게 늘어선 차량의 불빛, 그 사이를 지나다니는 어선. 쉽게 누르는 디지털카메라에는 모두 담을 수 없을 정도로 황홀하면서도 잔잔한 감동을 준다.

▶**주소** 전남 여수시 돌산읍 우두리 산1

📍 코스 속 추천 맛집&카페

정다운식당
여수를 비롯한 남해안에서 잡히는 쑤기미 또는 세미로 불리는 생선을 가지고 시원한 탕을 끓여낸다. 기본으로 나오는 여수 돌게장과 돌산 갓김치도 별미.
▶**주소** 전남 여수시 동산1로 12 ▶**전화** 061-641-0744

구백식당
임금님 수라상에도 올랐던 귀한 음식으로 고슬고슬하게 지은 밥에 쓱쓱 비벼 먹으면 새콤달콤한 맛이 일품이다. 서대회무침은 1년 이상 막걸리를 발효시킨 천연식초를 사용하여 새콤한 맛을 내고 비린내를 잡아주는 것이 특징.
▶**주소** 전남 여수시 여객선터미널길 18
▶**전화** 061-662-0900

여수당
겉은 바삭하고 속은 꽉 찬 바게트버거 맛집인데, 요즘은 쑥과 옥수수로 만든 아이스크림으로 더 인기몰이를 하는 곳이다. 해풍을 맞고 큰 쑥으로 만들어서 향이 진하고 맛이 깊다.
▶**주소** 전남 여수시 중앙로 72
▶**전화** 061-661-0222

여수딸기모찌
1968년부터 이어오는 곳이다. 긴 대기 줄을 보고 이렇게까지 해서 먹어야 하나 싶다가도 나중에 더 사지 못한 것을 후회한다는 후기가 많다. 대표 메뉴는 백앙금과 크림치즈로 만든 생딸기모찌. 쫄깃한 찹쌀떡 맛과 상큼 달콤한 앙금과 생딸기 맛이 조화롭다.
▶**주소** 전남 여수시 중앙로 70
▶**전화** 061-662-8824

이순신 수제버거
이순신 광장의 음식문화거리에서 비교적 짧은 역사임에도 줄을 서지 않으면 맛보기 힘든 곳이 되었다. 수제버거임에도 가격이 저렴해서 한 끼 식사로도 손색이 없다. 세트로 주문하면 같이 나오는 치즈스틱도 별미.
▶**주소** 전남 여수시 중앙로 73
▶**전화** 061-684-3243

ZOOM IN
돌산도

여수시에서 가장 큰 섬으로 산도 많고 돌도 많아 '돌산도'라 불린다.
섬 전체를 한바퀴 도는 일주도로를 따라 드라이브하기 좋다.

해를 향해 있는 암자 향일암

남해에서 최고의 일출 명소로 유명한 향일암은 양양 낙산사, 남해 보리암, 강화 보문사와 함께 우리나라 4대 해수 관음 기도 도량으로 유명한 곳이다. 대웅전으로 가려면 가파른 돌계단을 올라가야 하는데, 인위적으로 길을 트지 않고 암석 사이사이를 최소한으로만 다닐 수 있게 한 조화로움이 인상적이다.

▶**주소** 전남 여수시 돌산읍 율림리 6-10(향일암 주차장) ▶**전화** 061-644-4742 ▶**요금** [입장료] 성인 2,500원

인생 사진 제조기 하이클래스153

요즘 핫한 리조트 겸 카페. 바다를 품은 멋진 풍경과 인피니티 풀, 다양한 포토존이 있다. 특히 하늘로 날아갈 듯한 느낌의 대형 그네를 타고 인생 사진을 남기기 위해 줄서기를 마다하지 않는다.

▶**주소** 전남 여수시 돌산읍 무슬목길 116

여수 시민들의 물놀이 일번지 무슬목 유원지

무술년 임진왜란 당시 이순신 장군이 왜선 60여 척을 괴멸시킨 곳으로 알려져 있다. 지금은 몽돌이 자글자글 고운 소리를 내는 해변으로 여름이면 많은 사람이 물놀이를 즐긴다.

▶**주소** 전남 여수시 돌산읍 평사리 1271-7

제주도

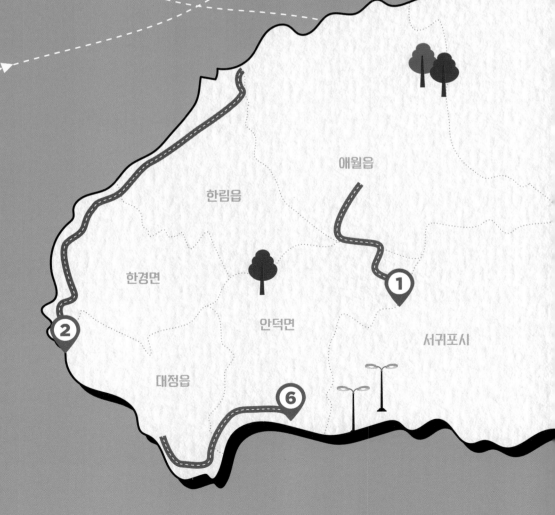

애월읍

한림읍

한경면

안덕면

대정읍

서귀포시

① ② ⑥

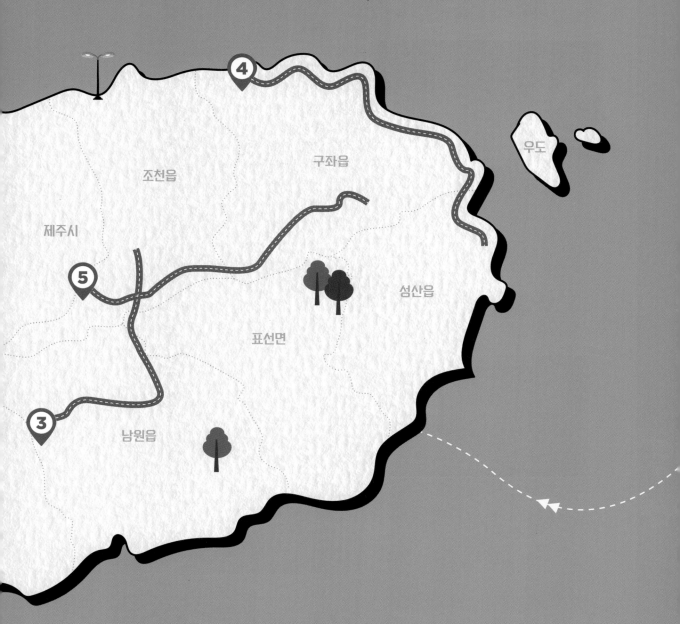

① 제주 드라이브 1번지
평화로

② 제주에서 가장 노을이 아름다운
노을해안로

③ 제주 중산간의 매력
동부 중산간 핵심 도로

④ 가장 긴 해안도로
해맞이해안로

⑤ 한적한 제주를 느낄 수 있는
비자림로

⑥ 제주에서도 가장 남쪽에 있는
최남단해안로

우도

조천읍

구좌읍

제주시

성산읍

표선면

남원읍

제주 드라이브 1번지

평화로

2005년 제주특별자치도가 '세계 평화의 섬'으로 공식 지정되면서 도로 이름도 평화로라 지었다. 제주시와 서귀포시 중문을 잇는 평화로는 제주에서도 손꼽히는 드라이브 코스다. 고속도로가 없는 제주에서 왕복 2차선으로 쭉 뻗은 평화로는 그나마 속도에 목마른 여행객의 마음을 달래주는 것 같다.

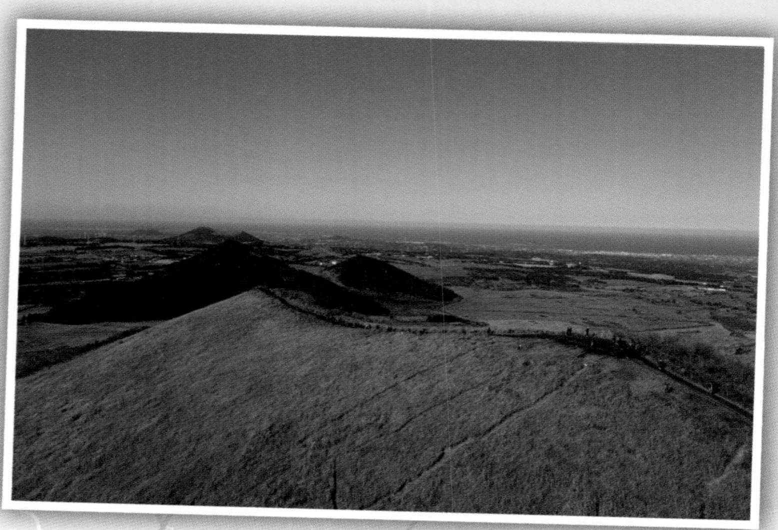

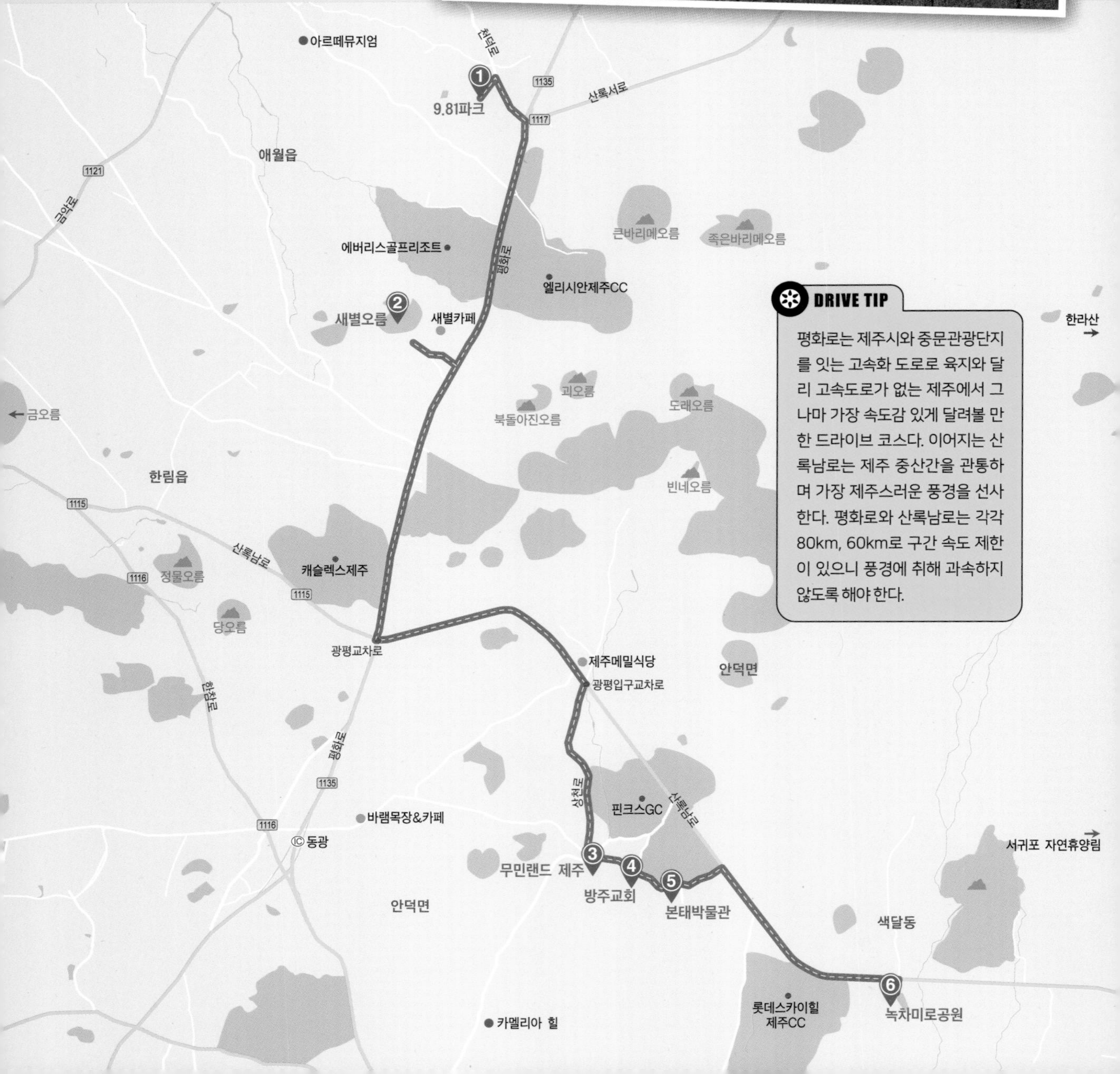

DRIVE TIP

평화로는 제주시와 중문관광단지를 잇는 고속화 도로로 육지와 달리 고속도로가 없는 제주에서 그나마 가장 속도감 있게 달려볼 만한 드라이브 코스다. 이어지는 산록남로는 제주 중산간을 관통하며 가장 제주스러운 풍경을 선사한다. 평화로와 산록남로는 각각 80km, 60km로 구간 속도 제한이 있으니 풍경에 취해 과속하지 않도록 해야 한다.

코스 순서	9.81 파크 ➡ 새별오름 ➡ 무민랜드 제주 ➡ 방주교회 ➡ 본태박물관 ➡ 녹차미로공원
소요 시간	30분
총 거리	약 20km
이것만은 꼭!	• 새별오름 정상에 올라 제주 서부 전체를 내려다보기.
코스 팁	• 새별 오름을 정복하고 난 뒤 푸드트럭 존에서 제주의 색을 담은 다양한 간식거리로 요기를 해보자.
	• 비가 오거나 바람이 심하게 터지는 날씨라면 새별오름 대신 아르떼뮤지엄으로 코스를 대체하는 것이 좋다.
	• 갑작스럽게 안개가 끼는 경우도 있으니 안전운전에 만전을 기할 것.

9.81 파크 1

엔진을 사용한 카트 레이싱이 아니라 높이차에 의한 중력으로 달리는 카트 레이싱 및 실내 게임 테마파크. 엔진 특유의 시끄러움 없이 조용하면서도 빠른 스피드를 즐길 수 있다. 총 3가지 난이도가 있으며, 1인용과 2인용이 있다. 스마트폰에 애플리케이션을 깔면 달린 속도와 등수가 나와 일행끼리 경주도 가능하다. 완주 시간이 짧아 아쉬우니, 2회 또는 3회권을 이용하는 것을 추천한다. 실내에는 양궁, 야구, 축구, 승마, 컬링 등을 즐길 수 있는 체험형 게임존도 있다.
▶**주소** 제주시 애월읍 천덕로 880-24 ▶**전화** 1833-9810 ▶**운영** 09:00~18:30

한 걸음 더! **아르떼뮤지엄**

거대한 파도를 연상케 하는 몰입형 전시 'WAVE'라는 작품을 선보인 d'strict가 제주에 몰입형 미디어아트 전시관을 만들었다. 스피커 제조 공장을 개조해 만든 전시관은 바다와 폭포 등 다양한 제주의 자연을 실감나게 보여준다. 초대형 스크린에서 펼쳐지는 세계 명화 속 자연과 제주의 사계절은 특히 압도적이다.
▶**주소** 제주시 애월읍 어림비로 478 ▶**전화** 1899-5008
▶**운영** 10:00~20:00

요금와 별개인 아르떼 티바(Tea Bar)도 추천! 주문한 음료 위로 꽃이 피는 미디어 아트를 선보인다.

2 새별오름

'샛별과 같이 빛이 난다' 하여 새별오름이라 불리는 제주 서부의 대표적인 오름. 매년 3월 초 새별오름 들불 축제를 개최하는 곳이기도 하다. 가축을 방목하던 제주는 매년 봄 해충과 묵은 풀을 없애기 위해 들불을 놓았다. 현재는 대표적으로 새별오름에서만 들불을 놓고 일 년 농사와 안녕을 빈다. 오름을 오르면, 멀리 비양도를 비롯한 제주 서부 지역이 한눈에 들어온다.
▶**주소** 제주시 애월읍 봉성리 산 59-3

한 걸음 더! **금오름**

연예인 이효리가 출연하는 방송에 자주 등장하면서 인기를 더하고 있는 오름. 정상에 있는 작은 화구호는 비가 오는 계절이면 작은 호수가 되었다가 겨울이 오면 서서히 메말라 사라진다. 보는 각도에 따라 한라산 정상의 백록담을 닮았다고 해서 '소백록담'이라고도 불린다. SNS에서 해 질 녘 포토 스폿으로 입소문이 나서, 늦은 오후 방문하는 사람들이 많다.
▶**주소** 제주시 한림읍 금악리 1210(주차장)

3 무민랜드 제주

핀란드 국민 캐릭터 '무민'을 테마로 한 전시관. 핀란드 국민 작가인 토베 얀손이 탄생시킨 무민 이야기는 50개국에 출간되었을 정도로 인기가 높다. 75년 넘도록 사랑 받는 무민의 이야기를 바탕으로 전시관 안에는 무민의 집을 만들고 각종 체험 시설들을 갖추고 있다. 입장객만 들어갈 수 있는 북카페가 압권. 앞으로는 서귀포 바다가, 뒤로는 한라산이 한눈에 들어오는 파노라마 뷰에 토베 얀손의 책들을 편하게 읽을 수 있도록 준비되어 있다.

▸ **주소** 서귀포시 안덕면 상천리 470-11 ▸ **전화** 064-794-0420 ▸ **운영** 10:00~19:00

한 걸음 더! 카멜리아 힐

제주에서 가장 큰 동백 수목원. 6만여 평의 부지에 동백나무 6천 그루가 이어진다. 동백나무 품종만 해도 500종이 넘는다 하니 동백꽃이 피는 시기에는 꼭 가 볼 만한 곳이다. 총 21가지의 산책 코스가 있는데, 전체를 다 둘러보기 위해서는 2시간 가까이 걸릴 정도로 넓고 볼거리가 많다.
▸ **주소** 서귀포시 안덕면 병악로 166 ▸ **전화** 064-792-0088
▸ **운영** 08:30~19:00(동절기 ~18:00)

방주교회 4

각종 건축상을 수상한 유명 건축가 이타미 준의 작품으로, 노아의 방주를 형상화하여 만든 교회다. 교회 주변을 연못으로 꾸며 놓아 마치 배가 물 위에 떠 있는 듯한 분위기를 풍긴다. 근처 포도호텔과 핀크스 골프장 클럽하우스도 이타미 준이 설계했다. 건축가 안도 다다오의 건축물과 함께 제주 건축 여행 필수 코스 중 하나다. 예배가 없는 시간에는 개방하고 있지만, 종교적인 장소인 만큼 주의가 필요하다.

▸ **주소** 서귀포시 산록남로762번길 113
▸ **전화** 064-794-0611
▸ **운영** 09:00~18:00(하절기 ~19:00)

본태박물관 5

노출 콘크리트의 대명사 건축가 안도 다다오가 돌담과 기와를 더해 설계한 작품이다. 본래의 형태라는 뜻의 '본태(本態)'는 한국 전통 공예와 문화의 아름다움을 알리기 위해 설립되었다. 전시품 하나하나가 대단하지만 제4관에 전시된 우리나라 전통 상례 문화를 전시해 놓은 <피안으로 가는 길의 동반자>라는 전시가 특히나 눈에 띈다. 지금은 거의 볼 수가 없는 상여 관련 부속품인 꼭두들과 원형이 보존된 전통 상여가 잔잔한 여운을 남겨준다.

▸ **주소** 서귀포시 안덕면 산록남로762번길 69 ▸ **전화** 064-792-8108 ▸ **운영** 10:00~18:00

6 녹차미로공원

제주도에 녹차가 전해진 지는 얼마 되지 않았지만, 따뜻한 기후와 배수가 좋은 화산 토양 덕분에 중국 황산, 일본 후지산에 이어 세계 3대 녹차 생산지로 불린다. 제주다원에서 만든 녹차미로공원은 다양한 코스의 미로가 있고, 곳곳에 마련해 놓은 포토존은 재미를 더한다. 생각보다 미로가 복잡한 편이라 만만하게 봤다가 탈출(?)하는데 진땀을 뺄 수도 있으니 방심은 금물. 중산간에 자리 잡아 중문관광단지와 서귀포 앞 바다의 섬들까지 시원스레 내려다보인다.

▸**주소** 서귀포시 산록남로 1258 ▸**전화** 064-738-4405
▸**운영** 09:00~18:00

한 걸음 더! **서귀포자연휴양림**

제주시와 서귀포시를 잇는 1100도로에서 서귀포가 내려다보이는 곳에 자리한 자연휴양림. 울창한 편백 산림욕장과 다양한 산책 코스로 꾸준한 인기를 끌고 있다. 왕복 20분에서 2시간까지 다양한 코스가 있다. 독특하게도 차량 순환로가 따로 마련되어 있는데, 총 3.8km의 순환로를 이용하면 힘들게 걷지 않고도 휴양림의 숲을 탐방할 수 있다. 숲을 걷지 않는 것이 무슨 의미가 있겠냐 하겠지만, 어린아이나 몸이 불편한 가족과 함께하는 여행에서는 특히나 고마운 배려다.

▸**주소** 서귀포시 영실로 226 ▸**전화** 064-738-4544
▸**운영** 09:00~18:00

코스 속 추천 맛집&카페

제주메밀식당

마을 조합에서 직접 재배한 메밀을 제분하고 면을 만들어 다양한 메밀 음식을 선보인다. 메밀면에 제철 나물을 올리고 들기름과 특제소스를 담아낸 '비비작작면'이 시그니처 메뉴.

▸**주소** 서귀포시 안덕면 산록남로 675 ▸**전화** 064-792-8245

새빌카페

프랑스산 고메버터와 뉴질랜드 앵커버터, 스위스산 치즈 등 최고의 재료로 빵을 만드는 베이커리 카페. 특히 크루아상이 맛있다. 아름다운 주변 경관도 인기 비결 중 하나.

▸**주소** 제주시 애월읍 평화로 1529
▸**전화** 064-794-0073

바램목장&카페

양을 방목하여 키우며 먹이 주기 체험이 가능한 목장 겸 카페다. 'Baa'라는 양이 우는 소리의 영어식 표기에 Lamb을 붙여 BaaLamb(바램)이라 이름 지었다. 넓은 목장에서 아이들과 함께 먹이 주기 체험과 사진 찍기에 그만이다.

▸**주소** 서귀포시 안덕면 신화역사로 611 ▸**전화** 010-2098-6627

제주에서 가장 노을이 아름다운
노을해안로

싱계물공원에서 용수리포구로 이어지는 한경해안로와 자구내포구에서 대정읍 일과리로 이어지는 노을해안로는 제주에서 가장 노을이 아름다운 해안도로로 손꼽힌다. 불규칙한 해안선을 따라 시원스레 달리며 폐포 속 깊숙하게 자리 잡은 짠내는 여행이 끝나도 오래 기억될 것이다.

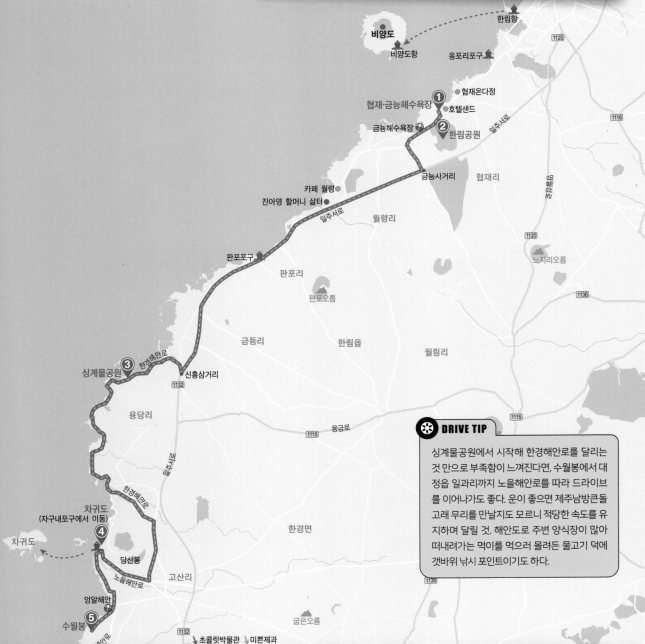

비양도

비양도항

한림항

1120

옹포리포구

협재온다정

①

협재·금능해수욕장

호텔샌드

금능해수욕장 ⑦

② 한림공원

일주서로

1116

금능사거리

협재리

카페 월령

묘지오름

진아영 할머니 삶터

월령리

일주서로

1120

느지리오름

판포포구

판포리

1136

판포오름

금등리

한림읍

월림리

싱계물공원 ③

한경해안로

신흥삼거리

1132

용당리

1115

용금로

1115

✳ DRIVE TIP

싱계물공원에서 시작해 한경해안로를 달리는 것 만으로 부족함이 느껴진다면, 수월봉에서 대정읍 일과리까지 노을해안로를 따라 드라이브를 이어나가도 좋다. 운이 좋으면 제주남방큰돌고래 무리를 만날지도 모르니 적당한 속도를 유지하며 달릴 것. 해안도로 주변 양식장이 많아 떠내려가는 먹이를 먹으러 몰려든 물고기 덕에 갯바위 낚시 포인트이기도 하다.

차귀도
(자구내포구에서 이동)

④

차귀도

당산봉

한경해안로

한경면

노을해안로

고산리

엉알해안

수월봉 ⑤

노을해안로

1136

1132

초콜릿박물관 미쁜제과

굽은오름

코스 순서	협재·금능해수욕장 ➡ 한림공원 ➡ 싱계물공원 ➡ 차귀도 ➡ 수월봉
소요 시간	35분
총 거리	약 20km
이것만은 꼭!	• 수월봉 주차장에 차를 두고 아래 영알해안 산책은 필수 코스. 운이 좋으면 '제주남방큰돌고래' 무리를 만날 수도 있다.
코스 팁	• 일정에 여유가 있다면 비양도에 들어가 보는 것도 좋다. 협재해수욕장 옆 한림항에서 배가 뜬다.
	• 차귀도는 체험낚시로 유명한 자구내포구에서 유람선이 다닌다. 저렴한 가격에 선상 낚시 체험이 가능하다.
	• 수월봉은 늦은 시간에 오를수록 풍경이 뛰어나다. 앞 코스에서 충분히 시간을 보내고 마지막 코스로 마무리하는 편이 좋다.

협재·금능해수욕장 1

한 걸음 더! 비양도

기록에 의하면 비양도는 1002년 분화한 화산 폭발로 만들어졌다고 한다. '천년의 섬'이라는 슬로건이 썩 잘 어울린다. 금능과 협재해수욕장의 화룡점정이 되어주는 섬으로 한림항에서 하루 4번 왕복하는 배를 타고 15분이면 들어갈 수 있다. 섬 전체가 다 보이는 비양봉에 오르는 코스나 섬을 한 바퀴 돌아보는 코스를 추천한다. 배편이 자주 있지 않아서 두 가지 모두 하기에는 시간이 빠듯하다.
▶주소 제주시 한림읍 한림해안로 196(도선 대합실)
▶전화 064-796-7522 ▶영업 09:00~16:15

에메랄드빛 바다에 낮은 수심이 더해져 제주 서쪽에서 가장 인기있는 해변으로, 두 개의 해수욕장이 이어져 있다. 두 해변 앞에 떠 있는 비양도가 화룡점정이 되어 준다. 해변에는 야자수 숲이 자리 잡고 있어서 제주에서 가장 인기 있는 야영장이기도 하다. 평소 캠핑 비용은 따로 없고 여름 성수기에만 유료로 운영된다. 협재해수욕장 뒤로 배후시설이 많아 편리하고 금능은 한적해서 좋다.
▶주소 제주시 한림읍 협재리 2447-22(협재해수욕장 주차장), 제주시 한림읍 협재리 2696-1(금능해수욕장 주차장)

1971년 불모지였던 모래밭에 야자수와 관상수를 심고, 모래밭 아래서 발견된 쌍용동굴, 협재동굴과 함께 한림공원이 시작되었다. 첫 삽을 뜬 지 약 50년, 한림공원은 제주 서부의 대표적인 관광지로 자리 잡았다. 야자수길, 아열대 식물원과 계절별 꽃길 등 제주의 특징을 곳곳에 살려 놓았다. 여러 테마 중에서도 협재굴과 쌍용굴은 한림공원의 핵심이다. 천연기념물 236호로 지정된 두 동굴은 용암동굴 위로 조개의 석회 성분이 빗물에 녹아 흐르면서 용암동굴과 석회동굴의 특징을 모두 가지고 있는 독특한 구조다.
▶주소 제주시 한림읍 한림로 300 ▶전화 064-796-0001
▶영업 08:30~18:00(3~ 9월 ~19:00)

한림공원 2

한 걸음 더! 진아영 할머니 삶터

월령리 선인장마을 옆에 진아영 할머니 삶터가 있다. '무명천 할머니'라고 불렸는데, 제주 4·3사건 당시 토벌대의 총에 맞아 아래턱이 없이 살아남게 된 할머니다. 턱이 없어 먹는 것도 말하는 것도 고통이었을 텐데, 감히 고통의 깊이가 상상이 가지 않는다. 여생 동안 무명천을 턱에 감고 가족도 없이 살아간 고생스러운 여행이었기에 지금도 생가터를 추모 공간으로 남겨 놓았다.

▶**주소** 제주시 한림읍 월령1길 22

판포포구

포구라는 이름에 걸맞지 않게 배를 정박하는 곳으로 이용되기보다는 물놀이, 카약 등 해양레저로 더 알려져 있다. 포구 바닥이 고운 모래지형이라 바다색이 특히나 곱다. 7~8월이면 포구를 따라 텐트를 치고 온종일 해수 물놀이를 즐기는 사람들로 가득하다. 밀물 때는 수심이 상당히 깊어지는 곳으로 구명조끼는 필수다.

▶**주소** 제주시 한경면 판포리 2877-3

싱계물공원 **3**▶

제주 서부에 숨겨진 여행 포인트 중 하나. 풍력발전기가 많아 '신창풍차해안'으로 불리는 곳에 있는 작은 공원으로, 용암이 식어 만들어진 제주의 독특한 해안을 따라 산책할 수 있게 만들어 놓았다. 불규칙한 해안선의 밑그림에 풍력발전기가 포인트가 되어주고, 바다 저편으로 넘어가는 해넘이가 물들이는 색감의 조화가 남다르다. 싱계물공원 근방은 바다 목장이 조성된 곳으로 다양한 어종의 치어를 방류하는 덕에 낚시 포인트로도 알려져 있다.

▶**주소** 제주시 한경면 신창리 1322-2(주차장)

4 차귀도 ▶

제주의 부속 섬 중에서 가장 큰 무인도. 예전에 대나무가 많아 죽도라 불리는 본섬과 지실이섬, 와도를 묶어 차귀도라 부른다. 예전에는 7가구 정도가 농사를 지으며 살았는데, 현재는 모두 떠나고 집터만 남아 있다. 마라도처럼 섬 전체가 천연기념물로 지정되어 있다. 사람의 손길이 닿지 않은 자연 그대로의 모습에 불규칙한 해안선이 더해져 깊은 감동을 준다. 자구내포구에서 유람선을 타고 들어간다. 유람선을 타고 섬 주변을 돌며 섬에 얽힌 스토리를 들려준다. 섬에서 1시간 정도 산책할 시간이 주어진다.

▶**주소** 제주시 한경면 노을해안로 1163(차귀도 유람선) ▶**전화** 064-738-5355

수월봉 5

약 1만 4천 년 전 화산 폭발로 생긴 작은 오름으로 위에서 바라보는 차귀도 풍경과 일몰이 특히 아름다운 곳이다. 수월봉 주차장에 차를 두고 아래 엉알 해안도 산책해 보자. 미니 그랜드 캐니언이라고도 불릴 정도로 풍광이 뛰어날 뿐만 아니라, 파도에 깎인 화산쇄설층은 화산 연구의 교과서 같은 역할을 하고 있다. 수월봉에서 대정읍 일과리까지 이어지는 고산일과해안도로는 노을해안로라는 도로명으로도 알 수 있듯이 제주에서 해넘이가 가장 아름다운 길이다. 12km 정도의 길이로 제주 서쪽 해안선을 따라 이어진다. 운이 좋으면 남방큰돌고래가 헤엄치는 모습을 볼 수도 있다.

▶**주소** 제주시 한경면 고산리 3696-1(수월봉 주차장)

한 걸음 더! **초콜릿박물관**

세계 10대 초콜릿 박물관으로 이름을 올린 곳. 초콜릿의 역사를 비중 있게 다루고 있고 다양한 제조 방법과 그에 엮인 스토리가 전시되어 있다. 전 세계 700개소가 넘는 초콜릿 관련 박물관, 공장, 숍을 다니면서 수집한 다양한 소품들이 박물관을 빛내고 있다.

▶**주소** 서귀포시 대정읍 일주서로3000번길 144
▶**전화** 064-792-3121 ▶**영업** 10:30~17:00

🍴 코스 속 추천 맛집&카페

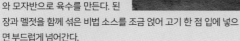

협재온다정

흑돼지로 만든 맑은 곰탕을 주력으로 한다. 맑은 국물에 종잇장처럼 얇은 흑돼지 살코기가 켜켜이 올라간다. 조미료를 사용하지 않은 국물은 매일 제주산 돼지고기와 모자반으로 육수를 만든다. 된장과 멜젓을 함께 섞은 비법 소스를 조금 얹어 고기 한 점 입에 넣으면 부드럽게 넘어간다.

▶**주소** 제주시 한림읍 한림로 381-4 ▶**전화** 064-796-9222

명월국민학교

30여 년 폐교로 남아 있다가 명월리 마을사업을 통해서 카페로 거듭났다. 교실을 나눠서 소품반, 커피반, 갤러리반으로 나눠 놓았다. 드넓은 운동장에서 마음껏 소리치고 뛰어 놀아도 되는 곳.

▶**주소** 제주시 한림읍 명월로 48
▶**전화** 070-8803-1955

호텔샌드

협재해수욕장과 어깨를 나란히 하고 자리 잡은 카페 겸 펍. 동남아 해변 느낌이 물씬 나는 선베드에서 푸른 바다와 비양도를 느긋하게 바라보는 기분은 여기서만 느낄 수 있다. 저녁 시간 간단하게 맥주 한잔하며 협재 해변의 낙조를 감상하기에도 더할 나위 없이 좋다.

▶**주소** 제주시 한림읍 한림로 339

미쁜제과

상당한 크기의 한옥과 넓은 정원이 매력적인 베이커리 카페. 프랑스 유기농 밀가루와 천연 발효종을 사용해서 건강까지 신경 썼다. 정원에는 전통 그네와 널뛰기, 그리고 미니 다리와 정자가 카페와 이어진다. 소금빵이 시그니처 메뉴.

▶**주소** 서귀포시 대정읍 도원남로 16 ▶**전화** 070-8822-9212

동부 중산간 핵심 도로

드라이브도 즐기면서 제주 중산간의 속살을 보고 싶다면 여기 만한 코스가 없다. 제주의 허파라 불리는 곶자왈과 삼나무 숲길, 그리고 오름까지 모두 두발로 걷고 느낄 수 있다. 서귀포시 남원읍과 제주시 조천읍을 잇는 남조로 드라이브는 해안도로와는 또 다른 매력이 있다.

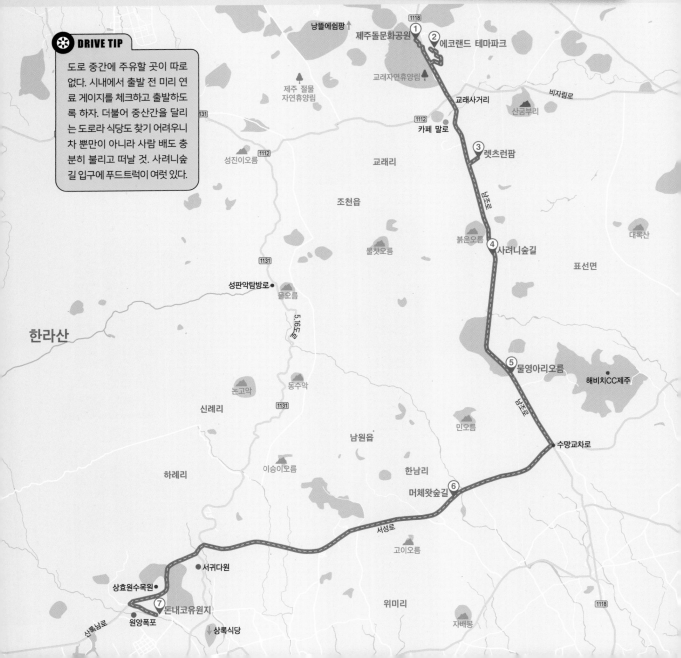

✹ DRIVE TIP

도로 중간에 주유할 곳이 따로 없다. 시내에서 출발 전 미리 연료 게이지를 체크하고 출발하도록 하자. 더불어 중산간을 달리는 도로라 식당도 찾기 어려우니 차 뿐만이 아니라 사람 배도 충분히 불리고 떠날 것. 사려니숲길 입구에 푸드트럭이 여럿 있다.

코스 순서	제주돌문화공원 ➡ 에코랜드 테마파크 ➡ 렛츠런팜 ➡ 사려니숲길 ➡ 물영아리오름 ➡ 머체왓숲길 ➡ 돈내코유원지
소요 시간	45분
총 거리	약 32km
이것만은 꼭!	• 물놀이 계절이 아니어도 돈내코유원지의 원앙폭포까지 산책로는 놓치지 말자.
코스 팁	• 숲길 두 곳을 하루에 모두 가보기는 시간상 쉽지 않다. 가족 단위로 편안하게 걷기에는 사려니숲길이 좋고, 한적하게 비대면으로 걷기를 원하면 머체왓숲길이 더 어울린다. • 사려니숲길은 비자림로에도 입구가 있지만, 주차장이 멀어서 붉은오름 입구 쪽에서 시작하는 것이 좋다. • 렛츠런팜 입구에는 제주 조랑말과 함께 사진 찍을 수 있는 관람로가 있다. 렛츠런팜 관광은 지나치더라도 입구에서 조랑말과 함께 사진은 남겨보자. 미리 당근 스틱을 준비해가면 조랑말들이 더욱 반겨줄 것이다.

제주돌문화공원 1

에코랜드 테마파크와 남조로를 사이에 두고 마주하고 있는 공원으로, 제주의 다양한 돌과 돌로 만들어진 제주만의 특별한 문화가 전시되어 있다. 제주 형성 과정을 시대순으로 설명하고 있는 제주 돌박물관을 시작으로 곶자왈 숲을 거닐며 야외 전시된 돌문화 전시로 이어진다. 용암이 만들어낸 작품들은 어느 하나 독특하지 않은 것이 없다. 제주다움을 가장 잘 표현하고 있는 곳이다.

▸**주소** 제주시 조천읍 남조로 2023 ▸**전화** 064-710-7731 ▸**운영** 09:00~18:00, 매월 첫째주 월요일 휴무

한 걸음 더! 교래자연휴양림

사람의 손길이 거의 닿지 않은 날것의 숲 체험이 가능한 휴양림. 제주의 독특한 숲 형태인 곶자왈 지대에 만들어진 휴양림으로 야영장과 숲속의집, 산책로가 있다. 큰지그리 오름으로 향하는 오름 산책로와 곶자왈 지대를 한 바퀴 도는 생태관찰로가 있다. 오름 산책로는 왕복 2시간 30분, 생태관찰로는 40분 정도 소요된다. 제주 곶자왈의 품속을 걸어볼 수 있는 생태관찰로 탐방을 추천한다.

▸**주소** 제주시 조천읍 남조로 2023
▸**전화** 064-710-8673 ▸**운영** 07:00~16:00 (동절기 ~15:00)

알고 가요! 곶자왈이란?

숲을 뜻하는 제주 방언 '곶'과 덤불을 뜻하는 '자왈'의 합성어로, 화산활동으로 분출한 용암으로 만들어진 불규칙한 암괴지대에 형성된 숲이다. 경작에 적합하지 않은 지형 덕분에 오히려 자연 그대로의 상태를 유지하고 있다. 제주 자연 생태계가 잘 보존되어 있어 '제주의 허파'로도 불린다. 주로 제주 중산간 지역에 분포한다. 제주에는 총 4곳의 곶자왈 지대가 있다.

구좌-성산 곶자왈 지대
애월 애월 곶자왈 지대
제주시
선흘곶자왈
비자림
한림
납읍금산공원
교래곶자왈
성산
조천-함덕 곶자왈 지대
청수·무릉곶자왈
한라산
표선
산양곶자왈
제주곶자왈
도립공원
중문
서귀포시
화순곶자왈
한경-안덕 곶자왈 지대

3 렛츠런팜

2 에코랜드 테마파크

영국에서 맞춤 제작된 관광용 기차를 타고 편안하게 제주 곶자왈을 누비고 다닐 수 있는 테마파크. '투닥투닥' 선로 소리는 곶자왈 풍경에 더해지는 특별한 양념이 된다. 메인 역에서 출발하여 총 4개의 역을 지나는데 한 방향으로만 운영된다. 넓은 호수를 따라 걷기도 하고 포토존에서 인생 사진도 남겨보자. 짧게 돌면 2시간 정도 걸리기도 하지만, 곶자왈 산책이나 족욕을 즐기며 시간을 보내다 보면 반나절도 부족하다.

▸**주소** 제주시 조천읍 번영로 1278-169 ▸**전화** 064-802-8020
▸**운영** 09:00~16:50(계절에 따라 변동)

한국마사회에서 우수한 경주마를 키우기 위해 만든 시설. 일부를 개방하여 한가로운 목장의 풍경을 보며 산책할 수 있도록 조성해 놓았다. 차가 다니지 않는 넓은 길에 자전거도 무료로 탈 수 있고, 토끼와 제주마에게 먹이 주기도 가능하다. 넓은 밭에 해바라기, 양귀비, 청보리 등 시즌에 맞는 꽃을 심어 사진 명소로 거듭났다. 1시간 간격으로 운영하는 트랙터 마차만 유료로 운영된다. 어른 3천 원, 어린이 2천 원이면 트랙터가 이끄는 마차를 타고 해설을 들으며 렛츠런팜 전체를 둘러볼 수 있다.

▸**주소** 제주시 조천읍 남조로 1660 ▸**전화** 064-780-0131
▸**운영** 09:00~18:00, 월·화요일 휴무

4 사려니숲길

제주에서 가장 인기 있는 숲길로, '신성한 곳'이라는 뜻의 사려니오름이 있는 숲이라 붙여진 이름이다. 유네스코가 지정한 생물권 보존 지역이기도 하다.

516도로와 비자림로가 만나는 시작점에서 탐방할 수 있고, 남조로 중간쯤 있는 붉은오름 입구와도 연결된다. 비자림로 쪽은 주차가 어렵고 붉은오름(남조로) 쪽이 주차가 편리하다. 비자림로 입구 근처에도 사려니숲길 주차장이 있긴 하지만 입구와 거리가 상당히 멀다. 5월 말~6월 초 탐라산수국이 한창 필 때 숲 한가운데 있는 물찻오름을 한시 개방한다. 아쉽게도 현재 자연휴식년제로 1년에 한 번 사려니숲 에코힐링 체험 기간에만 탐방이 가능하다.

▸**주소** 서귀포시 표선면 가시리 산 158-4
(붉은오름 입구)

5 물영아리오름

이름에서도 알 수 있듯이 물영아리는 정상에 '물'를 담고 있는 오름이다. 해발 580m의 정상에는 다양한 생물들이 살아가는 습지가 있고 비가 오면 화구 호수가 되기도 한다. 오름 중에서도 제법 높기도 하거니와 처음부터 끝까지 계단으로 이어져 제법 땀을 흘려야 정상에 오를 수 있다. 왕복 1시간 30분 정도 걸리는 계단길이 부담스럽다면 멀리 돌아가는 능선길(왕복 2시간)도 있다. 비가 온 뒤에 오르면 숲 내음도 좋고 정상의 화구호도 함께 감상이 가능하다.

▸**주소** 서귀포시 남원읍 수망리 산 182-7
(물영아리 주차장)

머체왓숲길 6

머체왓은 주변에 돌(머체)이 많은 밭(왓)이는 뜻으로 총 3가지의 코스가 있다. 머체왓숲길과 머체왓소롱콧길은 2시간 30분 정도 소요되고 서중천 탐방로는 왕복 1시간 30분 정도 걸린다. 때 묻지 않은 날것 그대로의 숲도 기가 막히고 숲을 가로지르는 서중천과의 조화도 아름답다. 용암과 물이 만들어낸 서중천의 물길은 마치 한 폭의 수묵화를 보는 듯하다. 머체왓소롱콧길을 따라가다가 중간 머체왓숲길이 만나는 곳으로 돌아오면 1시간 만에 머체왓숲의 진한 매력을 모두 볼 수 있다.

▶**주소** 서귀포시 남원읍 서성로 755

한 걸음 더! 서귀다원

인기 녹차 여행지인 오설록의 북적거림보다 한적한 녹차 밭을 산책하고 싶다면 서귀다원이 제격이다. 연녹색의 녹차 밭 뒤로 웅장하게 버티고 있는 한라산이 함께 사진 배경이 된다. 기본 요금(1인 5천 원)를 내면 햇 녹차와 구수한 맛이 일품인 발효 녹차, 그리고 함께 곁들일 정과를 내준다.

▶**주소** 서귀포시 516로 717 ▶**전화** 064-733-0632
▶**운영** 09:00~17:00

📍 코스 속 추천 맛집&카페

낭뜰에쉼팡

제주식 한정식을 더 고급화해서 내놓는 곳. 어르신들이 좋아하실 만한 고풍스러운 분위기에 깔끔하게 한 상 가득 차려 나온다. 정식 치고는 가격이 비싼 편이지만, 넉넉한 흑돼지볶음에 10가지가 넘는 정갈한 반찬을 보면 이해가 가는 수준이다.

▶**주소** 제주시 조천읍 남조로 2343 ▶**전화** 064-784-9292

상록식당

달달한 양념이 버무려진 삼겹살을 연탄불에 구워 먹는 연탄 양념구이 전문점. 200g 1인분에 1만 원대의 저렴한 가격으로 도민과 여행객을 홀리고 있다. 연탄불 위에 올라간 묵직한 주물 석쇠 위로 양념이 버무려진 삼겹살이 지글거리면 여행의 피로도 함께 풀리는 것 같다.

▶**주소** 서귀포시 토평로 24 ▶**전화** 064-762-4974

카페 말로

넓은 방목지에 8마리 조랑말이 사람들의 손길을 기다리고 있다. 물론 맨손으로 가면 서운해하고 카페에서 2천 원짜리 당근컵을 사가야 한다. 차 한 잔 가격에 넓은 마 방목지를 산책하고 귀여운 포니들과 교감할 기회를 얻는다는 것이 감사할 따름이다.

▶**주소** 제주시 조천읍 남조로 1785-12

돈내코유원지 7

한라산 남벽 쪽에서 시작된 '영천'은 서귀포시 상효동을 지나 효돈천과 만난다. 그 중간에 멧돼지(돈)가 물을 먹던 '내'의 입구(코)였다고 해서 돈내코라 불리는 계곡이 있다. 계곡 입구에서 위로 20분 정도 올라가면 시원한 두 줄기의 폭포가 나온다. 사이 좋은 원앙이 살았다 하여 '원앙폭포'라 한다. 물이 얼마나 찬지 한여름에도 5분 이상 발을 담그기 힘든 곳이다. 수심이 깊은 편으로 구명조끼를 준비하거나 계곡 입구 매점에서 빌릴 수도 있다. 비가 많이 온 뒤에는 늘어난 수량 덕분에 며칠 입수 금지가 되기도 하니 참고하자.

▶**주소** 서귀포시 돈내코로 120(돈내코 주차장)

해맞이해안로

바다에서 떠오르는 일출을 볼 수 있는
동쪽을 끼고 있어서 해맞이 코스라고
부르지만, 사실 하루 언제 가도 찐
멋진 풍광을 선사하는 해안도로다.
해맞이해안로를 모두 달리고 나면,
제주에서 눌러앉아 살고 싶은 생각이
깊어질 정도로 제주를 사랑하게 된다.

코스 순서

김녕해수욕장 ➡ 월정리해수욕장
➡ 해녀박물관 ➡ 지미봉 ➡ 성산일출봉
➡ 광치기해변

소요 시간

55분

총 거리

약 32km

이것만은 꼭!

• 바다 전망이 좋은 월정리 카페에서 넋 놓으며
  커피 마시기.
• 지미봉에 올라 멀리 우도와 성산일출봉을
  한눈에 담아 보기.

코스 팁

• 김녕에서 성산까지 일주동로를 타고 가면
  30분이 채 걸리지 않는 거리이지만, 여기는
  꼬불꼬불 해안도로를 달리는 것이 어울린다.
• 일정이 허락한다면 성산항이나 종달항에서
  우도로 들어가 보자.
• 제주 바다에 혼이 팔려 사고가 가는 경우가
  있으니 풍경 감상은 차를 세우고 나서 하자.

속도를 내는 드라이브가 아닌 천천히 음미하며 달리는 것
이 더 어울리는 코스다. 대신 전체 차량흐름에 방해가 될
수도 있으니 뒤에 차가 많아진다면 먼저 보내고 다시금 여
유를 즐겨보자. 전체 구간이 '제주 환상 자전거길'과 겹쳐
도로 하나를 두고 자전거와 관광객 그리고 차량이 겹치기
도 하니 안전운전에 특히나 신경 쓰자.

평대리해수욕장

세화포구
세화
해수욕장
세화민속오일장
③ 해녀박물관
해맞이해안로

평대리
구좌읍사무소
[1132]
평대리
하도리

세화리

일주동로

하도해수욕장
종달리수국길
하우목동항

우도

지미봉
해녀의 부엌
종달리
종달항

알오름

[1132]

세화리
송난포구
시흥해녀의집

윤드리오름
시흥리
오조항
성산항

오조리
조개체험장
오조포구
⑤ 성산일출봉
오조리

대왕산
성산읍
어조횟집
⑥ 광치기해변

[1136]

1 김녕해수욕장

제주 여느 해수욕장보다 푸른 에메랄드빛을 자랑하는 김녕해수욕장은 모래가 곱고 수심이 적당해서 가족 단위 여행객들이 물놀이를 즐기기에 제격이다. 한여름에도 사람이 붐비지 않아 스노클링이나 서핑 등 해양스포츠를 즐기기에도 적당하다. 해변을 따라 넓은 야영장이 자리하고 있어 캠핑을 즐겨보는 것도 추천한다.

▶**주소** 제주시 구좌읍 해맞이해안로 7-6

월정리해수욕장 2

해수욕을 즐기기보다는 카페거리에서 커피를 마시며 창밖으로 펼쳐지는 바다를 바라보는 것이 더 어울리는 해변이다. 최근 제주 핫플레이스로 떠오르면서 한 달이 멀다 하고 새 건물이 들어서고 새로운 가게가 문을 열 정도로 인기가 대단하다. 오래된 식당보다는 퓨전 맛집과 브런치 카페가 많이 들어서 있다.

▶**주소** 제주시 구좌읍 월정리 33-3

한 걸음 더! 세화민속오일장

매달 5일과 10일에 열리는 제주 동부지역 오일장이다. 갈치, 제주 돌우럭 등 각종 해산물과 로컬 과일과 야채를 저렴한 가격에 살 수 있다. 세화해변 바로 옆에 있어서 장을 보고 바다를 보며 산책하기 좋아 인기.

▶**주소** 제주시 구좌읍 세화리 1500-44
▶**운영** 07:00~16:00(동절기 ~15:00)

한 걸음 더! 해녀의부엌

해녀 관련 공연과 식사가 함께 하는 국내 최초 해녀 중심 다이닝 쇼다. 먼저 종달어촌계 해녀들의 실제 이야기를 한국예술종합학교 출신의 젊은 예술인이 연극을 통해 감명 깊게 풀어낸다. 그리고 이어서 제주 해산물에 대한 이야기와 해녀의 밥상이 이어진다. 톳흑임자죽과 톳밥, 성게미역국이 기본으로 서빙이 되고 돔베고기, 뿔소라 꼬지 그리고 뿔소라 구이가 나온다.

▶**주소** 제주시 구좌읍 해맞이해안로 2265
▶**전화** 010-4056-5159
▶**운영** 매주 목~일요일 12:00·17:30(1일 2회 공연)

3 해녀박물관

오직 제주에서만 볼 수 있는 문화인 해녀 문화에 대해 깊이 있게 다루는 박물관이다. 해녀의 역사와 문화는 물론, '눈'이라고 불리는 수경, 해산물을 담는 '테왁 망사리' 등 과거부터 현재까지 사용하고 있는 다양한 해녀 도구들까지 전시되어 있다.

▶**주소** 제주시 구좌읍 해녀박물관길 26 ▶**전화** 064-782-9898 ▶**운영** 09:00~18:00

지미봉 4

종달리와 철새 도래지 하도 사이에 있는 오름. 정상의 높이는 410m 정도로 보기보다 오르는 길이 제법 가파르다. 소나무와 관목림이 우거져 숲을 이루고 있어 오르는 동안은 숲속을 오르는 느낌이다가 정상쯤 다다르면 선물처럼 구좌 앞바다가 나타난다. 바다가 가까이 보이는 대표적인 오름 중 하나다. 정상에서는 성산일출봉과 우도가 손에 닿을 듯 가까이 보인다.

▶**주소** 제주시 구좌읍 종달리 산 2(주차장)

한 걸음 더! 오조리 조개체험장

물이 빠지는 시간이면 어김없이 사람들이 몰려와 바지락을 캐는 모습을 볼 수 있다. 제주에서 드문 '펄'밭이어서 잡히는 바지락도 색이 거무튀튀하다. 맨손보다는 호미로 땅을 파고 손으로 잡으면 된다. 호미를 미리 준비하지 못했더라도 근처 편의점에서 살 수 있다.

▶**주소** 서귀포시 성산읍 오조리 2-4(공용주차장)

5 성산일출봉

제주의 대표적인 관광 명소 중 하나. 바닷속에서 발생한 마그마 분출로 만들어진 성산일출봉은 본래 섬으로 육지와 떨어져 있었는데 퇴적작용에 의해 지금처럼 제주 본섬과 완전히 연결되었다. 180m 정도 높이의 정상에는 20분이면 오를 수 있다. 바다를 배경으로 시원스레 펼쳐진 오름의 모습이 오름 중에 가히 최고라 할 수 있다. 마치 밥그릇처럼 푹 파여 있는 정상 둘레로 99개의 봉우리가 둘러싸고 있다. 그 모습이 마치 성벽처럼 보여 '성산(城山)'이라는 이름으로 불리게 되었다.

▶주소 서귀포시 성산읍 성산리 1 ▶운영 07:00~20:00

6 광치기해변

언제 찾아도 독특한 해안 모습이 인상적인 곳이다. 들물(밀물)일 때는 일반 모래 해변과 큰 차이가 없어 보이지만 물이 빠지면 용암이 굳으면서 생긴 지층이 드러난다. 용암이 바닷물에 닿아 빠르게 식으면서 독특한 지층을 만들어 냈다. 야트막하게 고인 물에 아이들 웃음소리와 푸른 하늘이 담긴다. 물이 빠졌을 때 멀리 보이는 성산일출봉을 배경으로 사진을 찍으면 대충 찍어도 작품이 나온다.

▶주소 서귀포시 성산읍 고성리 224-1(공영주차장)

🍴 코스 속 추천 맛집&카페

그초록

아보카도(Avocado)로 아포가토(Affogato)와 닮은 맛을 내는 '초록커피'가 인기.

▶주소 제주시 구좌읍 행원로7길 23-16 ▶전화 010-7777-4244

민경이네어등포해녀촌

통째로 튀겨낸 우럭 위로 맛깔스러운 양념이 올려져 나오는 우럭정식이 일품인 곳. 머리와 척추뼈만 빼고 모두 먹을 수 있다.

▶주소 제주시 구좌읍 해맞이 해안로 830
▶전화 064-782-7500

시흥해녀의집

제주에서도 바지락이 많이 잡히는 곳에 자리해 언제 가도 신선함 가득한 조개죽을 선보인다. 요즘 보기 힘든 오분자기 죽도 추천 메뉴.

▶주소 서귀포시 성산읍 시흥하동로 114
▶전화 064-782-9230

어조횟집

제주도에서도 보기 어려운 부채새우 찜과 부채새우 회를 맛볼 수 있는 곳. 겨울부터 봄까지가 제철이다. 양식으로 키운 로브스터 보다 훨씬 맛이 좋다.

▶주소 서귀포시 성산읍 일출로 233
▶전화 064-783-4001

ZOOM IN
우도

제주도의 부속 섬 중에서 가장 인기인 곳으로 하루를 꼬박 돌아도 우도의 매력을 전부 보기에는 부족할 정도로 큰 섬이다. 우도에는 성산항과 종달항을 통해서 들어갈 수 있다. 렌터카는 우도에 들어갈 수 없지만, 직접 가지고 온 차량('ㅎ'번호판이 아닌)은 얼마든지 우도로 들어갈 수 있다. 렌터카의 경우는 6세 미만 아동이나 임산부, 65세 이상의 사람이 함께하거나 우도에서 1박을 하는 경우에만 가능하다.

우도 가는 법

성산항에서는 오전 7시 30분부터 30분 간격으로 배가 다닌다. 언제 도착해도 오래 기다리지 않고 우도로 들어갈 수 있다. 종달항에서는 성산항보다 띄엄띄엄 배가 운영된다. 날씨에 따라 운항 시간이 달라지거나 취소되는 때도 있으니 미리 전화로 확인하는 것이 좋다.

▶입도 요금 성인 1만500원, 차량 2만1,600원~
[성산포항종합여객터미널] ▶주소 서귀포시 성산읍 성산등용로 112-7
▶전화 064-782-5671 [우도도항선대합실] ▶주소 제주시 구좌읍 해맞이해안로 2281 ▶전화 064-782-7719

우도 드라이브 추천 코스

홍조단괴해변 ➡ 하고수동해변 ➡ 검멀래해변&동안경굴 ➡ 쇠머리오름(우도봉)

하하호호
블랑로쉐 — ② 하고수동해변
온오프
하우목동항
① 홍조단괴해변
도보 이동 ③③
우도 저수지 검멀래해변
동안경굴
우도 천진항 ④
쇠머리오름(우도봉)

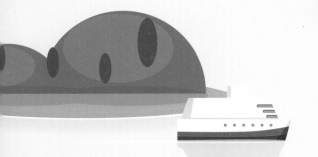

COURSE 1 **홍조단괴해변**

얼마 전까지 산호사해변이라고 알려져 왔으나, 산호처럼 보였던 새하얀 조각들이 해안가에 서식하는 홍조류가 만들어낸 홍조 단괴라고 밝혀졌다. 홍조류는 김과 우뭇가사리같이 붉은빛을 띤 해조류이다. 고운 모래 해변과는 사뭇 다르게 지중해 어딘가에 와 있는 듯한 이국적인 풍경을 자아낸다. 국내에서 드문 현상으로 천연기념물 제438호로 지정되어 반출이 불가하다.
▶주소 제주시 우도면 연평리 2565-1

COURSE 2 **하고수동해변**

우도 서쪽에 서빈백사해변이 있다면 동쪽에는 하고수동해변이 있다. 우도에서 가장 넓은 모래사장과 에메랄드빛 해수욕장을 가지고 있다. 근처에 '힙'한 카페와 맛집도 많다.
▶주소 제주시 우도면 연평리 1290-5

COURSE
3

검멀래해변&동안경굴

우도 선착장에서 반대편으로 넘어가면 모래가 검다고 해서 '검멀래'라 불리는 해변이 나온다. 한쪽은 하얀 산호사의 해변이 있고, 다른 한편은 검은 모래라니. 작은 섬이지만 다양한 색을 지녔다. 검멀래 해변 안쪽으로 걸어 들어가면 썰물 때 동굴이 나온다. 동굴 안쪽으로 조금 더 들어가면 또 다른 동굴로 이어진다. 바로 우도 8경 중 하나인 '동안경굴'이다. 매년 가을이면 동굴음악회도 열리는 곳으로 웅장하고 시원한 풍경을 배경으로 인생 사진을 남길 수 있다.

▸**주소** 제주시 우도면 연평리 317-11

쇠머리오름(우도봉)

COURSE
4

우도는 소가 누워 있는 모습과 닮았다 하여 붙여진 이름이다. 우도의 머리 부분에 해당하는 가장 높은 곳을 쇠머리오름 또는 우도봉이라 부른다. 우도에 들어와서 해안만 돌아보고 가는 경우가 많다. 이는 우도의 절반만 본 것과 다름없다. 우도봉에 올라 우도와 제주도를 두 눈에 담아야 비로소 나머지 반도 모두 봤다고 할 수 있다. 해안선이 제주 어느 곳과 비교해도 뒤지지 않는다. 정상에는 우도 등대가 있고, 오르는 길목에 세계에서 유명한 등대를 미니어처로 만들어서 야외 전시를 해 놓았다. 우도 등대 내부에 있는 미니 박물관도 볼 만하다.

▸**주소** 제주시 우도면 연평리 산 18-2

🍴 코스 속 추천 **맛집&카페**

하하호호

우도 바닷가 구옥을 개조해서 자리 잡았다. 구좌 마늘, 우도 땅콩, 딱새우를 이용해서 색다른 수제버거를 내놓는다. 탑처럼 쌓아 올린 버거는 종업원이 와서 먹기 좋게 손질해준다.

▸**주소** 제주시 우도면 우도해안길 532
▸**전화** 010-2899-1365

온오프

하고수동해변에 맞닿아 뷰맛집으로 통하는 돈가스 전문점. 가격이 상당히 높은 편이긴 해도 치즈돈가스는 제주에서 세손가락 안에 들 정도로 뛰어나다.

▸**주소** 제주시 우도면 우도해안길 876
▸**전화** 070-4036-1988

블랑로쉐

역시 하고수동해변을 품에 담고 있다. 우도 땅콩으로 맛을 낸 아이크림과 커피가 풍경만큼이나 맛이 좋다.

▸**주소** 제주시 우도면 우도해안길 783
▸**전화** 064-782-9154

제주도

비자림로

제주 바다를 끼고 달리는 해안도로 드라이브가 다가 아니라는 것을 여기를 달려보면 알게 된다. 양쪽으로 빽빽하게 솟아오른 삼나무 숲이 코스를 따라 이어지고, 집도 건물도 거의 없는 한적한 제주를 만끽할 수 있는 숨은 마력의 코스를 소개한다.

❄ DRIVE TIP

중산간 지역에 있는 도로라 겨울에 눈이 한 번 내리면 쉬이 녹지 않는다. 게다가 대중교통 통행량이 적어 가장 늦게 제설 작업을 하는 도로이기도 해서 겨울 방문 시 반드시 체인을 챙겨 가야 한다. 하지만 도로 양편으로 줄지어 서 있는 삼나무에 눈이 쌓인 장면은 두고두고 기억할 만한 풍경을 안겨준다.

조천읍

우진제비오름

바농오름

제주돌문화공원

교래 자연휴양림

제주절물 자연휴양림 ●

민오름

절물오름

민오름

교래사거리

② 산굼부리

① 한라생태숲

제주마방목지

516도로

개월이오름

성진이오름

516도로교차로

교래리

렛츠런팜 제주

코스 순서	한라생태숲 ➡ 산굼부리 ➡ 비밀의 숲 ➡ 스누피가든 ➡ 메이즈랜드 ➡ 비자림
소요 시간	40분
총 거리	약 26km
이것만은 꼭!	• 간단히 피크닉 준비를 해서 한라생태숲을 방문해 보자.
코스 팁	• 코스 초입 사려니숲길을 지나는 풍경이 너무 신비로워 한눈 팔기에 딱이다. 운전에 조심하자.
	• 스누피가든과 메이즈랜드는 하루에 함께 가기에는 시간이 빠듯하다. 일행의 의견에 따라 둘 중 하나를 선택하여 들러보자.
	• 제주 동부 주요 오름들을 지나게 된다. 시간이 허락한다면 조용한 주변 오름에도 올라 보자.

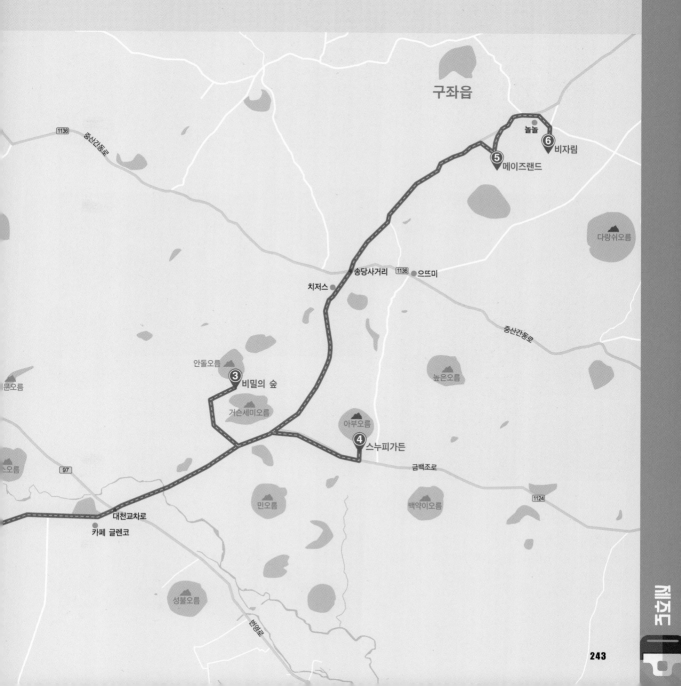

한라생태숲 1

한때 목장으로 이용되며 망가졌던 곳을 생태숲으로 조성하여 2009년에 개장하였다. 난대식물에서 한라산 고산식물까지 다양한 제주 자생식물들을 한자리에 모아 놓았는데, 특히 한라산 특산식물인 구상나무와 제주 왕벚나무도 한자리에서 모두 만나볼 수 있다. 매일 오전 10시와 오후 2시에 진행되는 숲 해설 프로그램을 이용하면 제주의 숲을 이해하는데 한결 도움이 된다.

▶ **주소** 제주시 516로 2596 ▶ **전화** 064-710-8688
▶ **운영** 09:00~18:00(동절기 ~17:00)

산굼부리 2

보통 오름이라 하면 언덕 같은 산 생김새를 가지고 있고 정상에 분화구가 있기 마련인데, 산굼부리는 특이하게 들판 한가운데가 푹 꺼져 들어간 마르(Maar)형 분화구다. 천연기념물 제263호로 지정된, 우리나라에서 유일한 평지 분화구라 할 수 있다. 입구를 통해 낮은 언덕의 억새밭을 지나면 바로 굼부리가 보인다. 시간이 맞으면 해설 프로그램을 들어보는 것도 추천한다.

▶ **주소** 제주시 조천읍 비자림로 768 ▶ **전화** 064-783-9900 ▶ **운영** 09:00~18:40(동절기 17:40)

> **한 걸음 더!** **제주마방목지**
> 천연기념물 제347호로 지정되어 관리되는 '제주마'를 방목하여 키우는 방목지로, 516도로를 지나는 길에 가볍게 방문할 만하다. 제주마는 체구가 작아 '제주 조랑말'이라고도 불리는데, 원나라가 지배하는 동안 들어온 몽고말이 아닌 이전부터 사육된 재래종인 것으로 알려져 있다.
> ▶ **주소** 제주시 용강동 산 14-34

3 비밀의 숲

SNS 속 사진 명소로 인기인 곳. 20m가량 높게 자란 50년생 측백나무가 묘하게 2~3갈래로 갈라지면서 특유의 분위기를 만들어낸다. 인생 사진을 찍으려는 관광객들에게 인기가 높다. 비밀의 숲 시작을 알리는 에메랄드색 카라반이 배경이 되어주기도 하고 몇 가지 음료도 저렴하게 판매하고 있다.

▶ **주소** 제주시 구좌읍 송당리 2173

스누피가든 4

20세기 절반에 달하는 오랜 기간 동안 전 세계적으로 사랑을 받았던 만화 '피너츠'의 주인공 찰리 브라운과 스누피의 이야기를 주제로 한 야외 정원이다. 시크하고 귀여운 스누피가 워낙 많은 사랑을 받아 만화 제목도 스누피라고 기억하는 사람들도 있을 정도로 많은 인기를 누렸던 캐릭터이기도 하다. 피너츠 만화의 주요 에피소드를 녹여낸 테마 형식의 정원으로 추억의 만화 장면을 떠올리며 산책하기 좋다.

▶ **주소** 제주시 구좌읍 금백조로 930 ▶ **전화** 064-1899-3929
▶ **운영** 09:00~19:00(동절기 ~18:00)

> **한 걸음 더!** **아부오름**
> 스누피가든 바로 옆으로 우뚝 솟은 오름. 정상에서 보면 원형의 모습이 고스란히 남아 있는 형태로 가볍게 오르기 좋아 점점 찾는 사람들이 늘고 있다.
> ▶ **주소** 제주시 구좌읍 송당리 산 175-2(주차장)

메이즈랜드 5

제주의 상징 돌, 바람, 여자 3가지 주제의 대형 미로가 있고, 미로/퍼즐 박물관이 있어 가족과 함께하기 좋다. 여자미로는 해녀의 망사리를 등에 지고 걷는 모습이다. 애기동백나무로 만들어져서 늦겨울부터 봄까지 꽃 속을 거닐게 만들었다. 돌미로는 돌하르방을 형상화했다. 10만 개가 넘는 현무암으로 쌓아 올리고 화산 송이를 깔아 제주가 아니면 볼 수 없는 특별한 미로가 되었다.

▶**주소** 제주시 구좌읍 비자림로 2134-47 ▶**전화** 064-784-3838
▶**운영** 09:00~19:00

비자림 6

구좌-성산 곶자왈 지대 중심에 있는 숲으로 2,800여 그루의 비자나무가 밀집해 있다. 비자나무는 잎의 모양이 비(非)의 모양을 닮았다 하여 붙여진 이름이다. 걸을 때 바스락거리는 소리가 인상적인 화산 송이 숲길을 따라 수백 년을 살아온 비자나무가 시원한 그늘을 드리워 준다. 모기 때문에 숲을 싫어하는 사람도 여기서만큼은 걱정 안 해도 된다. 비자나무는 모기를 쫓는 것으로 알려져 있다. 열매는 천연 구충제의 역할을 한다.

▶**주소** 제주시 구좌읍 비자숲길 55 ▶**전화** 064-710-7912 ▶**운영** 09:00~17:00

한 걸음 더! 다랑쉬오름

오름 정상의 분화구가 깊어 한라산 백록담과도 비교될 정도로 규모가 큰 오름이다. 정상에 나무가 없어 분화구도 선명하게 보이고 주변 시야가 시원하다. 분화구의 모양이 달처럼 생겼다고 해서 '월랑봉'으로 불리기도 한다.

▶**주소** 제주시 구좌읍 세화리 2705(주차장)

🍴 코스 속 추천 맛집&카페

으뜸미

고급 어종인 쏨뱅이를 통으로 튀기고 위에 매콤달콤한 양념장을 올려 나오는 '우럭 튀김' 맛집.

▶**주소** 제주시 구좌읍 중산간동로 2287
▶**전화** 064-784-4820

사월의꿩

제주 전통 음식인 꿩엿을 판매하는 곳. 꿩엿은 제주 최고 보양음식으로 감기에도 좋고 기력보호를 해준다고 알려져 있다. 꿩고기로 만든 칼국수, 만두를 파는 식당을 겸하고 있다.

▶**주소** 제주시 구좌읍 송당리 2744-2
▶**전화** 064-782-1500

카페글렌코

제주에서 가장 큰 규모로 핑크뮬리를 키우는 카페다. 야외 테이블에서 바라보는 정원의 여유로움이 특별한 곳.

▶**주소** 제주시 구좌읍 송당리 2635-8
▶**전화** 010-9587-3555

놀놀

모래 놀이, 그네, 해먹, 암벽등반 등 아이들이 좋아할 만한 놀이 시설을 갖춘 키즈카페. 푸드코트가 함께 있어 편리하다.

▶**주소** 제주시 구좌읍 비자림로 2228
▶**전화** 070-7755-2228

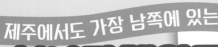

제주에서도 가장 남쪽에 있는

최남단해안로

나도 모르게 바다를 향하는 시선을
거두기가 어려울 정도다. 20분 남짓
달리면 끝나는 짧은 해안도로이지만,
곳곳에 볼거리가 많고 시원스레
펼쳐진 남해 풍경만큼은 우리나라
어느 해안 도로에도 빠지지 않는
명품 뷰를 선사한다.

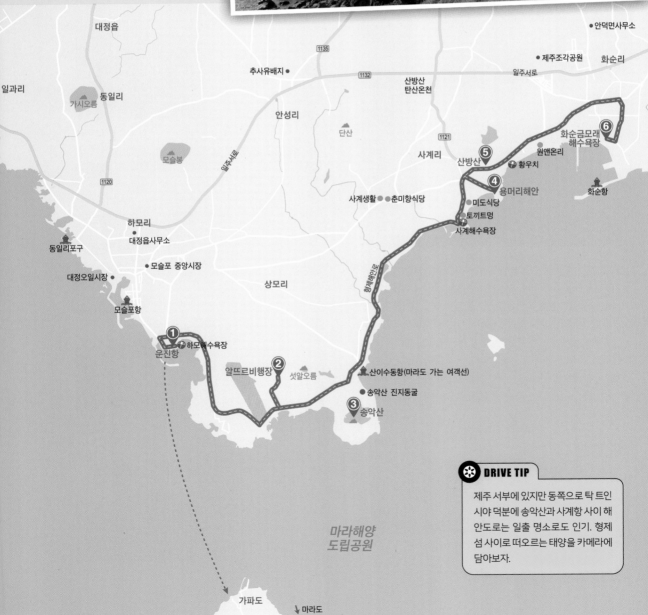

대정읍
안덕면사무소
일과리
동일리
가시오름
추사유배지
제주조각공원
화순리
1135
1132
1132
안성리
산방산
탄산온천
일주서로
단산
사계리
1121
모슬봉
산방산
⑤
화순금모래
해수욕장
⑥
1120
사계생활
춘미향식당
원앤온리
황우치
하모리
미도식당
④
용머리해안
화순항
동일리포구
대정읍사무소
토끼트멍
대정오일시장
모슬포 중앙시장
사계해수욕장
상모리
모슬포항
①
하모해수욕장
운진항
알뜨르비행장
②
섯알오름
산이수동항(마라도 가는 여객선)
송악산 진지동굴
③
송악산

DRIVE TIP

제주 서부에 있지만 동쪽으로 탁 트인
시야 덕분에 송악산과 사계항 사이 해
안도로는 일출 명소로도 인기. 형제
섬 사이로 떠오르는 태양을 카메라에
담아보자.

마라해양
도립공원

가파도
↓ 마라도

코스 순서	운진항 ➡ 알뜨르비행장 ➡ 송악산 ➡ 용머리해안 ➡ 산방산 ➡ 화순금모래해수욕장
소요 시간	25분
총 거리	약 14km
이것만은 꼭!	• 올레길 10코스를 따라 송악산 둘레길을 한 바퀴 돌아보자. 제주 최고의 해안 절경이 맞이해 준다.
코스 팁	• 주말에는 마라도와 가파도에 들어가려는 관광객이 몰려 입도 시간이 늦어지거나 아예 들어가지 못하는 경우도 있다. 가급적 이른 아침 코스로 시작하자.
	• 일정에 여유가 있으면 알뜨르비행장-섯알오름-일제 고사포진지-진지동굴로 이어지는 다크투어코스를 돌아보도록 하자. 허락한다면 조용한 주변 오름에도 올라 보자.

운진항 1

최남단의 섬 마라도와 가파도를 가기 위한 관문이다. 마라도는 송악산 옆 산이수동항에서도 배편이 있지만 가파도는 운진항에서만 들어갈 수 있다. 마라도/가파도 여행 외에도 제주 돌고래 투어, 시워킹 등 다양한 바다 레저 체험도 가능하다. 운진항 옆 하모해수욕장도 조용히 산책을 즐기기에 좋다. 마라도/가파도 여행 정보는 P.249를 참고한다.

▸**주소** 서귀포시 대정읍 최남단해안로 120 ▸**전화** 064-794-5491

알뜨르비행장 2

1926년부터 일본은 제주도민을 동원하여 비행장을 만들었는데 마을 아래(알)에 있는 넓은 들판(드르)이라는 뜻에서 '알뜨르 비행장'이라 불렸다. 이후 결7호 작전에 따라 가미카제 전투기를 보호하기 위해 격납고가 만들어졌다. 총 38개 중 현재 19개가 원형 그대로 남아 있다. 격납고 중 하나에는 태평양전쟁에서 일본이 주로 사용하였던 '제로센' 전투기가 실물 크기로 형상화된 작품이 전시되어 있다.

▸**주소** 서귀포시 대정읍 상모리 1629-8 (주차장)

송악산 3

송악산은 제주에서 가장 남쪽에 있는 오름이다. 섬과 이어져 있는 일부를 제외하고 바다를 향해 기암절벽이 파노라마처럼 펼쳐진다. 오름을 빙 둘러 이어지는 3km 정도의 둘레길은 제주에서도 손꼽히는 해안 절경을 볼 수 있는 길이다. 한가로이 풀을 뜯는 말, 야트막한 오름, 송림 사이로 펼쳐지는 바다의 풍경, 1시간가량 소요되는 이 둘레길을 따라 걷는 것만으로도 제주의 풍경을 압축해서 보는 듯한 느낌이 들 것이다.

▸**주소** 서귀포시 대정읍 상모리 179-4 (주차장)

용머리해안 4

산방산 아래에 있는 해안으로 용이 바다로 들어가는 모습을 닮았다고 해서 용머리해안이라 불린다. 산방산 쪽에서 내려다보면 한 마리의 거대한 용이 꿈틀거리는 듯 보이기도 한다. 용머리해안을 따라가는 바닷길 탐방로는 제주 지질공원 투어의 백미에 해당한다. 제주에서 가장 오래된 화산체로 그 시간만큼 켜켜이 쌓인 응회암과 푸른 바다의 어울림이 눈부시다. 용머리해안 둘레길은 물때표를 꼭 확인하고 가야 한다. 만조가 되면 일부 길이 막히고 파도가 들이쳐 통제가 되기 때문이다.

▸**주소** 서귀포시 안덕면 사계리 118 ▸**전화** 064-760-632 ▸**운영** 09:00~17:00

산방산 **5**

제주에서 내려오는 설문대할망 설화에 의하면 산방산은 한라산의 꼭대기를 잘라서 만들었다고 전해진다. 산방산 아래의 둘레와 한라산 꼭대기의 푹 파인 정상 둘레가 거의 같은 것에서 착안하여 만들어진 이야기가 아닌가 한다. 산속에 방(房)이 있다고 해서 산방산이라는 이름으로 불리게 되었는데, 산방산 중턱에는 실제 불상을 안치해 놓은 산방굴사가 있다.

▶**주소** 서귀포시 안덕면 사계리 164-1 ▶**전화** 064-794-2940 ▶**운영** 09:00~18:00

🍴 코스 속 추천 맛집&카페

춘미향식당
제주의 색을 가득 담은 토속음식 한 상차림 전문점.
▶**주소** 서귀포시 안덕면 산방로 382
▶**전화** 064-794-5558

미도식당
40년간 이어져 온 옥돔구이 정식집.
▶**주소** 서귀포시 안덕면 사계남로216번길 11
▶**전화** 064-794-0642

토끼트멍
주인장이 직접 잡은 흰오징어(무늬오징어)로 만든 다양한 요리를 맛볼 수 있는 곳.
▶**주소** 서귀포시 안덕면 사계남로 182 ▶**전화** 064-794-7640

하늘꽃
카페 전체가 유리로 되어 있어 어디를 보나 제주가 눈에 담긴다. 테이블 사이로 이어진 꽃길이 눈을 편안하게 해준다.
▶**주소** 서귀포시 대정읍 송악관광로 317 ▶**전화** 064-792-9111

화순금모래해수욕장 **6**

모래가 금빛이라 금모래해수욕장이라 불린다. 화순항과 맞닿아 있어 일반적인 해변의 느낌은 덜하지만 방파제 덕분에 파도가 치지 않아서 물놀이 하기 나쁘지 않다. 게다가 작은 워터파크 수준의 수영장이 여름 동안 무료로 운영된다. 아이들은 수영하고 어른들은 평상에서 쉬며 음식을 나눠 먹을 수 있다. 모래 해변의 바다와 수영장을 옮겨 다니며 모두 누릴 수 있는 곳이다.

▶**주소** 서귀포시 안덕면 화순리 776-8

한 걸음 더! **월라봉**
높이 200m 정도의 높지 않은 오름이지만 경사가 급해 거친 숨을 제법 내쉬어야 오를 수 있다. 정상에는 일제시대 만들어진 진지동굴이 여럿 있어, 당시 역사의 단면을 직접 느껴볼 수 있다.
▶**주소** 서귀포시 안덕면 감산리 1903 (주차장)

원앤온리
황우치해변을 앞마당 삼고 뒤로는 산방산을 배경 삼아 자리 잡은 제주 최고의 '풍경 맛집'.
▶**주소** 서귀포시 안덕면 산방로 141
▶**전화** 064-794-0117

우리나라 최남단,
마라도&가파도

ZOOM IN

대정읍

운진항   산이수동항

가파도

마라도

가파도

최남단의 섬 마라도로
가는 길목에 있다. 마라도에
밀려 빛을 보지 못했지만, 청보리와
함께 샛별처럼 떠오르는 여행지가 되었다.
매년 4~5월이면 가파도는 녹색의 물결이 인다. 바람이
머물다 가는 청보리밭에 여행객의 추억도 함께 머문다.
가파도 해안 산책로는 총 5km 정도로 한 바퀴 도는 데
1시간 30분 정도 걸린다.

마라도

섬 전체가 천연기념물로 지정된 우리나라
최남단의 섬이다. 섬을 한 바퀴 둘러보고
마라도의 명물 해물짜장 한 그릇 먹는 데까지 2시간
정도 걸린다. 일정에 여유가 있다면 하루쯤 묵어보면 진짜
마라도의 모습과 마주하게 된다. 사람들이 썰물처럼 밀려 나간
섬에는 요란한 자동차 소리도 없고 타인의 고성도 없다. 휴식이
필요한 사람에게 이 순간만큼 힐링이 되는 순간도 또 없다.

제주도

내 차로 제주 드라이브 즐기기

교통난이 심해진 제주 도로 상황을 고려하여 제주 렌터카를 적정 수준으로 줄인 영향도 있고, 최근 국내 여행객이 급증하면서 제주 렌터카 가격이 덩달아 올랐다. 여행 일정이 짧다면 큰 차이가 없겠지만, 여행 일정이 길어지기 시작하면 차를 빌리는 금액도 부담이 된다. 이럴 경우 가지고 있던 차를 제주로 가지고 가서 여행을 하는 방법도 고려해볼 만하다. 여객선 차량 운임비가 비싼 편이긴 해도 여러 날 제주를 여행한다면 가성비가 보장된다. 게다가 예약이나 취소의 불편함도 없고, 타던 차량 그대로 이동하니 운전도 편하다. 짐을 넉넉하게 가지고 갈 수 있다는 장점도 있다.

제주로 향하는 여객선터미널

육지에서 제주로 들어가는 배는 현재 기준으로 목포연안여객선터미널, 완도연안여객선터미널, 녹동신항연안여객선터미널, 여수연안여객선터미널, 부산항연안여객선터미널에서 가능하다. 인천에서출발하는 배편은 화물선으로만 운영하고 있다.

❶ 제주항연안여객터미널

성산항과 애월항으로 들어가는 선박도 있지만 화물선이 주이고 여객선은 대부분 제주항으로 오고 간다. 제1부두부터 제7부두까지 있는 대형 규모로, 선박 예약 시 안내 받은 부두에서만 승선할 수 있다. 다시 제주를 떠나 육지로 이동하기 위해서는 사전에 전화나 홈페이지에서 승선권을 예약한 후 안내 받은 부두 번호를 확인하고 이동하자. 비행기와 마찬가지로 신분증이 있어야 승선할 수 있다.

▸**주소** 제주시 임항로 111

❷ 승선권 예약

승객만 이용하는 경우는 초 성수기를 제외하고 예약이 어렵지 않다. 배가 워낙 크고 매일 운항하다 보니 어지간해선 만석이 되는 경우가 없다. 대신 차를 가지고 가는 경우는 넉넉한 시간을 두고 예약하는 것이 좋다. 정기적으로 이동하는 화물차가 제법 많은 자리를 차지하기 때문이다. 예약은 제주 배편 사이트를 이용하거나 각 업체 홈페이지를 이용하면 된다.

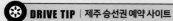

DRIVE TIP | 제주 승선권 예약 사이트

- 제주배닷컴　www.jejube.com
- 배조아　　　www.vejoa.com
- 탐나오　　　www.tamnao.com
- 목포 씨월드고속훼리　www.seaferry.co.kr
- 완도, 여수 한일고속페리　www.hanilexpress.co.kr
- 남해고속　　　www.namhaegosok.co.kr
- 엠에스페리　　msferry.haewoon.co.kr
- 하이덱스스토리지　www.ihydex.com

내 차 타고 제주로 들어가기

차량의 크기에 따라 요금이 달라진다. 경차의 경우는 10만 원 미만 정도 이고, 중형 승용차인 경우 편도 12~15만 원 선이다. 왕복으로 생각하면 차량 크기에 따라 20만 원에서 30만 원 사이가 되겠다. 여기에 객실 크기에 따른 인원별 요금이 추가된다. 언뜻 가격이 높아 보이긴 해도 왕복 비행기값, 차량 렌트비가 포함된 것이라 생각하면 일정이 길면 길수록 유리해진다.

배가 이동하는 동안 사람은 객실에서 머물러야 한다. 일행을 먼저 여객터미널에 내려놓고 운전자만 차량을 가지고 배에 직접 선적한다. 안내에 따라 운전자도 여객터미널로 이동해서 일행과 함께 객실에서 머물면 된다. 하선할 때는 전체 일행이 모두 차량으로 가서 함께 타고 배에서 내리게 된다.

여객선터미널별 운항 시간 및 출발/도착 시간　※2021년 11월 기준. 선박 정기 점검이나 물때에 따라 시간이 변경되거나 일정이 취소될 수 있다.

제주로 입도하는 경우

출발지	업체명	선박명	문의전화	출발시간	도착시간	운항시간	비고
목포항	씨월드고속훼리	퀸메리	1577-3567	매일 09:00	13:00	4시간	차량&여객
		퀸제누비아		화~토 01:00	06:00	5시간	
완도항	한일고속페리	실버클라우드	1688-2100	일~금 02:30, ~토 15:00	05:10, 17:40	2시간 40분	
		송림블루오션		금~수 07:00	12:00	5시간	추자도 경유
		블루나래		목~화 10:00	10:30	1시간 30분	소형차량&여객
녹동신항	남해고속	아리온제주	061-244-9915	매일 09:00	12:40	3시간 40분	차량&여객
여수항	한일고속페리	골드스텔라	1688-2100	~토 01:40	07:00	5시간 40분	
부산항	엠에스페리	뉴스타	1661-9559	월,수,금 19:00	익일 06:00	11시간	
삼천포신항	현성MCT	오션비스타제주	1855-3004	화,목,토,일 23:00	익일 06:00	7시간	
인천항	하이덱스스토리지	비욘드트러스트	032-887-9000	월,수,금 20:00	익일 09:30	13시간 30분	

제주에서 출도하는 경우

출발지	업체명	선박명	문의전화	출발시간	도착시간	운항시간	비고
목포항	씨월드고속훼리	퀸메리	1577-3567	매일 17:00	21:00	4시간	차량&여객
		퀸제누비아		일~금 13:40	18:10	4시간 30분	
완도항	한일고속페리	실버클라우드	1688-2100	일~금 07:20, ~토 19:30	10:00, 22:10	2시간 40분	
		송림블루오션		목~화 13:00	18:00	5시간	추자도 경유
		블루나래		목~화 17:30	19:00	1시간 30분	소형차량&여객
녹동신항	남해고속	아리온제주	061-244-9915	매일 16:30	20:10	3시간 40분	차량&여객
여수항	한일고속페리	골드스텔라	1688-2100	일~금 16:50	22:40	5시간 40분	
부산항	엠에스페리	뉴스타	1661-9559	화,목,토 18:30	익일 06:00	11시간 30분	
삼천포신항	현성MCT	오션비스타제주	1855-3004	월,수,금,일 14:00	21:00	7시간	
인천항	하이덱스스토리지	비욘드트러스트	032-887-9000	화,목,토 20:30	익일 09:00	12시간 30분	

INDEX

대한민국
드라이브 가이드

초판 1쇄 2022년 1월 3일
초판 4쇄 2024년 3월 29일

지은이 | 이주영 · 허준성 · 여미현

발행인 | 박장희
대표이사 · 제작총괄 | 정철근
본부장 | 이정아
책임 편집 | 문주미

기획위원 | 박정호

마케팅 | 김주희, 박화인, 이현지, 한륜아
표지 디자인 | ALL designgroup, 변바희
본문 디자인 | 김성은, 김미연
지도 디자인 | 양재연

발행처 | 중앙일보에스(주)
주소 | (03909) 서울시 마포구 상암산로 48-6
등록 | 2008년 1월 25일 제2014-000178호
문의 | jbooks@joongang.co.kr
홈페이지 | jbooks.joins.com
네이버 포스트 | post.naver.com/joongangbooks
인스타그램 | @j__books

ⓒ 이주영 · 허준성 · 여미현, 2022

ISBN 978-89-278-1276-0 14980
ISBN 978-89-278-1257-9 (세트)

• 이 책은 저작권법에 따라 보호받는 저작물이므로 무단 전재와 무단 복제를 금하며
  책 내용의 전부 또는 일부를 이용하려면 반드시 저작권자와 중앙일보에스(주)의 서면 동의를 받아야 합니다.
• 책값은 뒤표지에 있습니다.
• 잘못된 책은 구입처에서 바꿔 드립니다.

중앙books 는 중앙일보에스(주)의 단행본 출판 브랜드입니다.

우리 산천에서 즐기는 아웃도어 여행의 모든 것
중앙books × 대한민국 가이드 시리즈

주말만 손꼽아 기다리는 당신에게

최고의 야외 생활을 설계해 줄 중앙북스의 대한민국 가이드 시리즈를 소개합니다.